小型无人机技术与应用

Small Unmanned Aerial Vehicle Technology and Application

胡健生　罗卫兵　张　倩　编著

西安电子科技大学出版社

内 容 简 介

本书针对小型无人机系统组成和应用进行了详细论述。全书可分为三大部分：第一部分是小型无人机系统概述，即第 1 章，主要介绍了小型无人机系统的基础知识(定义、分类、发展历程和主要应用领域等)；第二部分是无人机系统的组成，即第 2～6 章，主要阐述飞行平台、任务载荷、地面控制站、地空信道和数据链等重要组成模块以及相关关键技术；第三部分是小型无人机的战术应用样式，即第 7～9 章，分别以情报、侦察和监视(简称 ISR)、通信保障和搜索救援等三个典型任务为例，对无人机的应用样式、方法步骤、关键问题以及面临的挑战进行了详细分析。

本书可作为无人机相关专业的本科、硕士研究生的教材或教学参考书，也可作为相关科研和工程技术人员进行相关项目论证的参考书。

图书在版编目(CIP)数据

小型无人机技术与应用 / 胡健生，罗卫兵，张倩编著. —西安：西安电子科技大学出版社，2022.1

ISBN 978-7-5606-6239-8

Ⅰ. ①小…　Ⅱ. ①胡…　②罗…　③张…　Ⅲ. ①无人驾驶飞机—研究　Ⅳ. ①V279

中国版本图书馆 CIP 数据核字(2021)第 234797 号

策划编辑　刘玉芳
责任编辑　雷鸿俊
出版发行　西安电子科技大学出版社(西安市太白南路 2 号)
电　　话　(029)88202421　88201467　　邮　　编　710071
网　　址　www.xduph.com　　电子邮箱　xdupfxb001@163.com
经　　销　新华书店
印刷单位　陕西天意印务有限责任公司
版　　次　2022 年 1 月第 1 版　2022 年 1 月第 1 次印刷
开　　本　787 毫米×1092 毫米　1/16　印张 12.5
字　　数　292 千字
印　　数　1～2000 册
定　　价　39.00 元
ISBN　978-7-5606-6239-8 / V
XDUP 6541001-1

前　　言

随着与无人机相关的人工智能、通信电子、材料和机械工程等技术的进步，无人机在侦察监视、火力打击、通信中继和战场评估等军事领域的应用日益广泛，如近年来美军的一系列军事行动都有各型无人机的身影。其中，小型无人机具有部署迅速、操控简单、使用灵活、保障容易等优点，更加适用于军事战术行动。

本书是作者紧跟无人机技术及战术应用现状和前沿，在对国内外大量相关文献进行阅读、理解和分析的基础上撰写而成的。本书以小型无人机为对象，对其系统组成模块、涉及的关键技术和运用样式进行了详细阐述和分析。本书内容体系完善，知识新颖，图文并茂，既涉及基本原理，又突出具体应用；既可作为学历教育的教材，也可作为相关专业人员的自学参考书。

本书共9章。其中，第1章和第5～7章由胡健生撰写，第2～4章由罗卫兵撰写，第8、9章由张倩撰写。全书由胡健生负责统稿。蔡艳军为本书的资料翻译、绘图、校对以及评审等工作作了大量贡献。

由于作者水平有限，书中难免有不足之处，恳请读者批评指正。

作　者

2021年8月于西安

目　录

第 1 章　小型无人机系统概述

在过去的十几年间，随着航空、材料、电子信息等技术的发展，无人机系统的性能得到了大幅提升，其应用领域日益扩展，而价格相对降低，引起了世界各国、各领域的关注。小型无人机系统是无人机系统的一个分支，具有体积小、重量轻、成本低、操作和保障容易等优势，非常适合在军事战术行动中应用，可为战术行动指挥员提供情报、监视和侦察支援。本章在介绍无人机系统相关背景知识的基础上，重点对小型无人机系统的基本概念、发展现状和趋势进行阐述，为后续章节深入阐述小型无人机系统的相关知识打下基础。

1.1　无人机系统及其应用发展

1.1.1　无人机系统的定义

无人驾驶飞机简称无人机，是利用无线电遥控设备和自备的程序控制装置操纵的不载人飞行器。无人机实际上是无人驾驶飞行器的统称，可以分为固定翼无人飞机、垂直起降无人飞机、无人飞艇、无人直升机、无人多旋翼飞行器、无人伞翼机等。美国联邦航空管理局(Federal Aviation Administration，FAA)将无人机系统(Unmanned Aerial System，UAS)定义为“无人驾驶飞机及保障其安全、高效飞行的必要设备”。也就是说，无人驾驶飞机是无人机系统的一部分。这是因为无人机系统要完成任务，除需要空中飞行的无人驾驶飞机及其携带的任务设备外，还需要有地面控制、数据通信、维护等设备以及必要的指挥控制和操作维护人员等，绝大多数无人机还需要专门的发射/回收装置。

历史上，美国国防部(Department of Defense，DoD)曾将无人机系统定义为UAV(Unmanned Aerial Vehicle，无人飞行器)，若 UAV 配备武器就是无人作战飞行器。美国国防部 2005 年 8 月 8 日发布的《无人机系统路线图(2005—2030)》中将以往文件中的 UAV 改为 UAS，目前 UAV 和 Drone 等提法在工程实践和理论研究中也有使用。为了便于读者阅读和教学使用，本书以无人机系统为对象展开论述，但考虑到公众对无人机的熟知度和简便性，所以使用“无人机”这一简化表述，但英文缩写采用 UAS 这一更全面、合理的新提法。

因此，从字面上来看，无人机的定义也符合对各类遥控航空器、靶标、无线电遥控航模甚至导弹等的描述。但通常而言，无人机被限定为一种有动力，既可以自主飞行也可以遥控飞行，通过其所携带载荷执行杀伤或非杀伤性任务，可一次性使用或者可重复使用的无人驾驶航空器。这里所说的遥控飞行是指地面有操纵员通过遥控器操纵飞机飞行、起飞和着陆；而自主飞行则不需要地面操纵人员的参与，飞机完全靠自身的控制系统飞行。从上述定义可以看出，航空器、导弹和炮射飞行的智能弹药、遥控航模以及大部分靶标都不能称作无人机，而有些靶标是无人机。这些航空器、空中靶标与无人机的涵盖关系如图 1-1 所示。

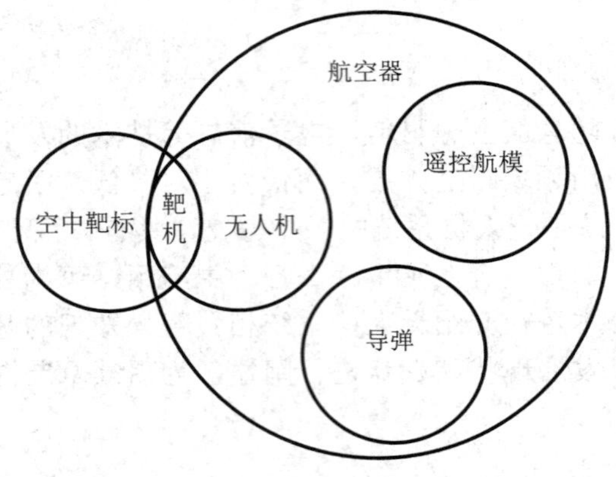

图 1-1 无人机与空中靶标、航空器的涵盖关系

1.1.2 无人机系统的应用优势

目前，世界各国使用和研发中的无人机，绝大多数都是出于军事和国家安全目的，这里我们统称为军事用途无人机。第一类军事用途是进行侦察监视，为所属国和军队收集情报。无人机的“机上无人、可长时间持续飞行、隐蔽”的特点，可使其成为最优秀的侦察与监视飞行器。所以，在目前所有的无人机中，具有侦察监视功能的无人机占绝大多数。特别是长航时类无人机，其主要任务是进行战略侦察和监视。第二类军事用途是进行多种形式的作战支援，包括进行目标捕获、目标指示、通信中继、诱饵欺骗、电子干扰、毁伤效果评估、生化探测、传单投放等。第三类军事用途是直接作战。现在，无人攻击机已能通过投放炸弹、发射导弹、进行自杀式对地攻击等方式直接参与作战。未来，无人作战飞机的发展将会使无人空战成为现实。

作为一种航空飞行器，无人驾驶飞机与有人驾驶飞机在使用和功能上有着本质的差别，而造成这些差别的根本因素就是“人”。“无飞行员”是无人机系统的主要特性，造就了无人机在使用上的特殊优越性。以军事应用为例，无人机的优势突出表现在以下三点。

1. 适用于执行各种危险任务

战场侦察，尤其是对敌纵深目标的侦察，对于有人驾驶飞机来讲，是一项十分危险的任务。这种危险不仅来自对飞行员生命的威胁，更多的是会引起政治和外交上的麻烦。第二次世界大战期间，美军第三侦察大队有 25%的飞行员牺牲在北非战场；冷战时期，美军执行侦察任务共损失了 23 架有人驾驶侦察飞机和 179 名飞行员。有时，飞行员被对方国家俘虏或扣留，在政治和军事上是不可接受的损失。例如，1960 年 5 月 1 日，苏联击落了一架美国 U-2 侦察机并逮捕了其飞行员，这一事件造成了较大的国际影响。除了进行侦察任务之外，战场上的危险任务还包括对敌防空压制、攻击和电子战，以及在化学、生物、放射性污染区域执行的各项任务。如果利用无人机执行这些高风险任务，则完全可以避免上述问题。

2. 具有隐蔽性、超机动性和长航时等优点

由于飞机是无人驾驶的，在设计上不需要考虑人的承受力和其他生理因素，因此其尺寸、过载、飞行高度等完全是依据任务需要和技术现状来设计的，在隐蔽性、灵活性、机动性等方面可以做得非常出色。例如，为了提高其隐蔽性，可以将其尺寸做到很小，飞行高度可以达到临近空间；为了提高其机动性，过载能力可以达到 6 G，速度可以达到 5 Ma(马赫，1 Ma≈340.3 m/s)，续航时间可以达到 40 h 甚至 1 周以上。这些特点大大拓展了航空飞行器的应用空间。经过特殊设计的无人机可以达到有人机无法涉及的巡航高空，进行长时间侦察监视而不知疲倦，可以急速飞越领空而不为对方所察觉，可以出其不意地迅速机动以锁定目标，还可以像昆虫一样进入窄小区域侦察而不为人所知……其优点很多，在此不再一一列举。

3. 研制、生产和使用成本大大低于有人驾驶飞机

由于“机上无人”的原因，无人机在设计时完全不必考虑飞行员生命安全的各种需求，因而可以大大简化机载设备和平台的设计要求，使得无人机的研制、生产成本远远低于有人驾驶飞机。据相关资料报道，“捕食者”无人机的研制费用为 2.099 亿美元，“全球鹰”无人机的研制费用为 3.707 亿美元，X-45 无人作战飞机的研制费用为 1.02 亿美元。而美军的有人驾驶高空侦察机 SR-71 的研制费用则高达 9 亿多美元，F-22 战斗机的研制费用更是高达 200 亿美元。另外，无人机的使用、训练和维护费用也比有人飞机低得多。但是，近年来，随着无人机军事任务需求的不断扩大、任务载荷性能的提升、种类和数量的增加，单架无人机的成本也在迅速增长。

除了军事上的应用，无人机在民用领域的应用也得到了广泛拓展。首先，无人机可为反恐怖行动提供有力保障，很多国家已经将无人机应用于边境巡逻和反恐作战；其次，还可以将无人机用于土壤监测、海洋监测、大气监测、气象预报、灾害监测与评估、危险环境搜救、森林灭火、农作物播种、通信中继、大地测绘等民用领域；最后，随着 5G 和人工智能相关技术的发展，无人机在应急通信、宽带接入、高清转播、物流配送、广告等行业的应用会更加精彩。

1.1.3　无人机系统的分类

无人机系统的分类是一项基础性研究课题，对其进行分类主要有三个方面的作用：一是指导无人机的发展和管理；二是编写无人机设计规范或标准，因为对于不同类型的无人机，其设计标准有所差别；三是便于无人机装备的管理。但是，随着无人机的飞速发展，使得现代无人机的种类繁多、型号各异，而且新概念还在不断涌现，创新的广度和深度也在不断加大，所以对于无人机系统的分类尚无统一确定的方法。目前，常用的无人机系统分类方法有如下几种。

1. 按大小分类

按大小来分，可以分为大型、中型、小型、轻型和微型等无人机系统。这是最常用的分类方法，划分的依据可以是重量(这里指质量，下同)、尺寸或者两者的结合，还可以将飞行高度、速度和续航时间等指标综合考虑。目前，不同国家、组织、机构根据用途的不同，给出的参考指标和量化标准不同，但是一般来说，重量和尺寸越大的无人机系统，其功能越强大、应用领域更广，但是其对成本和保障要求也更高。本书主要针对小型无人机系统，这种按照大小划分的情况将在1.2节中进行详细介绍。

2. 按飞行高度分类

按飞行高度来分，可以分为超低空、低空、中空、高空和超高空等无人机系统。一般而言，上述几种类型的无人机系统飞行高度范围分别为 100 m 以下、100～1000 m、1000～7000 m、7000～18 000 m 和 18 000 m 以上。其中，高空和超高空都是大型无人机系统，续航时间较长，一般用于军事战略情报侦察和常态化监视任务。

3. 按航程分类

按航程来分，可分为超近程、短程、中程和远程等无人机系统。无人机系统航程的远近，不仅与其载油(电)量、巡航速度有关，还取决于无人机平台与地面站之间的最大遥测距离(即活动半径，在军事应用领域称为作战半径)。超近程无人机都是小型及以下的无人机系统，在低空工作，飞行范围为 5～50 km，巡航时间根据巡航速度、所携带载荷和执行任务的不同，为 1～6 h 不等；短程无人机一般要求航程能达到 30 km，续航时间为 7～12 h；中程无人机是一种活动半径在 700～1000 km 范围内的无人机，续航时间在 12～24 h，在巡航阶段以自主式飞行为主，辅以无线电遥控飞行；远程无人机的航程超过 1000 km，都是在高空长时间飞行，续航时间超过 24 h。另外，中程的概念在逐渐弱化，正在被“中短程”或“中远程”所替代。

4. 按飞行方式分类

按飞行方式来分，可分为固定翼无人机、旋翼无人机、扑翼无人机和混合翼无人机。其中：固定翼无人机速度快、抗风性好，但是当体积和重量达到一定程度时，发射和回收需要特殊的装置或者场地；旋翼无人机采用垂直起降的方式，发射和回收简单，但抗风性和速度相比固定翼型略差一些；扑翼无人机是像昆虫和鸟一样通过拍打、扑动机翼来产生升力以进行飞行的一种飞行器，能够在狭小的空间内降落，由于其外观看起来像一只鸟或者昆虫，因此还具有隐蔽性，从某种角度来看，其实质是一个传感器平台；混合翼无人机是采用两种以上翼型的结合，综合利用不同翼型的优点，如固定和旋翼混合型无人机，在起飞和降落阶段使用旋翼垂直起降，没有场地和设备等发射回收条件限制，而升空后再利用固定翼进行平飞，还保证了飞行速度和续航时间。

5. 按用途分类

按用途来分，可分为无人侦察机、电子战无人机、无人靶机、反辐射无人机、对地攻击无人机、通信中继无人机、火炮校射无人机、特种无人机、诱饵无人机等。

除了上述常规分类方法外，还有其他多种分类方法：根据发射方式不同，可分为垂直起飞、滑跑起飞、手抛起飞、弹射起飞等无人机；根据回收方式不同，可分为滑翔降落、网钩回收、伞降回收和垂直降落等无人机；根据发动机不同，可分为燃油机和电动机等无人机。

上述分类方式都是单纯根据无人机系统的性能指标或用途进行分类的，因此不够直观，也没有将用途和性能相结合。图 1-2 从学术研究的角度给出了无人机型谱的一种划分方式。

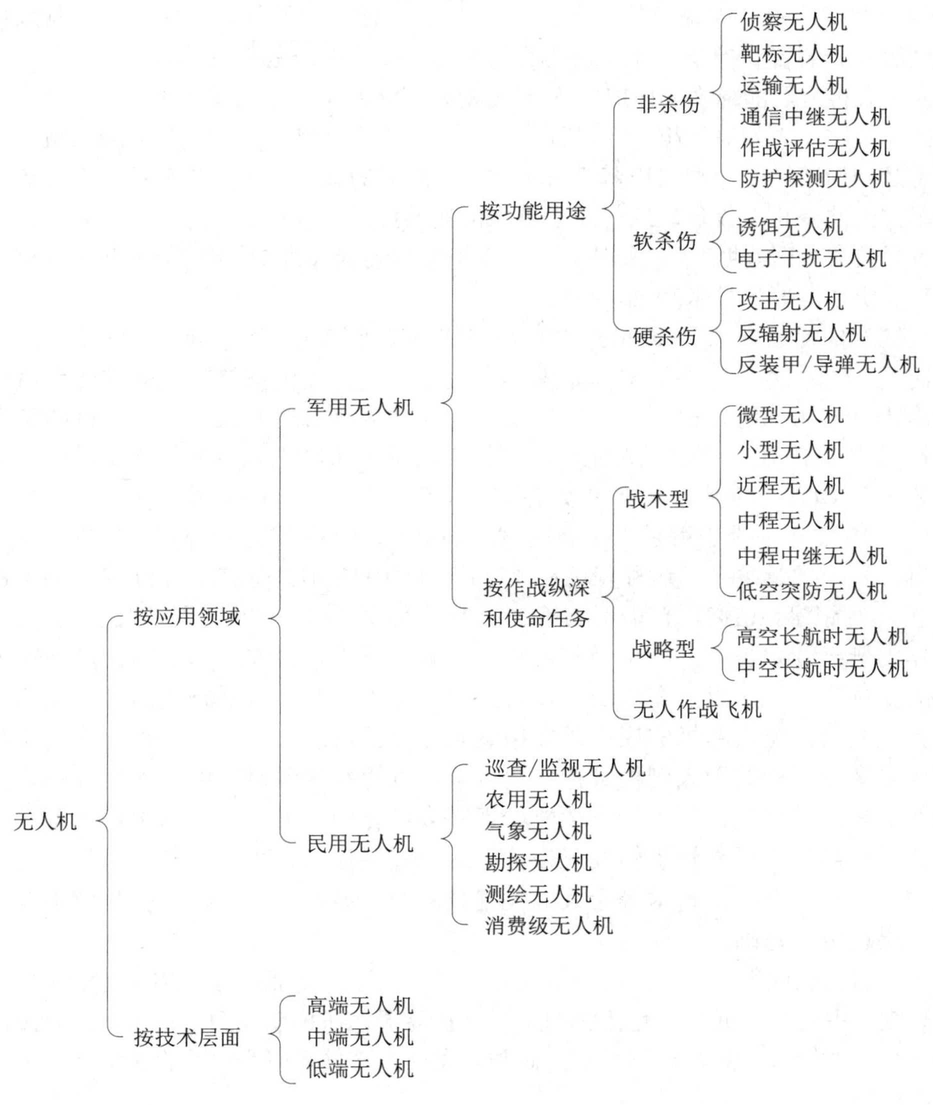

图 1-2　无人机型谱划分

1.1.4　无人机系统的发展历程

无人机的发展历史最早可以追溯到 1917 年，但由于受到当时动力、控制、导航和通信等关键技术的制约，加之人们对无人机应用的了解和认识还不是很充分，致使其发展一直比较缓慢，长期以来主要作为靶机使用。直到 20 世纪 90 年代末，随着无人机在几次高技术局部战争中的出色表现，它才开始受到世界各国的广泛重视，甚至被认为是一种全新的、会带来作战方式革命性变化的航空作战武器。总的来说，无人机的发展大致经历了以下三个阶段。

1. 无人靶机阶段

1909 年世界上第一架遥控航模在美国试飞成功。1915 年德国西门子公司研制成功首次采用伺服控制装置和指令制导系统的滑翔炸弹，被公认为是有控无人飞行器的先驱事件，成为无人机发展的前奏。1917 年美国的斯佩里等人在军方的支持下，将一架有人驾驶飞机改装成了无人驾驶飞机，并进行了试飞，被认为是世界上的第一架无人机。其最初的设想是利用所携带的高爆炸药攻击飞机，但随后的试验结果并未获得令军方满意的结果，军方为此停止了投资，这一新生事物也就夭折了。尽管斯佩里等人的开创性工作没有获得最终成功，但他们所取得的许多宝贵资料和经验却为 16 年后第一架无人靶机的成功研制奠定了深厚的技术基础。

无人靶机的提出，源于 20 世纪二三十年代防空训练的需求。当时，为了提高本国部队的防空作战能力，一些国家开始采用大型有人驾驶飞机拖带靶机的方法来供地面防空火炮进行射击训练，由于当时射击精度较低，很容易造成误杀有人飞机的悲剧。为此，1930 年英国开始研制无人靶机，在汲取美国人研制无人机的经验基础上，英国费尔雷公司于 1931 年 9 月将一架“女王”有人驾驶双翼飞机改装成“费利王后”无人靶机，并于 1932 年在地中海进行了成功试验。随后，1933 年英国研制成功有名的“蜂后”靶机，随即批量生产。这种靶机在 1934 年至 1943 年共生产了 420 架，每架都有 20 架次的飞行记录，它们一直沿用到第二次世界大战以后。随着英国靶机的投入使用，无人机作为靶机开始被人们所认识和发展，苏联、美国、日本、德国等许多国家也相继研制成多种靶机。所以，在较长一段时期内，无人机基本上是靶机的一种别称。第二次世界大战后，无人靶机的应用领域拓展到导弹的研制与定型。一种导弹的研发过程，需要有多种规格的无人靶机进行鉴定试验，以检验导弹对空中活动目标的攻击精度和杀伤效果。可以说，如果没有性能、规格多样化的无人靶机，就不可能有现在如此众多的防空导弹。无人靶机的发展带动了遥控遥测技术、飞行控制与导引技术、发射回收技术、小型发动机技术等无人机关键技术的发展，为无人机功能和应用领域的进一步拓展奠定了基础。

在靶机的发展过程中，无人机技术先后突破了低速、高亚声速、超声速的速度飞行界限和高空、中高空、低空、超低空的空域飞行界限，在机动能力上从平直飞行发展到大机动飞行。如今，新的靶机仍在不断研制和发展，其技术研究仍将直接影响将来无人机的发展。

2. 无人侦察机阶段

第二次世界大战后，随着技术的进步，各国开始尝试在靶机上换装一些测量装置，使其具有战场侦察、目标探测的能力，并开始将其应用于实战。20 世纪 60 至 70 年代的越南战争、70 至 80 年代的中东战争使无人机开始在战场上崭露头角，也促使了无人机技术与功能的进一步拓展与提升。

在 20 世纪 60 年代初的越南战争中，美军为了能以较小的损失对北越部队实施空中侦察，特别是敌方防空力量的部署情况，美军希望能用无人侦察机代替有人机实施侦察。起初，无人机平台选定了美国瑞安航空公司的“火蜂”-147 无人靶机，该机飞行时速在 900 km/h 以上，高度大于 20 km，尺寸、雷达散射面积和红外信号特征都很小，不易被雷达发现，也不易被防空导弹击中，具有较强的战场生存能力，并且成本低。当时一架无人机也就 100 万美元左右，相比于一架有人机 3000 多万美元的价格，其损失也是完全可以接受的。后来，由于战争的需要，瑞安航空公司为“火蜂”-147 紧急加装了侦察照相和红外探测等设备，改装定型为“火蜂”-147D。从 1964 年至 1975 年，“火蜂”侦察机先后出动 3400 多架次，在越南上空执行侦察任务，获取的情报占当时情报总量的 80%，而其因击落和机械故障坠毁的损失率仅为 16%。

“火蜂”侦察机在越南战场的出色表现，使人们认识到了无人机的新价值，也使无人机首次作为作战装备应用于实战，开辟了无人机应用和发展的新阶段。在此期间，以色列为了突破对手的防空网，在向美国学习无人机技术的基础上，开始研制自己的新型无人机。他们把从美国引进的“石鸡”喷气式无人靶机和“壮士”无人靶机改装成能够模拟喷气式战斗机进行电子欺骗的无人机，又先后研制了“侦察兵”和“猛犬”两种无人侦察机，用于收集雷达信号和光电复合侦察，具有全天候工作能力。上述这些行为，为以色列利用无人机夺取战争的胜利奠定了基础。1982 年 6 月，以色列军队(简称以军)利用无人机对“贝卡谷地”的进攻行动，成为世界无人机运用史上的杰作。以军先派遣大批“猛犬”无人机，从 1500 m 高度进入“贝卡谷地”上空，发出酷似以军战斗机的“电子图像”，诱使叙利亚军队(简称叙军)导弹阵地雷达开机并发射导弹。就在以军的第一批“战机”被叙军导弹击中爆炸的同时，以军派出的“侦察兵”无人机搜集到了叙军雷达的位置、频率等信息。根据这些信息，以军携带着反辐射导弹和常规炸弹的先进战斗机对“贝卡谷地”的导弹阵地进行猛烈攻击，同时，炮兵也向叙军的地空导弹和高炮阵地猛烈开火。战斗结束后，以色列空军几乎毫无损失，而叙利亚苦心经营 10 年、耗资 20 亿美元才建立起来的 19 个防空导弹阵地顷刻变成废墟。此后，叙利亚空军发起反击，却落入以色列布置的电子战陷阱中，在一天一夜的战斗结束后，叙利亚共被击毁 82 架飞机，不得不让出制空权。

在中东战争中，以色列无人机的适用性、数据链路的可靠性还较差，但以色列通过综合使用侦察、诱饵、电子干扰等多种无人机，与有人作战飞机配合，使叙利亚各类防空武器系统遭到毁灭性打击，从而在战争初期就消灭了叙军 80%以上的精锐武装，最终取得了战争的全胜。以色列无人机发展的成功经验和战场上辉煌的战绩震惊了全世界，再一次向世人昭示了无人机巨大的军事价值和潜在的作战能力。

3. 多功能无人机系统阶段

20 世纪 80 年代以来，特别是在中东的“贝卡谷地”战役之后，人们认识到利用无人机在战时执行侦察、干扰、欺骗、电子支援等任务是非常有效的，不仅可以大大降低人员损失的风险，而且作战成本比有人驾驶飞机低得多。美、英等国的科学家和军方人士提出：“要重新全面考虑无人机在现代武器中的作用。”20 世纪 90 年代以来的几场高技术局部战争，又给无人机提供了更加广阔的展示其作战才能的舞台。在作战需求的牵引下，无人机进入了快速崛起与迅猛发展的阶段。

在1991年的海湾战争中，美国、英国、法国、加拿大和以色列等国的无人机纷纷亮相战场，共投入200多架无人机。美军共有6个“先锋”无人机连队参战，执行了522架次飞行任务，累计飞行时间1638 h，为多国部队实时了解战场态势及评估空袭效果提供了重要依据，对干扰、压制伊拉克防空体系和通信系统发挥了重要作用。在科索沃战争中，美国及北约盟国共使用“捕食者”“猎人”“先锋”“不死鸟”等多种型号的无人机300多架次，用于中低空侦察和长时间战场监视、电子对抗、战况评估、目标定位、收集气象资料、营救飞行员和散发传单等任务。

在2001年的阿富汗战争中，无人机更是大显身手，创造了无人机发展史上的又一个里程碑事件。战争开始后，美国派出“全球鹰”和“捕食者”无人机对阿富汗多山地区的塔利班“基地”组织进行全天候的侦察，通过卫星链路及时将侦察图像传回位于美国本土的指挥中心，并首次为“捕食者”无人机挂载了2枚“海尔法”导弹，精确地将“基地”组织的二号人物穆罕默德·阿提夫及其随行人员击毙，谱写了无人机作战的辉煌一页，意味着无人机开始具备了低空探测和直接攻击地面目标的能力，用途开始扩展到直接攻击作战。从此，美军开始将许多用于侦察用途的无人机改装成可以直接实现“察打一体”的无人机，代号也由RQ改为MQ序列，意思是“侦察”变为“多任务”。

在2003年的伊拉克战场上，美军更是调集了10余种无人机参战，其数量是阿富汗战争时的3倍多，主要包括陆军的“猎犬”“指针”和“影子”200无人机，海军陆战队的“龙眼”和“先锋”无人机，空军的“全球鹰”和“捕食者”无人机等。

高技术战场上的辉煌战绩和未来战场的作战需求，将推动和牵引着无人机向更广阔的领域不断发展。

1.2　小型无人机系统及其应用

1.2.1　小型无人机系统的定义

由于本书所讨论和描述的问题主要针对小型无人机系统，为方便研究和讨论，必须对其涵盖的范围作必要的界定。字面上，“小型”显然是按照大小进行分类的。然而，如1.1.3节中所述，按照这种方式分类，不同国家、机构对不同类型无人机系统在“大小”的解释上还存在不同的尺度和标准。为了帮助读者更好地理解本书中所特指的小型无人机，在给出本书所指的小型无人机系统的定义之前，先对各国无人机系统按照大小分类的情况进行介绍。

1. 我国《无人驾驶航空器飞行管理暂行条例》中的分类标准

无人机的大小关乎空域安全，因此该条例根据运行风险大小，以重量为主要指标，并结合飞行高度、最大飞行速度等，将民用无人机分为微型、轻型、小型、中型和大型，如表1-1所示。

表 1-1　《无人驾驶航空器飞行管理暂行条例》中民用无人机分类标准

	空机重量/kg	最大起飞重量/kg	飞行真高/m	最大飞行速度/(km/h)
微型	小于 0.25	—	小于等于 50	小于等于 40
轻型	小于等于 4	小于等于 7	—	100
小型	小于等于 15	小于等于 25	—	—
中型	小于等于 25	小于等于 150	—	—
大型	大于 116	大于 150	—	—

2. 美军无人机分类标准

美国国防部按照最大起飞重量、正常巡航高度和速度，将无人机系统分成五类，如表 1-2 所示。

表 1-2　美军无人机系统分类标准

<table>
<tr><th>类　别</th><th>最大起飞重量/磅①</th><th>巡航高度/英尺②</th><th>巡航速度/节③</th></tr>
<tr><td>第一类</td><td>小于 20</td><td>小于 1200</td><td>小于 100</td></tr>
<tr><td>第二类</td><td>21～55</td><td>小于 3500</td><td rowspan="2">小于 250</td></tr>
<tr><td>第三类</td><td>56～1320</td><td rowspan="2">小于 18 000</td></tr>
<tr><td>第四类</td><td rowspan="2">大于 1320</td><td rowspan="2">任意速度</td></tr>
<tr><td>第五类</td><td>大于 18 000</td></tr>
</table>

注：① 1 磅 = 0.453 592 37 kg；② 1 英尺 = 0.3048 m；③ 1 节 = 1.852 km/h。

第一类可以放到背囊中，用于“过山”(Over the Hill)类型的情报侦察与监视。可以人工操作控制，也可以通过预先规划的路径自主飞行，通过机载传感器和通信设备，将目标区域的图像传输给操控者或者地面控制站。其优势是重量轻、携带轻便、传感器载荷模块化，对后勤保障需求很小。其局限性是受遥控与通信链路的制约，任务范围必须在操控人员的视线范围内，并且续航时间有限。

第二类采用弹射方式发射，通常不需要特殊的跑道，主要用于旅级以下作战单元的情报侦察与监视。相对第一类，其优势表现在功率、续航时间和载荷能力都较强，但上述能力的提升范围有限，对后勤保障要求更高一些。

第三类在中高度飞行，相对作用范围和航时都较大；可以从一般的地面起飞，但需要特殊的区域；可以选择搭载的传感器、武器类型较多，一般需要地面工作站的支持，后勤保障要求高。

第四类是较大的系统，飞行高度、作用范围和续航时间都得到提高；需要机场或特定的区域用于发射和回收，后勤保障与小型有人驾驶飞机几乎相当。

第五类是最大的系统，可在中、高海拔环境下飞行，作用范围大、续航时间长、飞行速度快；一般搭载有卫星链路，可完成特殊任务，如大范围的监视、目标跟踪，可搭载各种类型的传感器和武器种类；对空域有严格要求，需要机场或特殊的起飞和回收区域，后勤保障与有人驾驶飞机相似。

3. 微型无人机的定义

微型无人机(Micro Aerial Vehicles，MAV)的概念最早源于 1992 年美国兰德公司给美国国防高级研究局提供的一份关于未来军事技术的报告中。其基本指标是：尺寸不超过 0.15 m，质量为 10～100 g，最大航程为 1～10 km，续航速度为 30～60 km/h，续航时间为 20～60 min。国际无人机协会在 2003 年出版的《无人机：未来展望》年鉴第一版中，提出了对微型无人机系统及其参数的简单定义：微型无人机规定为航程小于 10 km、飞行高度小于 250 m、续航时间小于 1 h、起飞质量小于 5 kg 的飞行器。

在国际通用军用无人机技战术参数分类标准的基础上，近年来，美军再次进行了更为严格的标准细化，提出了“超微型”无人机的概念。五角大楼科研管理中心对其进行了“任何方向尺寸不大于 50～75 mm，能以 25～35 km/h 的速度飞行，航程在 1000 m 以内”等参数规定。

4. 微型无人机和小型无人机的界定

从上述无人机分类标准和对微型无人机的相关定义中可以看出，不同机构对无人机的大小分类不同，目前没有统一标准。因此，不同定义下的微型无人机与小型无人机之间的界限相差甚大，重量从几十克到数千克，飞行高度从几十米到数百米，速度也从几十千米每小时到一百多千米每小时。事实上，微型无人机与小型无人机在作战能力、作战范围和电子载荷种类等方面并无明显的界限和区别，主要用途也都是用于战术侦察行动。按照大、中、小、微进行简单的型谱划分，或单纯以数字来区分，显得过于武断。例如，龙眼 (Dragon Eye)无人机的翼展 114 cm、机长 91 cm、起飞质量 2.49 kg，被《舍菲尔德无人机手册》列入微型无人机(Micro-UAV)类，而《詹氏无人机和靶机》则把它列为小型无人机(Mini-UAV)类。可见微型无人机与小型无人机之间的界限目前并无绝对定论。根据美空军司令部发布的《美国空军无人系统飞行计划 2009—2047》中所示的小型无人机家族图谱，这类无人机也被通称为 Small UAV。

因此，本书从实际应用范围角度出发，参考美国空军于 2016 年 5 月发布的《2016—2036 年小型无人机系统飞行规划》中的分类方式，将起飞质量小于 600 kg、主要用于战术侦察行动或通信中继的无人机放到一类，统称为小型无人机，即 Micro、Mini 与 Small 类的无人机均为本书的讨论对象。后续章节除特殊指明外，不再作进一步解释，对相关内容的讨论也是重点针对该类型的小型无人机。

1.2.2 小型无人机系统的组成

如前所述，按照不同的分类方式，无人机系统的种类虽然很多，但是不同类型无人机系统组成基本相同，差别仅表现在：一是各组成子系统(部件)的存在形式不同，有的独立存在，有的集成在一起，有大有小，或简单或复杂；二是根据无人机系统担负的任务不同，携带的任务载荷会有所不同。本书在分析典型的无人机系统组成的基础上，着重分析小型无人机的特殊之处，以便更好地理解其优势。

一个典型的无人机系统通常由飞行器、地面控制站、任务载荷和保障系统等四部分(子系统)组成，如图 1-3 所示。

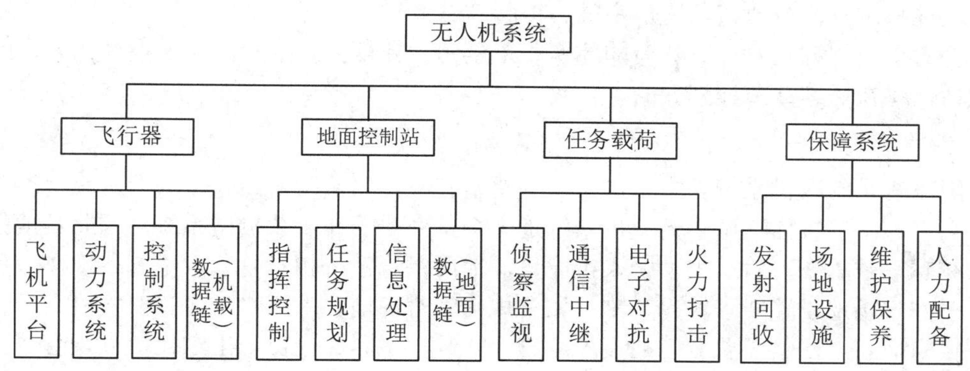

图 1-3　典型无人机系统的组成

1. 飞行器

飞行器是无人机系统在空中飞行的部分，是整个系统的基础和平台，主要包括飞机平台、动力系统、控制系统和数据链(机载)终端。尽管任务载荷也安装在飞行器上，但是它是一个独立的子系统，可以在不同的飞行器上互换使用，是为完成某一项或多项任务而设计的。飞行器可以是固定翼或旋翼，可以由电动机或燃油机提供动力。上述几种类型的飞行器在小型无人机系统中都存在。而大型无人机系统载重大、航时长、飞行高度高，一般都是固定翼的飞行器平台，由燃油机提供动力。

2. 地面控制站

地面控制站(Global Control Station，GCS)是无人机系统的地面部分，是无人机系统操作控制的中心，由指挥控制、任务规划、信息处理和数据链(地面)终端组成。地面控制站负责对无人机的任务进行规划并实时进行调整，对飞行器及其机载任务载荷进行实时操作控制，对从飞行器回传的各类情报信息和遥测数据进行处理并显示。不同类型和型号的无人机系统，其地面控制站的规模不尽相同。对于中型、大型无人机而言，地面控制站以方舱的形式为主，将上述各模块集成在一起，并设置无人机操作、任务规划、情报分析、通信等不同席位，负责不同的任务。有的大型无人机地面控制站组成更加庞大，由多个方舱构成，如“捕食者”无人机的任务控制站和起降操作站就是分离配置的，这也是美军大型无人机系统的通常做法。而对于小型无人机系统，地面控制站是高度集成的，集指挥控制、任务规划、信息处理和数据链地面终端于一个或几个小型设备中，通常装载在一个能够置于背包内或随身携带的箱子内，并能够在地面迅速展开，甚至可以是一个类似 iPad 的掌上指挥控制系统，方便单兵操作。

3. 任务载荷

任务载荷是无人机系统机载平台的另一个重要子系统，它搭载在飞行器平台上，决定了无人机系统的任务和定位，通常也是无人机系统中最昂贵的子系统。任务载荷主要包含侦察监视、通信中继、电子对抗和火力打击等不同类型的武器装备。对于大型无人机而言，可以包含上述两种以上类型的任务载荷，如“察打一体”的无人机，必须同时具备侦察监视和火力打击两种任务载荷。对于小型无人机而言，其定位和飞行器平台决定了其往往只担负情报侦察、通信中继、饱和攻击或诱饵等任务中的一种，因此任务载荷种类相对单一，并且对任务载荷的体积、重量和功耗都会有限制。关于小型无人机的任务载荷，将在后续章节详细介绍。

4. 保障系统

保障系统是无人机系统正常工作的必备要素，主要包括发射回收、场地设施、维护保养和人力配备等方面。由于无人机系统是一个精密电子和复杂机械系统，因此其地面保障系统越来越重要。对于大型无人机而言，地面保障系统相对复杂，主要表现在：第一，发射回收场地设置要求较为苛刻，如常规起降对场地要求严格，而弹射发射、回收网或者拦阻捕获式回收需要专门的设备；第二，维护保养和人员分工细化，以一套“捕食者”无人机系统为例，需要任务指挥员、操作员、任务规划员、任务载荷操作员、数据链操作员、图像分析员以及情报支援人员等，并且还需要一支由传感器维修、数据链维修、地勤、结构材料维修、地面控制站维修、电源维修等组成的维护管理保障力量。而对于小型无人机系统而言，维护保障系统只需集中在一个或者几个便携箱中，班组或者单兵即可在完成任务的同时，兼负维护保养工作。小型无人机的发射，一般是垂直起飞或者手掷发射，极少数需要弹射装置，通常也只需要一辆车辆保障即可。垂直起降和手掷发射的无人机，对降落场地也没有过多要求。此外，小型无人机系统的运输也相对简单，班组甚至单兵足矣。

1.2.3 小型无人机系统的应用优势

近年来，小型无人机作为无人机家族的重要成员，以其体积小、质量轻、部署灵活、机动性好、成本低等优点迅速成为战场新宠，几乎可以配备到连、排一级，甚至有“班长无人机”的美称。相比大中型无人机系统，小型无人机系统的应用优势主要体现在以下几个方面：

第一，携带方便，可实现快速部署。小型无人机系统体积小、重量轻、保障简单，往往整个系统都能放置到一个或数个便携箱或者一个背囊中，甚至一些微型无人机还可以放到口袋中，对运输工具没有严格要求。这样，可完全配备至作战分队、班组甚至单兵，随作战人员快速前出到指定地域，实现快速部署。

第二，起降灵活，不受应用场地限制。小型无人机系统大多数都采用垂直起降、手抛发射和短距离滑翔回收，极个别稍大一些的无人机才需要弹射装置，因此发射和回收都比较简单，对周围的地貌环境要求极低，应用场合更为广泛。另外，由于其飞行高度相对大中型无人机较低，因此在空域管控和协调方面也展示出更多的灵活性。

第三，成本低，可实施“蜂群”式作战。随着技术的不断进步，各类新型传感器和有效载荷的集成使大型无人机系统成本持续上涨，甚至超出了可持续发展的限度，从经济角度也无法实现大规模部署。而小型无人机系统，完全可以用“数量优势来弥补能力上的不足”，通过分层次、分功能、分任务的组合方式实现大中型无人机无法实现的作战功能，甚至形成“蜂群”战术。

1.2.4　小型无人机系统的应用方式

在军事上，小型无人机执行上述任务时主要应用方式包括以下四种。

1. 单机作战

单机作战是小型无人机系统的一种常规运用方式，也是当前最主要的运用方式，主要是为地面小规模作战单元的战术级行动提供近距离情报侦察、通信中继和战场效果评估，必要时可携带火力打击载荷，对地实施火力攻击。这种运用方式，充分体现出小型无人机系统体积小、便于携带、部署快和成本低的特点优势，能够随时、随地快速投入使用，这是任何其他空中力量都无法做到的。这种单机作战，从作战局部来看是“单独”行动，但是从作战全局来看，是一种“空地协同”“有人机与无人机结合”“多种武器平台配合”下的立体化作战。例如，作战单元发射小型无人机对敌方区域实施快速侦察，地面部队指挥员根据回传的信息，指挥地面炮兵火力进行先期火力打击，再指挥地面步兵进行针对性进攻，并再次利用无人机对火力打击效果进行评估，在必要时还可以为特殊作战地形下的行动分队之间提供“通信中继”。此外，还可以使用成本更低的无人机系统，携带火力打击装置如小型炸弹，在侦察过程中，一旦发现有价值的目标，即可变成小型“导弹”，对其进行精确打击。

2. “蜂群”作战

一批以自组织网络形式相互连接在一起的小型无人机，由一名操作人员控制，各无人机之间自主、自动、高效协作，共同完成目标任务，即无人机蜂群。无线的、基于互联网协议的网络或者其他类型的通信架构，将各种小型无人机连接在一起。其中，网络是关键构件，确保蜂群能够作为一个整体作战，实时共享数据。网络化的蜂群一般都能通过共享外部载荷数据以及内部飞机系统信息，明晰周边情况。这种感知使得蜂群能够快速处理和分配来自授权用户的载荷需求，通过使用指令性的任务运算法则以及传感器信息，探测内部的和外部的威胁。小型无人机网络使得蜂群内部不会发生冲突，并根据位置、任务参数、载荷特点以及预期效果，配属装备最佳性能和最强作战能力的小型无人机用于各种任务。

3. 与其他无(有)人机协同

和蜂群作战概念有所区别的是，小型无人机可以和有人飞机或者其他无人系统协同。这种协作在操作者层面实现，确保不同类的装备能够完成共同的任务。这种概念更适合空中作战应用。例如，2013 年，美国国防部的《无人系统路线图》将此概念称为无人与有人系统协同。但是，新的发展已经改变了空军的观点。协同现在被理解为一体化的子集，更为精确地代表不同类型的参与者。忠诚的僚机作战概念整合了有人飞行行动与从属的小型无人机，提升了“飞行”的整体能力。此外，隐形飞机能够赋予小型无人机作为僚机，避免暴露自身位置。担负僚机角色的小型无人机作为远程传感器、射手或者诱饵，提升了长机的灵活性和生存能力，增强了高风险环境下的作战能力。在武器角色方面，小型无人僚机为长机提供威胁探测、障碍规避等服务，以及致命打击所需的实时精确目标选择、低附带毁伤影响评估、关键传感器信息输入等方面支援，提升了整个打击链的效率。小型无人僚机还提升了任务指挥官的情报侦察监视能力。

4. 诱饵或“自杀”性使用

小型无人机的低成本和“零”人员伤亡风险，使其更适合担负诱饵或“自杀性”袭击作战任务。小型诱饵无人机主动发射无线电、红外或者其他信号，欺骗敌人，将注意力从主要任务引开，使敌方的各类电子设备和火力打击设备开机，暴露目标。前面所述的“贝卡谷地”战役就是这种方式的典型运用案例。未来，随着无人机蜂群作战理论的应用，这种运用方式还会出现新的形势，实现“诱饵”和“打击”的一体化，如蜂群中一部分小型无人机将提供诱饵目标实施欺骗，同时剩余的小型无人机摧毁目标的一体化防空系统。这种使用场景下的无人机蜂群，各成员很可能都是一次性的，因此必须保证成本足够低，以满足战场高损耗的要求。

1.3　世界主要国家小型无人机系统现状

1.3.1　美国小型无人机系统典型机型

按照 1.2 节中关于小型无人机的定义，当前美军典型的小型无人机装备包括“渡鸦”(RQ-11B)、“美洲狮 AE”(RQ-20B)、“黄蜂Ⅲ”(RQ-12A)以及“扫描鹰”“弹簧刀”等，主要列装不同军兵种的特种作战部队以及安全部队，用于一定范围内的战术目标侦察监视，并取得了良好的作战效果。上述几种无人机的主要性能参数如表 1-3 所示。

表 1-3　美军小型战术无人机主要技术指标

机型代号	渡鸦 (RQ-11B)	黄蜂Ⅲ (RQ-12A)	美洲狮 AE (RQ-20B)	扫描鹰	弹簧刀
机长/m	0.9	0.545	1.4	1.22	0.36
翼展/旋翼直径/m	1.4	0.72	2.8	3.05	0.61
平台重量/kg	1.9	0.43	6.3	15	1.36
最大载重/kg	—	—	—	3.2	—
最大速度/(km/h)	81.5	65	83	128	50
巡航高度/m	4500	170	3000	4900	150
作战半径/km	10	5	15	100	20
续航时间/h	1.5	1	3	20	0.2
发射方式	手抛	手抛	手抛	弹射	弹射
回收方式	触地滑跑	触地滑跑	触地滑跑	网钩	一次性

1. “渡鸦”(RQ-11B)无人机

“渡鸦”(Raven)是美国航空环境公司生产的小型无人机(见图 1-4)，也称为“大乌鸦”。其早期型号 RQ-11A 于 2001 年首飞，2003 年引入改进型 RQ-11B，在 2006 年批量生产并投入实战，是经典的战术级小型无人机系统。它基于“指针”无人机设计，但重量和大小仅为后者的 2/3，分解后可以放入背包内携带，依靠光电和红外设备，可为地面操控人员提供实时视频，主要为排级部队用于战地“过山”侦察。它可以是“1 站 2 机”或者“1 站 3 机”，采用手抛投掷发射，深度失速触地迫降方式或滑行降落方式回收，可以通过地面站进行遥控，也可按照预编程航线飞行，自动执行任务，通过一个按键马上自动返回出发点。其在设计上考虑了抗坠毁，不易发生解体；静音性能好，在 300 英尺(约 100 m)高度以上飞行时几乎听不到电动马达的声音；体积小，不容易受到敌方炮火的攻击；地面站采用掌上指挥控制终端，可为战术指挥官提供实时视频流和快速图像评估；超视距视频传输，完全可以不暴露操控士兵。

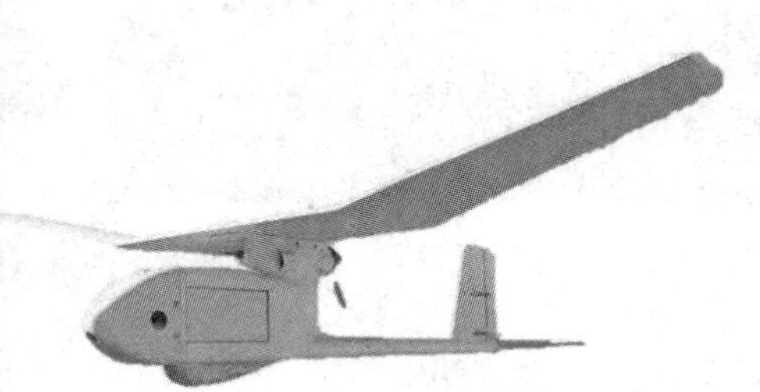

图 1-4　“渡鸦”无人机

2. “黄蜂III”(RQ-12A)无人机

“黄蜂III”(Wasp III)也是由美国航空环境公司生产的小型无人机(见图 1-5)，其重量和尺寸比“渡鸦”还要小，同样采用手抛发射、水平迫降的起降方式，飞机可以手动操控也可以自主导航飞行，载有可以摇动、倾斜和变焦的综合前向/侧向电子光学摄像机，也可以替换为红外成像设备，可在 3 英里(约 5 km)内执行昼夜低空侦察和监视任务。

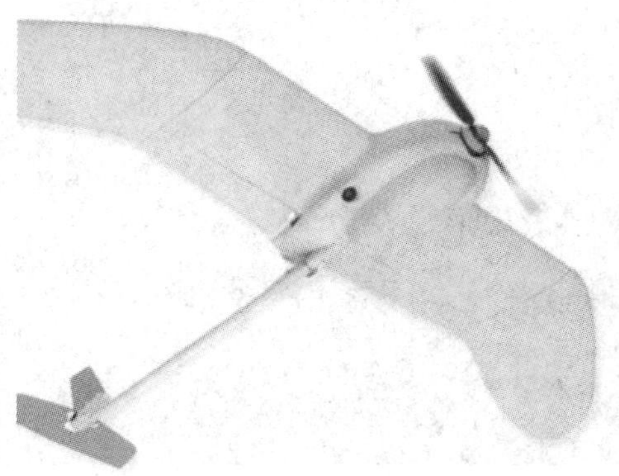

图 1-5　“黄蜂”无人机

3. “美洲狮 AE”(RQ-20B)无人机

“美洲狮”(Puma)小型无人机也是美国航空环境公司系列产品之一，有适应海洋和陆地环境两种类型。它同样为“1 站 3 机”系统，能遥控飞行或独立飞行，升限 10 000 英尺(约 3000 m)、负载能力 2～4 磅(0.9～1.8 kg)、续航能力 2 h。除基本型外，还有改进型“美洲狮 AE”(见图 1-6)，用于进行地面和海上侦察，是一种完全防水型的小型无人机系统，两个人即可安装并操控。它装备防水稳定高分辨率光电摄像机，能够在昼夜提供目标位置、情报数据以及高清图像和视频数据等，可手持起飞，能近似垂直地降落在地面和水面上，落水后可回收并能再次飞行。

图 1-6　“美洲狮 AE”无人机

4. “扫描鹰”无人机

“扫描鹰”(Scan Eagle)是由波音公司与英国因斯特公司联合研制的一种弹射起飞、空中阻拦锁回收的小型无人机系统(见图 1-7)。它是一种“1 站 2 机”的小型无人机系统，可以采用人工控制或完全自主飞行，机上载有一部惯性增稳光电(红外)镜头及转台，可以在 68 英里(约 109 435 m)执行低空侦察探测和信息保护任务。“扫描鹰”通过气动弹射发射架发射升空，既可按预定路线飞行，也可由地面(舰上)控制人员遥控飞行。弹射起飞和“天钩”起降方式使“扫描鹰”不必依赖跑道，可以部署到前沿阵地、机动车辆或小型舰船上。

图 1-7　“扫描鹰”无人机

5. “弹簧刀”无人机

“弹簧刀”(Switch Blade)是由美国航空环境公司于 2008 年开发的小型、杀伤性无人机(见图 1-8)，于 2011 年量产。据报道，它在 2012 年就已经在阿富汗投入了实战，由于其具备即时打击超视距目标的能力，因此在没有火力支援的情况下能够发挥极大的作用，深受美军的欢迎。

图 1-8　“弹簧刀”无人机

“弹簧刀”无人机可背装，也可从空中、海上或地面平台快速部署，具有较强的杀伤力和精确的打击能力，附带影响小。该机可远程操控或自动驾驶，可通过彩色摄像机来收集信息，以识别、跟踪和瞄准并击中目标。它的弹头具有相当于 40 mm 口径单兵榴弹的威力，可以摧毁轻型装甲车和人员。操作员可根据任务对该机进行预编程，如遇情况导致任务取消，操作员可以取消原有指令并将其重新定位。该机由电动发动机驱动，因此其体积小且无声飞行，即使在较近距离也难以被侦测、识别、跟踪或拦截。业界评论其是一款操作简便的单兵巡航导弹。提起巡航导弹，人们都会想到从巡洋舰、轰炸机和核潜艇上呼啸而出的“战斧”。现在美军颠覆了这一理念，由单兵携带的巡航导弹已经出现在战场。据有关资料显示，“弹簧刀”系统可以选配多管发射装置以适应车载或舰载“集中”发射需求，可以在短时间内密集发射 6 架“弹簧刀”无人机，每架无人机最短发射间隔仅需要 30 s，并具备指挥舱通过电缆遥控点火发射能力。

1.3.2　以色列小型无人机系统的现状

以色列由于频繁的军事行动和更为迫切的需求，其军用无人机的研发和应用仅次于美国，同属无人机强国。在两次中东战争中，以色机军用无人机创造性的战术使用堪称典范，并由此成为各国无人机战术支援地面行动的学习样本。以色列也是拥有多种型号军用无人机的国家，在利用大型、高空长航时无人机提供战术、战区及国家战略级多种服务的同时，也非常重视战术小型无人侦察机的发展和应用，如“云雀”“陨石”“鸟眼”等系列型号，在地区冲突和反恐怖作战中、人口密集的城镇环境下，为地面部队各类作战行动提供实时情报信息，这些小型战术无人机在加沙和约旦河西岸的军事行动中发挥了重要作用。下面仅对经典的“云雀”系列进行简单介绍。

“云雀”系列无人机是由埃尔比特公司研发的便携式(背包型)无人机飞行器，采用传统飞行器布局结构，即螺旋桨推进器位于机首，光电传感器载荷置于机鼻下方推进器桨叶下。整套系统包括 3 架飞行器、1 套地面控制设备和数据链终端，对于部分型号过大、无法手抛发射的还配备 1 套发射器。目前，该系列主要有 5 种型号，即“Ⅰ型”“Ⅰ-LE 型”“Ⅱ型”“Ⅱ-LE 型”和“Ⅲ型”。“Ⅰ型”设计于 2002 年，主要为满足以色列国防军连(排)级配备，由两名士兵携带使用，翼展 2.4 m，机身长 2.2 m，全重 4.5 kg，续航时间可达 50～90 min。“Ⅰ-LE 型”实际上是“Ⅰ型”的航程延长型(见图 1-9)，其翼展 5.5 m，机身长 2.2 m，最大升限达到 1830 m，续航时间可达 2 h，有效航程约为 10 km。“Ⅱ型”设计于 2006 年，相比“Ⅰ型”更大、更重，需要滑轨助推器弹射发射(见图 1-10)。主要配备营一级部队，其翼展 4.2 m，重 43 kg，续航时间达到 6 h，作战半径 50 km。此后为了进一步延长航程，在此基础上设计了“Ⅱ-LE 型”，续航时间可达 15 h，作战半径达 150 km。2016 年“云雀Ⅲ型”首次亮相，较之前型号在性能上有较大提升，最大起飞重量 45 kg，翼展 4.8 m，航程 30～40 km，续航时间 6 h，有效载荷 10 kg，实用升限 4570 m，弹射起飞伞降着陆，不仅用于目标侦察，还可以为激光制导弹药提供目标指示。

图 1-9　“云雀Ⅰ-LE 型”手抛型无人机

图 1-10　“云雀Ⅱ型”弹射型无人机

此外，近年来，以色列军用无人机研发机构重点对救援型和反辐射无人机进行研发升级。例如，2016 年 12 月，可飞行至高危区域的救护型无人机“鸬鹚”(Cormorant)成功完成首次自主性飞行，这架重达 1000 kg 的“救护车”可使用辐射激光测高计、雷达以及高敏传感器实现自主控制飞行，从而将急需的军需物资投送至作战区域，也可将受伤的作战人员快速运抵安全地点。不过，“鸬鹚”是一种垂直起降的大型纯旋翼无人机，不属于本书讨论的小型无人机范畴。

1.3.3　中国小型无人机系统的现状

相比美国，我国的军用小型无人机系统研发和应用起步比较晚，但经过多年的不断努力，近年来发展迅速，无论技术还是产量都有很大提高。中国航空科技集团、中国航空工业集团、西北工业大学和北京航空航天大学等大型国有企业和高校，以及众多民营企业已经生产出多种型号的小型无人机系统，机型覆盖了固定翼、旋翼和混合翼，应用领域以侦察监视为主，以通信中继、靶机为辅。据国内外公开报道，中国部分型号的小型无人机已经列装部队或出口国外，下面介绍其中几种经典型号。

1. “彩虹 802”(CH-802)无人机

“彩虹 802”(CH-802)是由中国航天科技集团研制的一种小型手抛式侦察无人机(见图 1-11)，机长 1.75 m、翼展 3 m，能够搭载重 1 kg 的模块化载荷，采用全碳纤维材质，重量仅 6.5 kg，续航 2.5 h，巡航高度 300～1000 m，最大升限 3000 m，作战半径 10～35 km，采用电动或柴油发动机，可实时传输数据。该型无人机单兵背负，便于携带，组装仅需 5 min，可由侦察兵手抛升空，用便携式接收机通过数据链接收无人机空中侦察画面，能够在 35 km 半径内执行战场侦察与炮兵校射等任务。

图 1-11　“彩虹 802”无人机

2. “彩虹 901”(CH-901)无人机

“彩虹 901”(CH-901)也是由中国航天科技集团设计的小型无人机系统(见图 1-12)，长 1.2 m，重 9 kg，可单兵携带，最高速度 150 km/h，飞行半径 15 km，留空时间 120 min，机体寿命可维持 20 次飞行任务或存储 10 年，载有完善的侦察设备，探测距离 2 km。该型无人机还可以根据需要配备战斗部件，对目标实施火力打击，命中精度 5 m 以内，因此在 2016 年改称为巡飞弹。该型无人机主要面向营、连级单位执行前沿战术侦察任务，实时传输链路使地面指挥员能够全面掌握最新态势，配备弹头后，能够有效摧毁地面中小型雷达、轻型军用车辆和直升机。“彩虹 901”无人机既可采用筒式发射，满足单兵携带，也可依托车载专用发射器，像多管火箭炮一样多架次同时发射，是一种典型的未来小型无人机“蜂群”作战样式。

图 1-12　“彩虹 901”无人机

3. “灰蜂Ⅱ”无人机

“灰蜂Ⅱ”是由北京航空航天大学研制的小型无人机系统(见图 1-13)，采用运输、发射和地面站单元一体化设计，全系统都集成在一辆“东风”Ⅱ型底盘运输车上，具有滑跑和弹射两种起飞方式以及滑降和伞降两种着陆方式。它采用“1 站 3 机”模式，可分别搭载可见光/激光测距、红外/激光测距、合成孔径雷达等任务设备，可满足不同用户在不同条件下的应用需求。该无人机实用升限为 4000 m，巡航速度 100～130 km/h，最大可达 180 km/h，续航时间 4 h，航程 400 km，作战半径 100 km，起飞重量 110 kg。

图 1-13　“灰蜂Ⅱ”无人机

4. “AV”系列无人直升机

“AV”系列是由中国航空工业集团设计的多种型号的轻型无人直升机统称，重量有 75 kg、230 kg、300 kg 和 500 kg 等多种型号，其中较为经典的是“AV200”和“AV500”。相比手抛和弹射起飞的固定翼飞机，该系列无人直升机体积、尺寸都大些，以“AV200”为例，其最大起飞重量 230 kg，最大平飞速度 150 km/ h，最大升限 3000 m，作战半径 100 km，续航时间可达 3 h，并具备 8～10 m/s 的悬停抗风能力。该系列无人直升机可根据不同的用户需求搭载各种任务载荷，不同型号所对应的最大任务载荷种类不同，典型任务载荷为“三合一”光电稳定平台，包括高清摄像机、红外热像仪及激光指示仪。

1.4　小型无人机系统发展和应用趋势

1. 自主可控与人机交互能力提升

自主可控能力指系统能够在不可预测的环境下实现目标导向，这种能力是对自动化系统的显著改进。自主可控的小型无人机系统能够基于作战规则，通过环境的感知，结合一系列限制条件做出决策并执行任务。自主可控能力对于小型无人机系统在复杂作战环境中应用至关重要，其不仅可以规避碰撞风险，还能确保融入国家空域，能够大幅提升小型无人机系统在联合介入作战中的生存能力。

自主可控技术对于小型无人机系统固然重要，但单纯依靠该技术是不够的，因为系统的自主性能受到外部环境和任务目标的影响，有可能偏离预设任务。因此，必须保留操作员对小型无人机系统的监控，以实现有效管理和安全运作。这种人在环路控制的交互操作将确保系统完成主要任务，使其具备更为敏捷的快速反应能力，能够以更低的损失率从更远距离发现并摧毁目标，在保障通信链路畅通的同时持续监测敌军动态。

以美军为例，美国空军已经实现了单个操作员对多个小型无人机的安全操作，并资助德克萨斯大学无人系统实验室开发出一种脑控系统，能够通过精神控制技术，将脑电波活动转换成具体动作指令，让一个没有接受过飞行训练的人驾驶多个无人机。下一步，美军将进一步发展“脑机”接口技术，优化人机交互界面，提高脑控无人机技术的可靠性，实现单个操作员对更大规模小型无人机的安全有效操控。

2. 动力和能源系统高效化

小型无人机开发中要解决的第一个问题就是动力和能源。目前动力系统主要采用小型电动机和小型内燃机，还有基于 MEMS(Micro-Electro-Mechanical System，微机电系统)技术的微压电制动器、静电制动器等。新一代的“微纳”动力系统正是为满足体积更小的“Nano”型无人机而研制的。小型无人机要求动力燃料具有能量密度高、体积小、重量轻的特点，既要提供足够的能量，又要保证无人机的速度和续航时间，还要受到严格的体积和重量限制。

为了进一步提高小型无人机的动力和能源系统效率，目前相关研究主要集中在以下几个方面：一是对高效节能微电机研究，主要包括高效率、大功率密度微特电机的优化设计、数值仿真及制造技术研究，以及适用于扑翼特定运动规律的循环中变速电机的研究；二是对高能量密度电池研究，进一步提高镍镉电池、锂电池、固态氧化物燃料电池等的能量密度和能量释放率；三是微动力与能源系统的匹配与集成技术研究，主要包括微电压调节器电路研究、电机控制技术、微功率、能量系统最佳匹配技术研究以及集成一体化技术研究；四是电池与机体、功能部件集成技术研究，主要通过集成化设计、工艺制造、模型建立和性能分析等，进一步整合小型无人机结构、电池与功能元件，使其高度一体化。

3. 机载设备和任务载荷小型化

由于小型无人机平台性能有限，又要保证一定的续航时间，从而机上每个设备的大小和尺寸直接影响到它的整体大小和飞行能力。因此，飞行控制系统、机载通信设备、导航设备、发动机以及供电设备的小型化和集成度越高，小型无人机的开发空间就越大。

除了飞行平台组成模块的小型化之外，任务载荷设备的小型化同样重要，并且在近些年来进步也是最明显的。由于主要面向战术级军事行动，小型无人机不能像大型无人机那样携带大型的、高性能的任务设备，但是也要确保其具备一定的侦察能力，因此也需要携带具有一定分辨率、高清晰度、质量轻的光学摄像机或者雷达成像设备。

此外，考虑到一些体积更小的微型无人机，很多情况下的主要任务是进入建筑物内进行侦察监听，而受建筑物的屏蔽作用，使得许多可以在传统飞行器上有效使用的导航控制解决方案将失去作用，需要研究针对不同环境的小型仿生传感器技术，以便满足这类小型无人机的任务需求。

4. 突防和生存能力增强

目前，小型无人机在军事方面的应用已经展现出向多元化发展的趋势，不仅仅应用在侦察、监听以及通信中继等方面，还将应用在“察打一体”、战场救援、通信干扰以及核生化探测等军事方面。各国已经开始研发功能更加丰富、可以执行更多任务的小型无人机，以应对更加复杂的战场情况。

由于各国防空体系和雷达探测技术不断发展，小型无人机在战场上的生存空间也变得更加严峻。因此，未来小型无人机对隐身性能的要求将大大提高。今后的小型无人机不仅在外形上更加小巧，还将采用特殊的材料及运用各种隐身技术全面提高其隐蔽性能，拓宽其在战场上的生存空间。

5. 侦察和打击一体化发展

随着小型无人机在侦察方面的出色表现，科学家也开始试图让小型无人机携带攻击装备或者以“自杀式”的方式实现“察打一体”，扩大其在军事方面的应用范围。美国国防部高级研究计划局已经开始计划使小型无人机在军事方面能够执行“察打一体”的任务。2017 年年初，美国军方宣布计划研究一种集侦察爆破于一体的小型无人机，此无人机体积很小，单兵可携带 2～4 个这种无人机，并装有爆破炸药，对人无法直接摧毁的重要目标实施爆破，可由操作者手动爆破也可由预先设定的时间或根据预先设定的目标特征自动爆破。与此同时，为了延长小型无人机在战场中的续航时间，麻省理工学院还在开发一种可以自主定位、降落在电线杆上利用来自输电线路的磁场给自己充电的小型无人机，如果这一技术得到突破并且成熟地运用于各类小型无人机乃至中型、大型无人机上，将大大提高无人机的续航能力。若将这两种技术结合将大大提高小型无人机在军事中的作用以及在战场上的杀伤力。将该类“察打一体”的小型无人机配备至每个士兵后，将会使单兵的战斗力得到大幅提升，使得诸如“斩首”等特种作战的成功概率大大提高。

6. 其他军事应用领域扩展

除了传统的侦察以及未来的“察打一体”应用之外，小型无人机还有望在战场救援、通信干扰和危险物检测等方面进一步拓展其潜力。

首先，利用小型无人机可以协助飞行员在跳伞后逃生，可为飞行员配备一个可以连接卫星导航系统的小型无人机，在飞行员跳伞着陆之后，给予飞行员最优的逃生路线。不仅仅是对飞行员，对于海军和陆军的作战人员也适用，将小型无人机做适当的改动使其能够在水下工作，为落水的士兵寻找最近的着陆点，同时向外界发出求救信号。在小型无人机上装备远程通信设备，当士兵与指挥部失去联系时，士兵可以通过小型无人机联系救援。目前在这方面已经有一起成功的案例：2018 年 1 月 18 日，澳大利亚成功使用无人机解救了两名被困的冲浪少年，这也是全球首次使用无人机进行海上救援。

其次，小型无人机不仅可以携带通信设备作为通信中继使用，还可以反其道而行之，携带干扰设备对敌方的通信系统进行干扰，破坏其控制中枢。尽管这种通信干扰对无人机的平台性能要求很高，单机目前实现较为困难，但是未来利用小型无人机蜂群作战方式进行通信干扰，理论上可以实现，并且效果会更加明显。

最后，携带相关监测设备的小型无人机进入危险区域进行探测也是最好的选择：不仅是在战争中，更多的则是用于核电站的泄漏事故中，用于探测和估算核辐射，以及在各种带有辐射性的化工产品发生泄漏时，均可用小型无人机进行探测估算；在某些火灾事故中也可以用小型无人机进行先期探测，确定是否存在有害物质。

7. 集群作战将成为主要趋势

一般而言，集群是借助无人机间的局部交互实现机群的群体行为，从而解决全局性的协同任务，以及其他单机系统无法完成的任务。早在 2005 年，美国国防部发布的《无人机系统路线图 2005—2030》从单机自主、多机自主、集群自主(分布式控制、群组战略目标、全自主集群)等 3 个层面对无人机自主控制进行了分类，并预计 2025 年后将具备全自主集群能力。2016 年 5 月，美空军发布了首个针对小型无人机(起飞重量低于 600 kg)的飞行规划《2016—2036 年小型无人机系统飞行规划》，从战略层面肯定了小型无人机系统的前景和价值，并对集群作战的概念进行了阐述。

2015 年，美国海军实现了 50 架固定翼无人机集群飞行的纪录，这些无人机按照主从模式飞行，利用无线自组织网络进行信息交互和共享，与以往每架飞机需要一个操作员不同，该项目通过集群地面控制站，实现了同时对 50 架无人机的控制，将控制权逐渐转移至飞行器，使无人机实现自主飞行和决策，以减轻操控人员的压力。2017 年 1 月，美军使用 3 架战斗机在空中释放了 103 架“山鹑”微型侦察无人机，可连续飞行半小时。当这个集群的数量突破 100 架的时候，从技术和应用的角度来看，这就是一个里程碑。

在中国，2016 年 11 月，由中国电子科技集团公司智能无人集群项目主导的中国第一个固定翼无人机集群飞行试验，以 67 架飞机的数量打破了美国的纪录。2017 年 6 月，中国电子科技集团公司又组织了另一项飞行试验，用 119 架小型固定翼无人机，成功演示了密集弹射起飞、空中集结、多目标分组、编队合围、集群行动等动作。

由此可见，在军事领域中，无人机自主集群作战势必成为未来无人机作战的主流趋势，将带来作战模式的颠覆性变革，提升体系作战效能，有望在未来战场的协同探测、协同攻击、干扰压制等各方面发挥巨大作用，成为一支不可忽视的新质力量。

参考文献

[1] 郭正. 无人机系统导论[M]. 4 版. 北京：国防工业出版社，2015

[2] 张学明，张书启. 解读美国空军新版小型无人机发展路线图[J]. 国防科技，2016，37(4)：81-85

[3] 符成山，吴惟诚，雷动. 美军无人机装备现状及发展趋势[J]. 飞航导弹，2019，48(9)：46-52

[4] 于力，马振利，江宝城. 外军军用无人机体系现状及发展趋势[J]. 飞航导弹，2020，49(4)：1-9

[5] 汪浩洋，杨梅枝. 美军无人机发展现状及趋势[J]. 飞航导弹，2020，49(2)：46-50

[6] 盛德林，宫朝霞. 以色列无人机中的“竞技神”：赫尔墨斯[J]. 飞航导弹，2007，36(4)：20-23

[7] 孔令沛，龚鹏，王璐. 微型无人机发展现状研究综述[C]. 世界交通运输大会论文集，2019

[8] 刘广斌，罗卫兵，严斌亨. 美军小型无人机及关键技术探析[J]. 飞航导弹，2016(5)：42-46

[9] SANDER A W. Drone Swarms[D]. United State ARMY Command and General Staff College，2017

[10] 王祥科，刘志宏，丛一睿，等. 小型固定翼无人机集群综述和未来发展[J]. 航空学报，2019，41(12)：1-28

[11] CRAIGER J P，ZORRI D M. Current Trends in Small Unmanned Aircraft Systems：Implications for U.S Operations Forces[M]. JSOU Press，2019

[12] HARBAUGH M. Unmanned Aerial Systems (UAS) for Intelligence，Surveillance，and Reconnaissance(ISR)[R]. State-of-the-Art Report(SOAR)，Defense Systems Information Analysis Center，May 2018

[13] United States Air Force Unmanned Aircraft Systems Flight Plan 2009-2047[R]. Headquarters，United States Air Force，May 2009

第 2 章　飞行平台与动力系统

飞行平台和动力系统是无人机系统的重要组成部分。飞行平台的结构、气动外形、翼型和动力系统直接影响着整个系统的性能，决定着挂载任务载荷的能力，进而决定着无人机系统能否满足任务需求。对于小型无人机系统，由于受到飞行平台体积和空间的限制，这部分设计尤为重要。本章将在介绍空气动力学基本常识的基础上，结合小型无人机的特点，对飞行平台的机翼、升力机理和动力系统等相关内容进行阐述。

2.1　飞行平台的组成

2.1.1　飞行平台的分类及特点

飞行器是自重大于空气浮力的飞行装置。例如，氢气球等都不能纳入飞行器范畴。根据平台升空方式不同，无人机系统的飞行平台主要有固定翼、旋翼、混合翼和飞艇几类。其中，固定翼是使用最为广泛、最成熟的平台，如果将固定翼和旋翼混合型也纳入固定翼，则 99%以上的无人机都属于该类型平台。固定翼类型平台主要靠固定在机身两侧的机翼与空气产生相对空速形成对应的升力维持飞行。旋翼类型平台主要依靠一组或多组旋转的螺旋桨产生向上的升力维持飞行。飞艇没有机翼和螺旋桨，但其本身可以看成是一个放大了的超级“飞翼”，与空气形成相对空速后产生向上的升力。

固定翼具有良好的飞行速度和机动性能，控制简单高效，可以飞行于大气层底部的任意位置(一般 20 000 m 以下)，通过高效的机翼设计可以获得良好的升力特性。此外，其动力系统对升空的功效较高，当飞行速度达到一定值时，甚至可以无动力滑翔，因此被广泛采用。

旋翼机主要靠螺旋桨提供升力，可以是单旋翼也可以是多旋翼。飞机姿态控制既可以借助一定的舵面，也可以是旋翼本身，如共轴双桨的直升机，三轴、四轴的多旋翼机。旋翼机不能失去动力飞行，而且对动力的控制要求极为精确，否则飞机会在垂直方向迅速积累向上或向下的加速度，发生坠机事件。在没有精确的升力控制前提下，旋翼机要维持飞行比较困难，特别是在气流极不稳定的空气中飞行可能会完全失控。但是旋翼机在升力与自重相同的情况下可以实现一种静止状态，通常称为“悬停”。旋翼机同时还需要克服旋翼产生的水平方向的“扭矩”力，一般采用对称方向的另一组旋翼可以克服。另外，旋翼本身也可以看成是一组旋转工作并带有一定螺距的、展弦比较大的变形固定“翼”，其归一化升力与单位时间内“划过”的翼面积和螺距有关。因此，增加桨面积、螺距和转速都可以提升桨的输出功率。

飞艇内部填充有轻质气体，其浮力与自重非常接近，但浮力略小于自重，需要维持一定的空速才能保持飞行，当发动机停车或者静止时会自然降落。飞艇的飞行速度一般较慢，由于没有高效的控制舵面和气动速度，因此机动性能比较差。例如，改变方向需要很大的转弯半径来弥补桨效(螺旋桨效率)的不足。飞艇的飞行方向可以由一组舵面来控制，或者由不同的动力组产生速度差来改变方向。由于飞艇有较大的表面积，且速度较低，在空中的抗风性能较差，因此对气候环境要求较高，同一飞艇在不同海拔高度上的运行性能也存在差异。

常规的无人机平台一般都采用固定翼，少数需要空中静止观察的场合会使用旋翼结构。飞艇需要的动力非常小，在不考虑风的影响下，经常作为中短距离的长航时平台。本章后续有关空气动力学的内容将主要针对固定翼型飞机进行阐述。

2.1.2　固定翼飞行平台的结构

固定翼无人机飞行平台主要由机身、机翼、尾翼、起落装置、飞行自动控制系统、动力系统和螺旋桨等部件组成，如图 2-1 所示。对于一些特殊结构的无人机，尾翼、起落装置可以没有。例如，采用短距离触地降落回收的小型无人机通常就没有起落架。

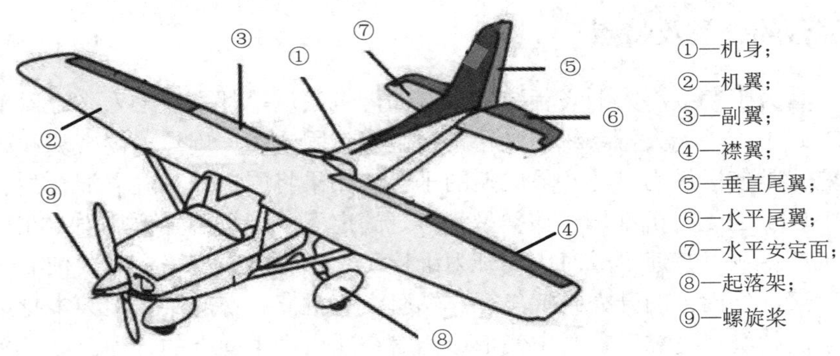

图 2-1　典型固定翼无人机的组成结构

1. 机身

机身主要用来装载发动机、燃油、任务设备、电源、控制与操纵系统(包括导航)、数据链机载终端等飞行平台设备，通过它将机翼、尾翼、起落架、螺旋桨等部件连成一个整体(如图 2-1 中的①)，并提供任务载荷的挂载功能。

2. 机翼

机翼是飞行器用来产生升力的主要部件。固定翼无人机的机翼一般分为左右两个主翼面，如图 2-1 中的②。通常在左右机翼后缘会各设一个副翼，用于控制飞行器倾斜，如图 2-1 中的③。例如，若使左机翼上的副冀向上偏转，则左机翼升力会下降；若使右机翼上的副翼下偏，则右机翼升力将增加。在两个机翼升力差的作用下无人机会向左或向右滚转。

另外，对于一般飞行器而言，为了进一步提高其升降性能，减少失速现象的发生，还可以增加襟翼。襟翼可以安装在机翼前缘，也可以安装在机翼后缘，图 2-1 中的④就是一种典型的后缘襟翼。当飞机起飞时，襟翼向后下方偏移的角度较小，主要起到增加升力的作用，可以加速飞机起飞；当飞机在降落时，襟翼向后下方偏移的角度较大，可以使飞机的升力和阻力同时加大，以利于降低着陆速度。尽管如此，固定翼无人机却很少带有襟翼，因为襟翼主要用于保证起飞和降落时的性能，但同时也会带来很大的阻力，并且会增加机体重量，造成燃油消耗增加。为了降低增加平台的复杂性，减小额外的重量，一般小型固定翼飞行器没有襟翼，仅采用主副翼。

3. 尾翼

尾翼分垂直尾翼和水平尾翼两部分，分别如图 2-1 中的⑤和⑥。垂直尾翼垂直安装在机身尾部，主要功能为保持和操控机体的方向平衡。通常，垂直尾翼后缘设有用于操纵方向的方向舵。例如，如果飞行控制系统控制方向舵右偏，那么气流吹在垂直尾翼上就会产生一个向左的侧力，此侧力相对于机体重心会产生一个使机头右偏的力矩，从而使机头右偏，反之则使机头左偏。水平尾翼安装在机身尾部，主要功能为保持和操控俯仰平衡。低速无人机水平尾翼前段为水平安定面(如图 2-1 中的⑦)，是不可操纵的，其后缘设有操纵俯仰的升降舵，水平尾翼是左右对称的两个，左右两侧的升降舵同步偏转才能操纵机体俯仰。若使升降舵上偏，相对气流吹向水平尾翼时，水平尾翼会产生附加的负升力，此力相对于机体重心会产生一个使机头上仰的力矩，从而会使机头抬头，反之则使机头低头。

尾翼除了具备操纵功能外，水平尾翼也兼具一定的升力作用，主要形成一个相对质心的纵向力矩，从而使飞机具备一定的纵向安定性。垂直尾翼虽然不具备升力，但是吹过的气流会在垂直尾翼两侧形成一个持续的相对力矩，保持尾部横向的安定性。尾翼的翼面积与气动速度都会影响飞机的方向操控性能。对于一些结构比较特殊的无人机来说，不设垂直尾翼或水平尾翼，如飞翼布局的无人机就没有水平尾翼。另外，也可以将水平尾翼移至主机翼之前的机头两侧，即前翼，用较小的翼面达到同样的操控效能，并且前翼和主机翼可以同时产生升力，这种布局称为“鸭式布局”。莱特兄弟研制的世界上第一架飞机就采用的是这种布局。后来，飞机设计师通常将飞机的水平尾翼和垂直尾翼都放到飞机尾部，这种布局称为“常规布局”。

4. 起落装置

起落装置的作用是使无人机在地面或水面进行起飞、着陆、滑行和停放。着陆时还通过起落装置吸收撞击能量，改善着陆性能。采用轮式起飞/着陆的无人机一般设有 3 个起落架，如图 2-1 中的⑧。大型无人机的起落装置包含起落架和改善起落性能的装置两部分，起落架在起飞后收起，以减少飞行阻力(废阻)。大多数小型无人机的起落架很简单，在空中也不收起。对于采用弹射、拦阻网等方式发射/回收的小型无人机就不需要起落架；对于采用手掷发射的小型无人机，也没有起落装置；伞降回收的无人机的着陆装置是降落伞，亦无需起落架。

5. 飞行自动控制系统

飞行自动控制系统是无人机的“大脑”和“小脑”，包括控制指令自动生成装置和传输操纵装置。指令自动生成装置包括人们熟悉的自动驾驶仪和相关的传感器、导航设备；传输操纵装置包括从控制指令输出到水平尾翼、副翼、方向舵等操纵面用来传递指令、改变飞行状态的所有装置，通常由舵机和电传控制装置组成。飞行自动控制系统一般包含两个控制回路，通常与飞机自身平衡有关的控制回路称为“内回路”，相当于人的“小脑”部分；与飞行任务和导航有关的控制回路称为“外回路”，相当于人的“大脑”部分。

与有人驾驶作战飞机不同的是，第一代、第二代有人驾驶作战飞机一般仅有飞机操纵装置，在三代以上的战机中才出现了能够自动形成控制指令的飞行控制系统，而完整意义上的无人机必须具有飞行自动控制系统。

6. 动力系统

飞机动力系统是用来产生拉力(如螺旋桨飞机)或推力(如喷气式飞机)，使飞机形成空速，从而能够飞行前进的装置。低速无人机发动机多采用螺旋桨，高速无人机的动力系统主要分为涡轮喷气发动机和涡轮风扇发动机两类，一些更小的无人机可能会采用更轻便的电动机作为发动机，具体内容将在 2.4 节中进行介绍。兼顾任务载荷的需要，无人机发动机可以采取“前拉”和“后推”两种常规布局，也可以采取与机身融为一体的布局。对于机身载荷较多、空间相对紧张的飞机还可以采取机翼两侧双发动机或多发动机的布局。

7. 螺旋桨

对于活塞或者电动固定翼无人机，还需要配备螺旋桨，如图 2-1 中的⑨。螺旋桨是指靠桨叶在空气或水中旋转，将发动机转动功率转化为推进力的装置。螺旋桨由若干桨叶和中央桨毂组成。当螺旋桨被发动机输出轴带动旋转时，桨叶的斜面把空气往后推，从而使桨叶得到反作用力，即推进力。

螺旋桨的分类方式有很多：按照动力装置可以分为电动机螺旋桨、航空活塞式发动机螺旋桨和涡轮螺旋桨发动机螺旋桨(大型无人机)；按桨叶数目分为双叶、三叶、四叶以及更多叶的桨；按能否改变桨叶角分为定距桨、半变距桨(地面调整桨叶角)和变距桨(空中调整桨叶角)；按与发动机的配置关系分为拉进式(位于发动机前)和推进式(位于发动机后)。

2.2　空气动力学基础知识

2.2.1　升力的产生机理

任何航空器都必须产生大于自身重力的升力才能升空飞行，这是航空器飞行的基本原理。对于固定翼无(有)人机而言，升空需要的升力来自气流吹过机翼表面产生的压力差。要理解这种升力产生的原理，就要从空气动力学的一般原理说起。

1. 流场的基本概念

充满着运动流体的空间称为“流场”。用以表示流体运动特征的物理量称为运动参数，如速度、密度和压强等。流场是分布上述物理量的场。描述流场的基本概念有轨线、流线和流管。流场中流体质点在一段时间内运动的轨迹线称为轨线；流场中某一瞬时的一条空间曲线称为流线，在该线上各点的流体质点所具有的速度方向与该曲线在该点的切线方向重合，如图 2-2 所示。在流场中画一封闭曲线 C(不是流线)，经过曲线 C 的每一点作流线，由这些流线所围成的管状曲面称为流管，如图 2-3 所示。

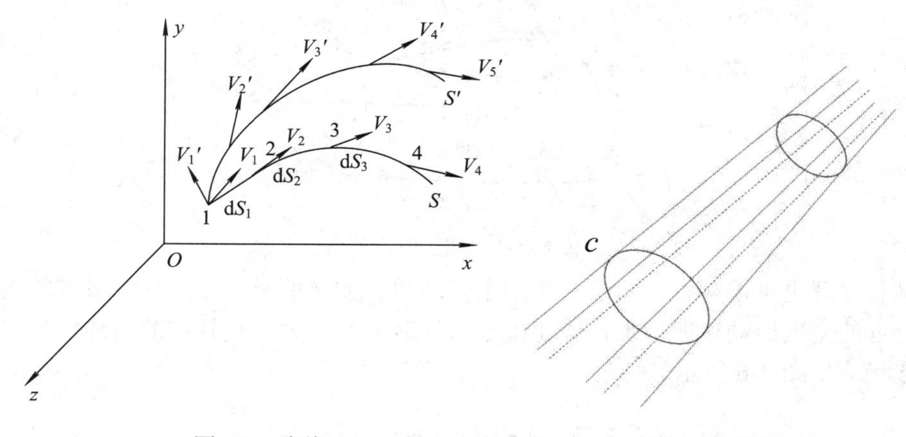

图 2-2　流线　　图 2-3　流管

2. 伯努利原理

我们会遇到这种现象，河水流经河道窄的地方时，水流速度就快；流经河道宽的地方时，流速就会放慢。空气也是一样，当它流过一根粗细不等的管子时，由于空气在管子里是连续不断地稳定流动，在空气密度不变的情况下，单位时间内从管道粗的一端流进多少，从细的一端就要流出多少。因此，空气通过管道细的地方时，必须加速流动，才能保证流量相同。由此可得出空气的流动特性是：流管细流速快，流管粗流速慢，这就是气流连续性原理。

实践证明，空气流动的速度变化后，还会引起压力变化。当流体稳定流过一个流管时，流速快的地方压力小，流速慢的地方压力大，这就是伯努利原理。

伯努利原理是空气动力学的重要理论，对于飞行器而言，流体就是指空气，简单地说就是空气速度越大，产生的静压力越小，速度越小，静压力越大。在飞行器设计中，为了使飞行器能够获得足够大的升力，就要设法使机翼上部空气流速快，下部空气流速慢，这样机翼上部静压力小，下部静压力大，机翼就被空气往上推，飞行器就可以飞起来，如图 2-4 所示。

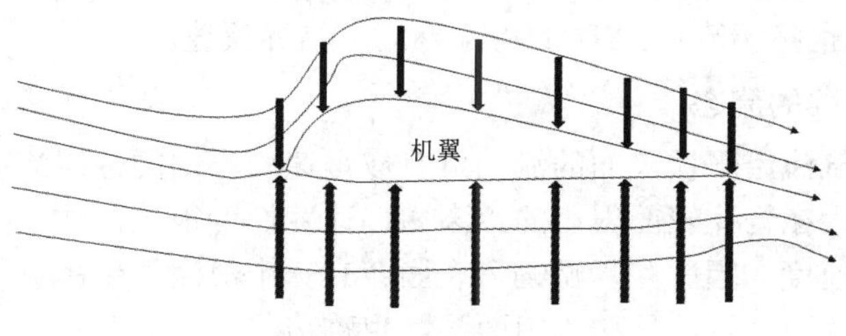

图 2-4　机翼被推升原理

需要说明的是，以前的理论认为相邻的空气质点同时由机翼的前端分别经机翼的上沿和下沿向后运动，最后应该同时到达机翼的后端。经过仔细的计算后，发现如果按照上述理论，机翼上沿的流速不够大，机翼应该无法产生那么大的升力。后来，经过风洞实验证明：流经机翼上沿的质点会比流经下沿的质点先到达机翼后端，如图 2-5 所示。

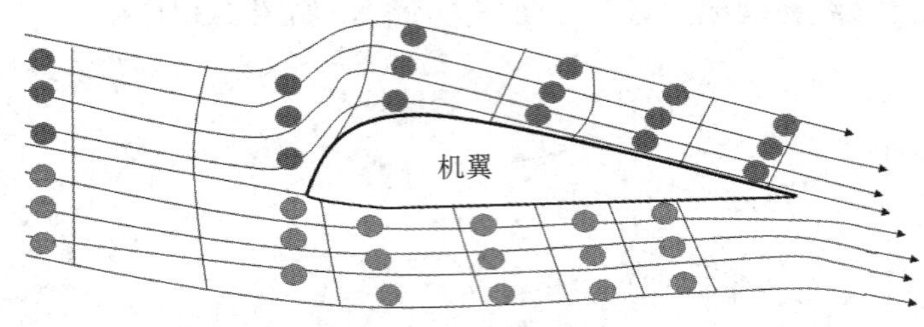

图 2-5　相邻质点在机翼上下沿的流速对比

伯努利原理也可以解释日常生活中的很多现象，如当朝竖立在水杯中吸管的上端吹气时，附近的空气运动速度增加，静压减小，这时大气压力就把杯中的液体压到出口，喷出成雾状，如图 2-6 所示。

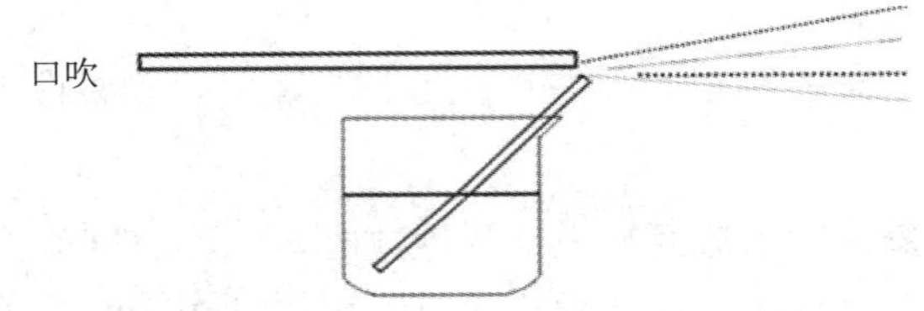

图 2-6　伯努利原理生活实例

3. 黏性流动

通常，气体具有某种程度的黏性。气体流过一固定平板时，在平板法线上各点测量速度，则紧贴板面的气流速度为零，沿平板法线方向流速则会逐渐增加。

将气流沿平板表面的流动看成是速度不同的分层流动。由于物体表面不是绝对光滑的，且对气体分子有黏附作用，所以紧贴物体表面的流层受到阻滞和黏附，流体速度为零。这层速度为零的流体又通过黏性作用影响上一层流体，使上层流体速度减小。这样一层层影响下去，越向外相邻流层间黏滞作用产生的摩擦力就越弱，层流速度梯度也逐渐减小为零。此时，最外层气流的速度就回到了原有的速度。

当流速较低时，流体层可看作彼此平行且不混杂的层流运动。当流速提高到一定数值时，流体运动便成为相互混杂、穿插的紊乱流动。流速越高，紊乱程度也越强烈。由层流状态改变为紊流(也称湍流)状态时的流速称为上临界流速。

4. 附面层与附面层的流态

前面已介绍过，气流沿平板表面的流动可看成是速度不同的分层流动。紧贴平板表面处的气流速度为零，在物体表面很小的距离内，速度梯度很大，故在很短的距离内流速会增至前方的来流速度。因此，紧贴物体表面会有一个薄流层受影响最显著，该层的摩擦应力是不能忽略的，把这一层称为附面层，也称边界层。

附面层内的流态有层流与紊流两种。层流是指层内流体做彼此平行且不混杂的运动；

紊流是指流体运动成为相互混杂、穿插的紊乱流动。当附面层内的流态为层流时，称为层流附面层。当附面层的流态为紊流时，称为紊流附面层。附面层内流态受很多因素影响，都会促使层流变成紊流，即两种流态，如图 2-7(a)所示。但更多的情况是：前面一小段为层流，后面一长段为紊流，中间有一个很短的过渡区(称为转捩区)，即三种流态，如图 2-7(b)所示。

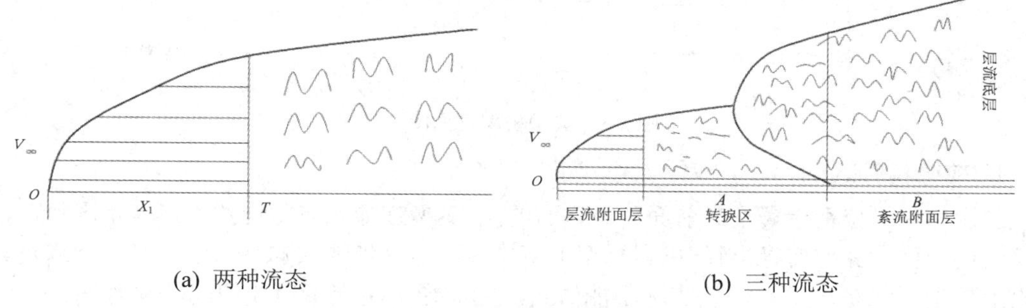

(a) 两种流态　　(b) 三种流态

图 2-7　附面层内流态

层流附面层和紊流附面层有许多重要差别：紊流附面层比层流附面层厚，对物体产生的摩擦力要比层流大得多；层流产生的阻力要远远小于紊流产生的阻力，通常层流产生的阻力较小且有益，紊流附面层的阻力是由完全不同的机制产生的。

为了描述这一特性，我们引入雷诺数(Reynolds number，Re)这一概念。雷诺数是附面层处于层流状态或紊流状态的重要标志。雷诺数是一个无量纲数，其取值决定了黏性流体的流动特性，也可以用来确定物体在流体中流动所受的阻力，如式(2-1)所示。

$$\mathrm{Re}=\frac{\rho vd}{\eta} \tag{2-1}$$

式中，ρ、v、d、η 分别表示流体的密度、流速、动力黏性系数和特征长度。

雷诺数小，意味着流体流动时各质点间的黏性力占主要地位，流体各质点平行于管路内壁且有规则地流动，呈层流流动状态。雷诺数大，意味着惯性力占主要地位，流体呈紊流流动状态。

雷诺数是判断物体流动特性的重要依据，在不同领域内或者说不同流体在不同的环境下，雷诺数有很大差别。例如，对于一般光滑管道内流体而言，雷诺数小于 2000 为层流状态，大于 4000 为紊流状态，2000～4000 为过渡状态。而在航空领域中，当雷诺数在 10^4～10^6 时，为低雷诺数；对于常规飞行器，一般都大于 10^6；而对于微小型飞行器，雷诺数约为 10^4～10^5。因小型无人机飞行平台受到尺寸和飞行速度的限制，通常属于低雷诺数下的设计问题。

2.2.2　机翼相关重要参数

对于固定翼无人机而言，作用在飞机上的升力主要是由机翼产生的，同时机翼也会带来一定的阻力。为了便于后续讨论升力和阻力的产生过程，需要介绍几个与无人机机翼相关的重要参数。

首先，给出固定翼飞机翼剖面的概念，即机翼平行于飞行器对称面或垂直于前缘(或

1/4 弦长点连线)的剖面形状，也称翼剖面或翼型，如图 2-8 所示。

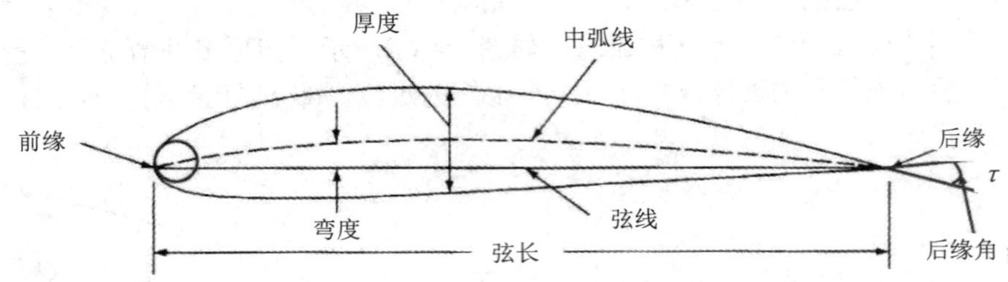

图 2-8　典型机翼剖面图

1. 前缘和后缘

前缘和后缘分别指翼型最前面和最后面的点。翼型在前缘点附近的外形多是圆弧形，圆弧的半径称为翼型前缘半径。机翼翼型上下周线在后缘处形成的夹角就是机翼后缘角。理论上翼型后缘是一个点，但实际不能做到，因此通常用上下周线切线的夹角(记为 τ)计算。

2. 弦长

连接翼型前缘和后缘的直线段称为弦线，其长度称为弦长，记为 c。

3. 相对厚度

翼型的厚度是指垂直于翼弦的翼型上下表面之间的直线段长度，记为 t，其中最大者称为翼型的最大厚度，记为 t_{max}。翼型的最大厚度的值不足以表示翼型的厚薄，通常用翼型相对厚度 t/c 表示，即翼型最大厚度 t_{max} 与弦长 c 之比，并常用百分数表示，即

$$\frac{t}{c}=\frac{t_{\max}}{c}\times 100\% \tag{2-2}$$

前缘到最大厚度线的弦向距离称为最大厚度位置。

4. 弯度

翼型上下表面的高度中点连线称为翼型中弧线。若中弧线是一条直线，则其与弦线合二为一，这个翼型是对称翼型。但是绝大多数的固定翼无人机都采用的是非对称翼(具体原因在 2.3 节中介绍)，因此中弧线与翼弦两者不重合，它们之间的最大距离称为最大弯度，反映了翼型的弯曲情况，将最大弧高称为翼型的弯度。翼型的弯曲程度也可用相对弯度表示，即最大弯度与弦长之比。

5. 迎角

对于固定翼飞机而言，机翼前进方向(气流方向)与翼弦之间的夹角称为迎角，也叫攻角，一般用字母 α 表示，如图 2-9 所示。迎角是飞机姿态的重要参数之一，是确定机翼在气流中姿态的基准。飞行时，飞行器的升力与升力系数成正比，阻力与阻力系数成正比，而升力系数和阻力系数又都是迎角的函数。在一定范围内，迎角越大，升力系数与阻力系数也越大。但是，当迎角超过某一数值时(称为临界迎角)，升力系数反而开始减小，由于迎角较大，出现了黏滞压差阻力的增量，分离区扩及整个上翼面，阻力系数急剧增大，这时飞机就可能失速。

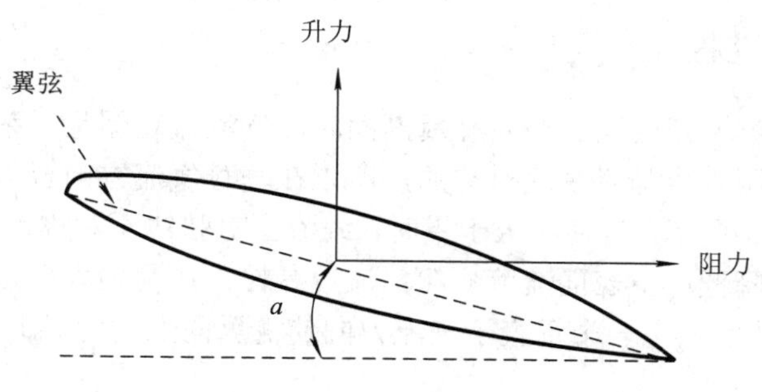

图 2-9　翼型迎角示意图

6. 翼展

翼展是指机翼左右翼尖之间的长度，一般用字母 l 表示。图 2-10 所示为梯形机翼俯视投影示意图。

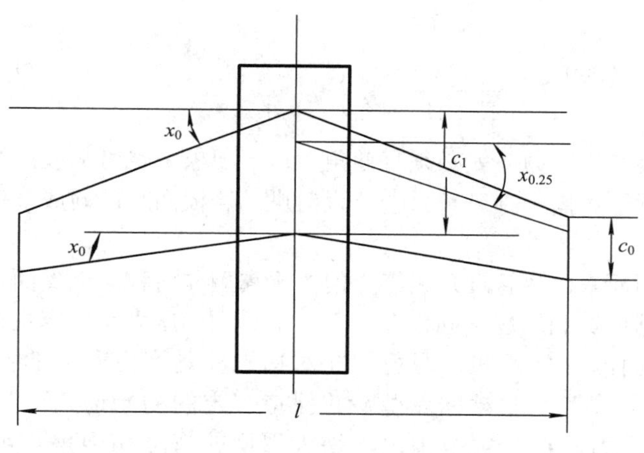

图 2-10　梯形机翼俯视投影示意图

7. 展弦比

结合图 2-8 和图 2-10 易知，机翼不同地方(不同截面)的翼弦长度是不一样的，两个极端位置，如图 2-10 中翼根部位的弦长记为 c_1，翼尖部位的弦长记为 c_0。为了便于表示机翼弦长，一般采用平均几何弦长，即 $c_{av} = (c_0 + c_1)/2$。翼根弦长 c_0 与翼尖弦长 c_1 的比值称为根梢比，即 $\eta = c_0/c_1$。

翼展和平均几何弦长的比值称为展弦比，用 λ 表示，即 $\lambda = l/c_{av}$。展弦比也是飞机的重要参数之一，展弦比越大，机翼的升力系数越大，但受到的空气阻力也越大。

8. 后掠角

后掠角是指机翼与机身轴线的垂线之间的夹角。后掠角又包括前缘后掠角(机翼前缘与机身轴线的垂线之间的夹角，一般用 x_0 表示)、后缘后掠角(机翼后缘与机身轴线的垂线之间的夹角，一般用 x_1 表示)及 1/4 弦线后掠角(机翼 1/4 弦线与机身轴线的垂线之间的夹角，一般用 $x_{0.25}$ 表示)。

如果飞机的机翼向前掠，则后掠角就为负值，一般称为前掠角。

2.2.3 升力的产生过程

当气流以低速和零迎角流向一个对称翼剖面时，气流流动图是对弦线对称的，翼型上、下表面的速度和压强也是对弦线对称的，所以在垂直气流方向合力为零，此时无法产生升力，如图 2-11(a)所示；当迎角大于零时，绕流图对弦线不对称，上表面流管变细，气体流速变快，压强降低；下表面流管变粗，流速减慢，压强增大。这样，翼型上下表面就会出现压力差，从而产生一个垂直于来流方向使机翼向上的力，即升力，如图 2-11(b)所示。

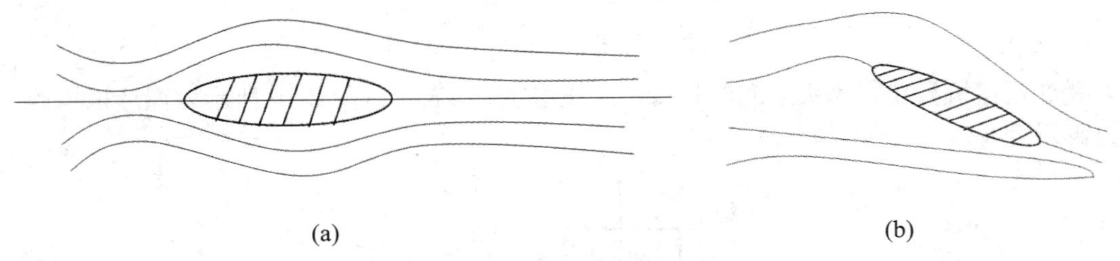

图 2-11　迎角对升力的影响

因此，对称翼要产生升力，就必须有迎角。这一现象，也可从放风筝中来理解。放风筝时，若板面平行于风向，则风筝只会一直前进；若板面与风向成一夹角，则风筝便会不断上升。

对非对称翼剖面而言，尽管迎角为零，但由于翼型非对称，上翼面形成的流管比下翼面的流管细，根据伯努利原理，同样会出现上下翼面的压力差，产生升力。

综合上述两方面的分析可知，迎角和非对称机翼是产生升力的要素。飞机的翼型通常都是“上厚下薄”的非对称翼型，并保持一定的初始迎角，其原因就是要确保能够产生足够的升力。在一定范围内，增大翼型的弯度和迎角，可以增大升力。例如，航空母舰的滑跃式甲板都要有一个坡度，就是为了增加飞机起飞时的迎角，以提高升力。

2.2.4 阻力的种类及产生

飞行器在空气中飞行过程中，不仅有升力，还有阻力。根据产生原因不同，所受到的阻力可分为摩擦阻力、压差阻力、诱导阻力、干扰阻力和激波阻力。

1. 摩擦阻力

当气流流过飞机时，由于空气具有黏性，与飞机表面发生了摩擦，阻滞了气流的流动，这就是摩擦阻力。摩擦阻力发生在附面层。在附面层内，越贴近飞机表面，气流速度越慢。

如 2.2.1 节中所述，附面层可以分为层流附面层和紊流附面层，后者的摩擦力要比前者大很多。因此，在设计机翼时，都是尽可能在机翼上保持层流附面层，目的就是减小空气对飞机的阻力。例如，对于飞行速度较快的飞机，通常采用层流翼型，即最大厚度位置更靠近后缘，前缘半径小，上表面平坦，气流达到机翼后缘升压区之前，尽可能在更长的距离上继续加速，推迟由层流向紊流的转捩，能使机翼表面尽可能保持层流状态，从而减小摩擦阻力。

此外，摩擦阻力的大小还取决于飞机浸润面积、飞机材料表面粗糙度。对于有人战斗机而言，还可以使用矢量推进技术，直接用于控制飞机飞行姿态，这样飞机的尾翼就可以减小甚至去掉，大大减小摩擦阻力。

2. 压差阻力

流体在机翼前缘部分，受机翼阻挡，流速减慢，压力增大；在机翼后缘，由于气流分离形成涡流区，压力减小。这样，机翼前后便产生压力差，形成阻力。此外，机身和尾翼等其他部分都会产生压差阻力。

在最低压力点之前，附面层内的气流虽然受黏性摩擦阻滞作用，速度不断减小，但在顺气压的推动下，仍然继续加速向后流动。在最低压力点之后，附面层内的气流除了克服黏性摩擦的阻滞作用之外，还要克服反向压力，因此气流速度减小，达到某一位置之后，就完全停止，不再向后流动，该位置称为分离点。在分离点之后，附面层底层空气在反向压力作用下，向前倒流，与附面层上层顺流而下的气流碰撞，使附面层气流脱离机翼表面，产生大量逆流和旋涡而导致的气流分离现象，形成涡流区。在涡流区中，由于产生了旋涡，空气迅速转动，部分动能因摩擦而损耗，即使流速可以恢复到与机翼前部相等，但是压力已经很小了，从而在机翼前后部分形成了压差阻力。假设气流经过机翼上下表面后没有产生气流分离，则在机翼后部，上下表面气流重新汇合，流速和压力都恢复到与机翼前部同样大小，就不会存在压差阻力。

由于涡流区的压力与分离点处气流压力相差不多，也就是说分离点越靠近机翼后缘，涡流区的压力就越大。因此，推后分离点可以减小压差阻力。此外，压差阻力还与迎风面积、形状和物体在气流中的相对位置有很大关系。

3. 诱导阻力

升力来源于机翼上、下表面的压力，即下表面的压力大于上表面。翼尖附近的气流在压差的作用下会由下向上绕，在翼尖处形成旋涡，这样不仅减小了升力，还产生了阻力，这就是诱导阻力，如图 2-12 所示。因此，可以说它是为了产生升力而付出的一种代价。

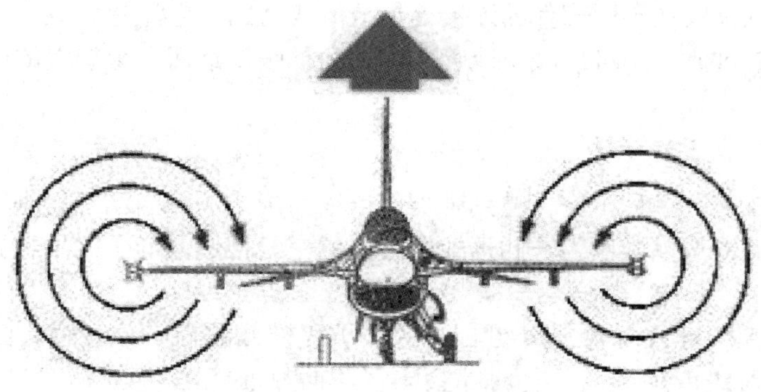

图 2-12　翼尖处旋涡

随着飞机向前飞行，旋涡就从翼尖向后方流动，使气流产生下洗速度，即流过机翼的空气向下倾斜，形成下洗流，机翼的升力也随之向后倾斜。而实际升力是和洗流方向垂直的，若把实际升力分解成垂直于飞行速度方向和平行于飞行速度方向的两个分力，前者仍起着升力的作用，这就是飞行器所需的升力，后者平行于飞行速度方向，则起着阻碍飞机前进的作用，成为一部分附加阻力，如图 2-13 所示。而这一部分附加阻力是同升力的存在分不开的，因此称为诱导阻力。

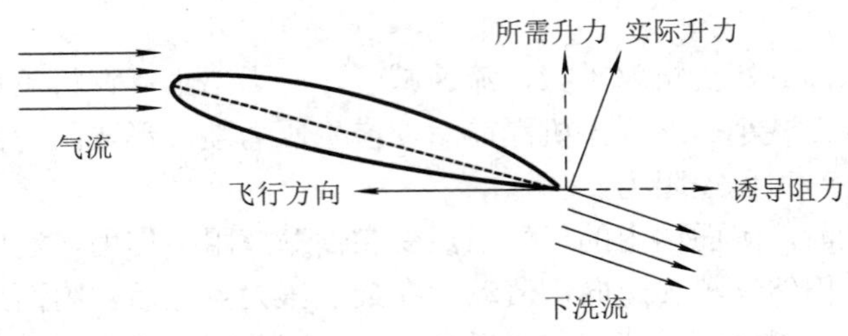

图 2-13　诱导阻力产生原理

由图 2-13 可以看出，飞机迎角越大，诱导阻力也越大。实验分析表明：诱导阻力在巡航时约占总阻力的 40%，在爬升时会占总阻力的一半还多，有时达 70%；减小诱导阻力对高空长航时无人机具有重要意义。实践表明：诱导阻力的大小与机翼的升力、展弦比和飞行速度有很大关系。升力越大，诱导阻力越大；展弦比越大，诱导阻力越小；速度越高，诱导阻力越小。

4. 干扰阻力

干扰阻力是由于流经飞机各部件之间的气流相互干扰而产生的一种额外阻力。

当机翼和机身组合在一起时，机身的侧面和机翼翼面之间形成一个横截面积先收缩后扩张的通道，低速气流流经扩张通道时，因逆向压梯度的作用，使附面层产生严重的分离，出现额外的黏性压差阻力。这样，不但在机翼和机身之间可能产生干扰阻力，而且在机身和尾翼连接处以及机翼和发动机短舱连接处也都可能产生干扰阻力。

干扰阻力和飞机不同部件之间的相对位置有关。如果在设计飞机时仔细考虑它们的相对位置，使其压力的增加不大也不急剧，那么干扰阻力就可减小。对于机翼和机身之间的干扰阻力来说，中单翼干扰阻力最小，下单翼最大，上单翼居中。

另外，还可以采取在不同部件的连接处加装流线型的“整流片”或“整流罩”的办法，使连接处圆滑过渡，尽可能减小流管的收缩和扩张，继而减少旋涡的产生，也可减小干扰阻力。

5. 激波阻力

激波是飞机在飞行过程中空气遭到强烈的压缩而形成的。当飞行器进行超声速飞行时，由于飞行器的能量以强压力波的形式向周围的空气传递而产生的一种独特的阻力，称为激波阻力。

激波阻力对超声速飞行器翼身组合体的体积和横截面积十分敏感。由于激波阻力只有在飞行器以音速或超音速飞行时才会出现，而目前能达到这种速度的无人机大都是大型高空长航时无人机，因此，对于小型无人机一般不存在激波阻力，这里不做详细阐述。

2.3　翼型与气动布局

2.3.1　翼型的分类

机翼是固定翼无人机的重要组成部分，其剖面的形状称为翼型。为了适应不同型号的飞机，各飞机制造商已经设计出很多经典翼型，例如美国的 NASA 系列、德国的 Goettingen 系列、英国的 RAF 系列等翼型参数，这些都是可以直接用于设计的数据。为了简单起见，根据机翼剖面的上下弧线的走向以及与弦线的位置关系，可以分为对称型、双凸型、平凸型、凹凸型、S 型等典型翼型，如图 2-14 所示。

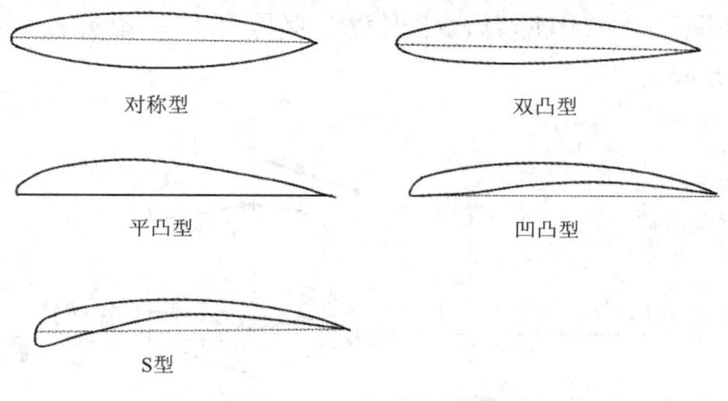

图 2-14　典型机翼翼型

对称翼型是指弯度为零、上下弧线对称、中弧线和翼弦重合的翼型。其阻力系数和升力系数都很小，对称翼型的零升迎角是零度，因此使用对称翼型的飞机必须保持一定的迎角才可以飞行，并且正飞和倒飞并没有太大的区别。在大迎角下，对称翼型的升力系数和阻力系数均急剧上升，同时对称翼型还拥有较大的失速迎角，且失速后翼型的升力系数依然维持在较高的水平上，因此可以获得较好的失速性能和增升效果，广泛用于低速特技飞机主翼和高性能直升机旋翼。

双凸翼型是翼型上下表面均凸出，一般上弧线弯度较下弧线的要大。相比对称翼型，其阻力较大，但可以获得较高的升阻比，且失速迎角和大迎角下的升力系数低，气动性能总体优越，可适用于从低速到亚音速直至超音速的范围。同时，双凸翼型便于加工，结构特性好，机翼上增加舵面和其他辅助手段可以大幅度提高性能，至今大部分飞行器的主翼都使用的是双凸翼型。

平凸翼型是翼型上弧线凸出，而下弧线除前缘外均为直线，又称克拉克 Y 翼型。其基本气动特性和双凸翼型类似，但是在很多具体指标上都要劣于双凸翼型。平凸翼型的失速迎角小、阻力比较大，性能总体居中，但工艺性是所有翼型中最好的，便于大量生产，因此适用于低速飞行器。

凹凸翼型是指翼型上弧线凸出而下弧线凹进的翼型。其具有最大的升力系数，同时在一定范围内阻力系数也比较低，在合理的设计下可以获得最高的理论升阻比，同时重量最轻，因此在早期飞机动力系统较差时几乎所有飞机都使用这种翼型。但是其失速迎角相当小，可工作范围不大，当迎角上升后阻力系数急剧增加，不适合做较大机动的飞行器。此外，其工艺性较差，难于加工，且结构强度很差，目前，除了个别滑翔机和低速机之外，已经没有飞行器使用这种翼型。

S 型是中弧线是一个平躺的 S 型的翼型，这类翼型在迎角改变时压力中心位置不变，常用于无尾翼飞行器中。

以上只是一个粗略分类，除了上述几种典型的翼型外，还有一些特殊的翼型。比如，为了改善气流流过机翼尾部的状态，可将翼型尾部做成一块平板的“平板式后缘翼型”；再如，为了改善机翼上表面边界层状态，在头部多出一片薄片作为扰流装置的“鸟嘴式前缘翼型”，在观察一个翼型时，最重要的是找出中弧线，然后再看中弧线两旁厚度分布情况，中弧线弯曲方式和程度决定了翼型的特性。要精确得到翼型的特性，单靠肉眼观察是不够的，还需要进行气动特性仿真实验。

此外，除了机翼的剖面图之外，还需要研究机翼的水平投影图，即机翼在水平面内的投影形状。常见的平面形状有矩形翼、梯形翼、椭圆翼、三角翼、后掠翼、前掠翼和边条翼等，如图 2-15 所示。

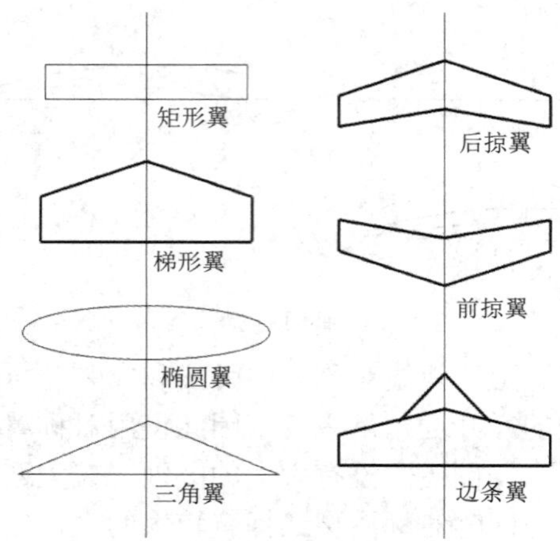

图 2-15　常见平面形状的翼型

在上述翼型中，后掠翼、梯形翼和三角翼常用于高空、高速、长航时大型无人机，而小型无人机一般都属于中低空飞行，并且不具备隐身性能，因此矩形翼是小型无人机的经典翼型。其中，最主要的原因就是矩形翼在低空飞行时，即使因为升力不足而发生失速状态，也不会导致无人机机身的振动和发动机颤抖，所以只要地面操作人员操作得当，很容易就能把陷入失速状态的无人机恢复过来。因此，目前各国的中小型无人机大多都使用了这种翼型。

2.3.2　翼型的升阻特性

在基本力学原理的基础上，根据风洞和其他实验结果，得到飞行器产生的升力大小的计算公式为

$$L=\frac{1}{2}\times\rho\times v^2\times S\times C_{\mathrm{L}} \tag{2-3}$$

式中：ρ 表示空气密度；v 表示飞行器速度；S 表示飞行器的面积；C_{L} 是升力系数，是一

个无纲量，受机翼外形、飞行器配平等很多因素影响。

由式(2-3)可知，空气密度是固定的，人为无法改变。为了提高升力，可以通过增大机翼迎角获得更高的 C_L 来重新配平，可达到某个峰值 $C_{L,max}$。但是如前所述，当迎角超过临界值时，会造成时速、升力急剧下降。相比机翼而言，机身产生的升力可以忽略不计，因此还可以增加机翼面积 S 来提高升力，但是这也可能带来飞机重量的相应增加。同时，过大的机翼面积，对机翼材料的硬度也提出了更高要求。为此，还可以提高飞行速度，进一步提高升力，也就是说在给定机翼面积和飞行器配平的情况下，相比重量较轻的小型无人机，大型无人机必须以较高的速度飞行，才能获得足够大的升力。

可见，当飞机平台的最大起飞重量、机翼翼型和面积一定时，为了能够保证飞机飞起来，必须对速度有最低要求，即实际飞行最小速度 v_{min} 表示为

$$v_{\min}=\left(\frac{2L}{\rho S}\times C_L\right)^{1/2} \tag{2-4}$$

式中，C_L 的取值最大为 $C_{L,max}$。一般情况下，对没有襟翼的小型无人机而言，典型中等弯曲度界面的机翼 $C_{L,max}$ 约为 1.2，因此考虑到实际平飞时的迎角，C_L 取值为 1 较为合适。因此，式(2-4)可进一步简化为

$$v_{\min}=\left(\frac{2w}{\rho}\right)^{1/2} \tag{2-5}$$

式中，w 为机翼载荷，即单位面积机翼所承受的重量，单位为 N/m^2。

由于空气密度 ρ 和海拔高度有关，因此实际上无人机所需要的最低飞行速度与机翼载荷和飞行高度有关。在给定高度情况下，v_{min} 随机翼载荷变化情况如图 2-16 所示。

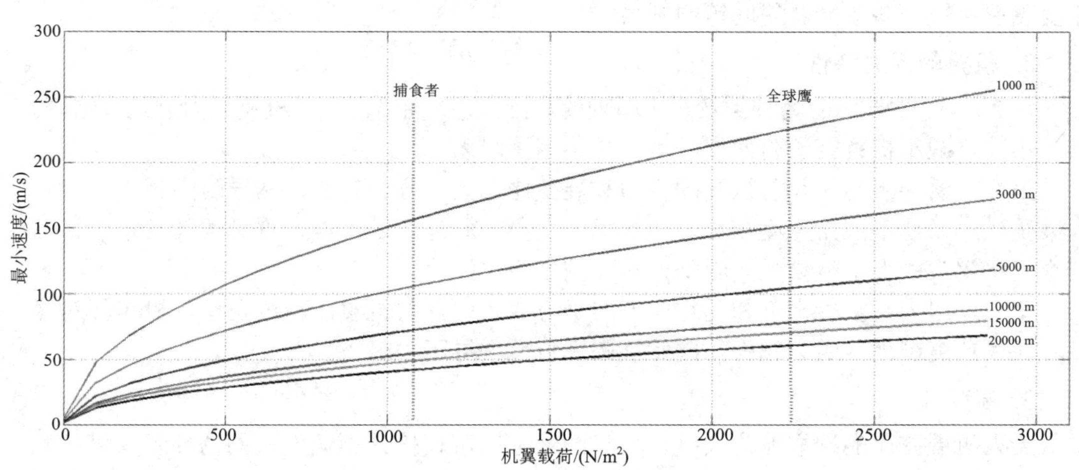

图 2-16 v_{min} 随机翼载荷变化情况

相比中远程、长航时大型无人机，小型无人机重量轻、载重小、飞行高度低(可认为标准大气压下)，其机翼载荷相对也较小。小型无人机 v_{min} 随机翼载荷变化情况如图 2-17 所示。

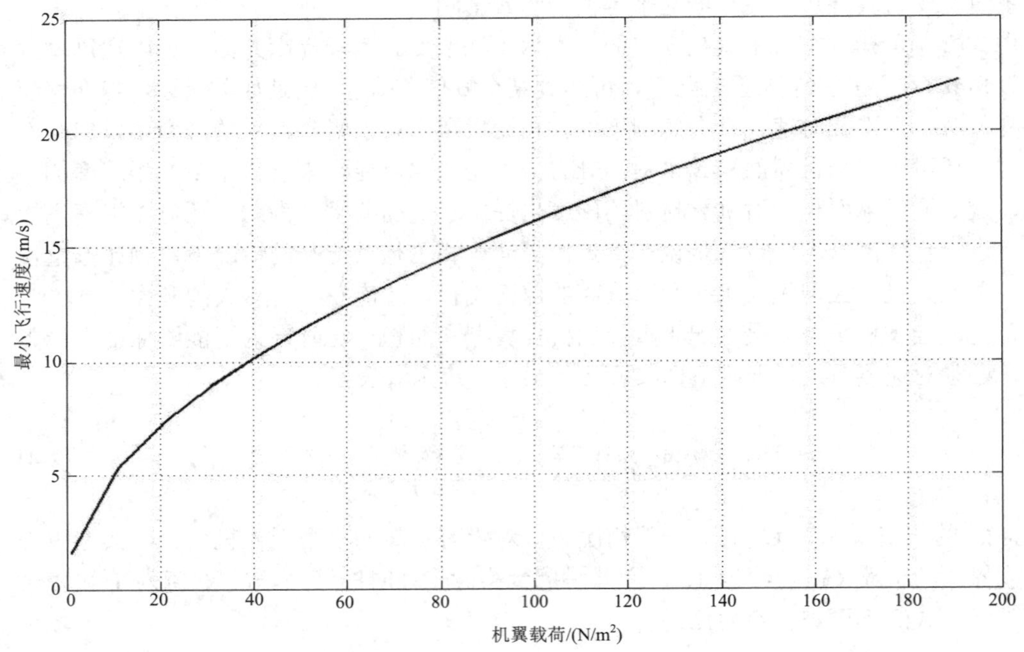

图 2-17　小型无人机 v_{min} 随机翼载荷变化情况

在设计机翼时，通常要求是获得尽可能大的升力，并且尽量降低阻力。

1. 不同机翼的升力特性

在图 2-14 中的典型翼型中，在相同的空速、迎角和机翼面积条件下，凹凸机翼升力最大，平凸翼次之，对称翼最小。也就是说，凹凸翼有最好的升力特性，对称翼的飞机需要飞得更快一些才能获得同等的升力。

2. 机翼的阻力特性

在 2.2.4 节中介绍阻力种类及产生原理的基础上，下面给出关于机翼阻力的几个结论。

第一，减小机翼紊流附面层，可以减小摩擦阻力。

第二，诱导阻力大小与机翼的升力和展弦比有关。升力越大，诱导阻力越大，但是大展弦比可以使下洗角速度变小，诱导阻力变小；此外，还可以在翼尖设计翼梢小翼，使空气绕翼尖的上下流动受到限制，从而减小下洗流。

第三，阻力与空气密度和飞行速度的平方成正比，与机翼面积成正比。机翼相对厚度、弧线曲度越大，阻力越大，因此椭圆形机翼诱导阻力最小。

3. 展弦比

无人机展弦比的选取尤为关键，更高的展弦比可直接减小无人机的诱导阻力以及配平阻力，同时增加飞行器的稳定性。但对于小型无人机而言，一方面，大展弦比机翼的加工工艺、结构重量以及结构强度的要求将有所上升；此外，复合材料也会给结构设计带来很多新问题。另一方面，大展弦比机翼的刚度普遍较小，在飞行载荷的作用下，会产生很大的弯曲和变形，而这种结构弹性的改变又会引起机翼气动参数变化，反过来又会加剧机体的变化，引起振动性的改变，会对飞行质量带来很大影响。而小的展弦比虽具有更为简单的加工工艺及更低的结构强度需求，但较大的翼载荷对整机的稳定性及飞行阻力削减不利。

4. 升阻比

升阻比通常使用极曲线的形式来直观展现，也就是在飞行器飞行高度、飞行速度以及构型一定的情况下，把不同迎角 α 所对应的升力系数 C_L、阻力系数 C_D 绘制在同一坐标上，如图 2-18 所示。升阻比是衡量飞机(主要是机翼)升阻特性的重要气动数据，也是计算飞机性能的重要原始数据，可以通过风洞试验获得，也可以在飞行试验过程中得到。

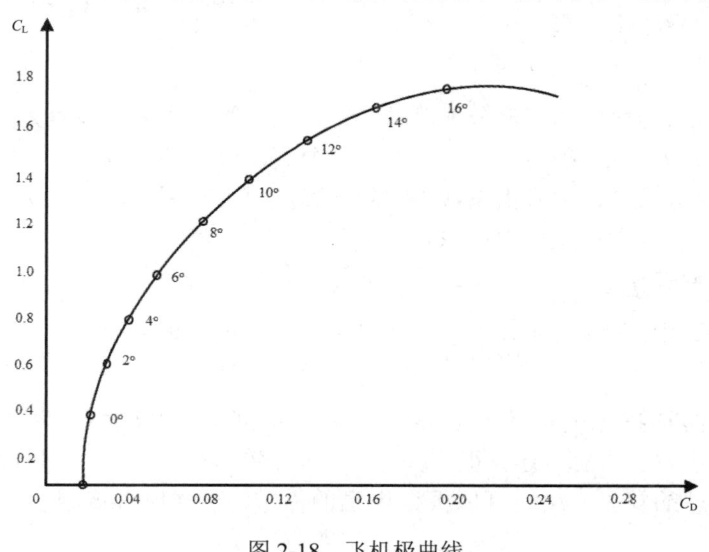

图 2-18　飞机极曲线

2.3.3　机翼选型原则及方法

1. 机翼的选型原则

对现有各种翼型的参数和性能进行分析对比，从中直接选择或改进设计出满足特性要求的翼型，即为无人机翼型选型。通常考虑以下主要因素：

1) 总体外形

在 2.3.1 节中所述的经典翼型分类中，不同翼型有自己的特点，也就适用于不同的场合。例如，双凸翼型的上下弧线都向外凸，但上弧线的弯度比下弧线大，这种翼型要比对称翼的升阻比大；平凸翼型的下弧线是一条直线，它的升阻比要比双凸翼型大；凹凸翼型的下弧线向内凹陷，这种翼型产生较大升力的同时，升阻比也较大；S 翼型的中弧线像横放的字母“S”，这种翼型的力矩特性是稳定的。

2) 弯度

适当增加翼型弯度是提高翼型最大升力系数的最有效方法，翼型弯度一般为 2%～6%，4%比较常见；而适当迁移最大弯度位置也可以提高翼型的最大升力系数，失速形式为前缘失速；最大弯度位置靠后，最大升力系数降低，但可以获得比较缓和的失速特性；对于低速小型无人机，阻力主要来源于摩擦阻力，因此一般可以选择弯度较小的翼型来减小阻力。

3) *厚度*

适当增加翼型的相对厚度，也可使最大升力系数增大，对标准 NACA 翼型，一般相对厚度在 12%～15%时达到最高的最大升力系数。有的特殊翼型，相对厚度在 17%时可得到最高的最大升力系数。所以增加翼型的相对厚度到某一个值的时候，会得到其最高的最大升力系数，如果继续加大相对厚度反而会适得其反。低速翼型相对厚度可以在 12%～18%之间选择，对于高速无人机(超声速)翼型参数，则只能在 4%～8%之间较薄翼型和较薄前缘半径翼型中选择。

4) *前缘*

翼型前缘半径决定大迎角气流分离流动特性，从而影响最大升力系数和其他重要气动性能的参数。翼型前缘半径越小，气流越容易分离，最大升力越小，波阻比也越小；圆前缘翼型失速迎角大，最大升力系数大，超声速波阻大。因此，低于音速的无人机翼型采用圆前缘，而音速翼型采用尖前缘。

2. 机翼的选型方法

确定翼型有直接选择法、优化参数法和直接设计法等三种方法。

1) *直接选择法*

直接选择法是根据无人机的性能要求，从已有的成功翼型中选择一个合适的翼型，其优点是效率高。如前所述，很多国家、企业都针对不同型号的固定翼无人机设计了大量不同类型的翼型，我们可以根据自己的需求，根据现有翼型参数选择适合的翼型。

这里以美国的 NACA(National Advisory Committee for Aeronautics，美国国家航空咨询委员会)系列翼型为例，介绍其参数含义。1932 年，NACA 对低速翼进行了系统的理论研究和实验测试，确定该低速翼族，也是最早建立的一个低速翼型族。该翼型参数族用四位数字分别表示机翼的相对弯度、最大弯度位置和最大厚度。例如，NACA2415 翼型的第一位数值“2”表示最大相对弯度为 2%，第二位数“4”表示最大弯度位于翼弦前缘的 40%处，末两位数“15”表示相对厚度为 15%。这一族翼型的中线由前后两段抛物线组成，厚度分布函数由经验解析公式确定。1935 年，在四位数翼型族的基础上，NACA 又确定了五位翼族。这族翼型的厚度分布与四位翼型族的相同。不同的是中弧线有两种类型，一类是简单中线，它的前段为三次曲线，后段为直线；另一类是 S 形中线，前后两段都是三次曲线，后段上翘的形状能使零升力矩系数为零，这个特性通过第三位数来表征。例如，NACA24015 中的 0 表示后段为直线。1939 年，NACA 又发展了 NACA 系列层流翼族，适用于较高速度的飞行器机翼，得到了广泛应用。这种翼型的前缘半径较小，最大厚度位置靠后，能使翼型表面上尽可能保持层流流动，以便减小摩擦阻力。此外，还有 2 系列、6 系列、7 系列等翼型族，以及各种修改翼型。

在根据现有翼型参数选择翼型时，升阻比是一个重要的参数。对于大型无人机而言，雷诺数较大，与一般飞机在气动力上差别不大，可以选择常规飞机的翼型。由于高空空气稀薄，高空长航时无人机在飞行时要用大升力系数，同时其留空时间长，又需要小的阻力系数，因此，高空长航时无人机应选择大升阻比的翼型，如我国“彩虹 5”型的升阻比可达到 25 以上。而低空、低速小型无人机应该选择升阻比较小的翼型。在图 2-18 所示的极曲线上，通过原点画出与极曲线相切的直线，切线越陡，与横轴所成的夹角越大，该型机翼的升阻比越大，选择机翼时可以先把升阻比大的选出来。如果从极曲线上发现两种翼型的最大升阻比相当，则选用对应升力系数较大的翼型。

2) 参数优化法

大多数小型无人机的设计是在给定巡航速度的前提下尽可能实现最大的航程或航时，而在巡航状态下，航程的最大值取决于升阻比(CL/CD)的大小。因此，小型无人机的气动效率取决于机翼的升阻比。同时，小型无人机外形小、重量轻、电动能源有限，因而需尽量对气动布局优化设计才能使其气动性能得到优化，进一步满足多方面性能要求。

合理的机翼剖面气动外形能使小型无人机获得最优良的气动性能，因此，在给定的约束条件下，应用一定的优化手段对翼型的参数进行优化设计，从而进一步提高其升阻比是十分必要的。翼型优化通常包括三个步骤：首先，对翼型进行参数化，一般可以使用多项式方法、样条方法和型函数方法等；然后，根据实际选择合适的优化算法(如粒子群优化算法)和代理模型(如神经网络)，对参数进行优化；最后，在专用的仿真平台上实现整个优化过程，通过专门的编程函数编写翼型几何设计程序，生成翼型网格，计算翼型气动参数，以及建立代理模型实现翼型设计的自动化优化设计。

3) 直接设计法

如果对无人机的性能有“非大众化”的特殊要求，则已有的翼型往往很难满足其性能要求。此时，可使用直接设计法，重新设计一种合适的、专用的翼型。现代科学技术的发展，尤其是计算机仿真技术的发展，给人们提供了大量先进的技术手段，通常不用直接做出翼型就可以在计算机上模拟出其特点。

现代翼型设计技术和 CFD (Computational Fluid Dynamics，计算流体力学)工具可以帮助人们设计任意形状的翼型，但为了保证所设计的机翼符合要求，需要随后进行风洞验证。

2.3.4 气动布局

气动布局是指飞机的各翼面，如主翼、尾翼等是如何放置的，决定飞机的机动性。当前，小型无人机的主要气动布局有常规布局、鸭翼布局、飞翼布局、双尾撑布局等。

1. 常规布局

常规布局是指飞机的水平尾翼和垂直尾翼都放在机翼后面的飞机尾部的布局形式。这种布局从莱特兄弟发明第一架飞机以来沿用到现在，是现代飞机最常采用的气动布局，也是目前最为成熟的固定翼无人机气动布局，其在航空理论领域有着最为完整的知识体系。但相比其他气动布局飞行器，其飞行阻力偏大，因此往往都用于中低空飞行的低速小型无人机，如前面所述的美国“渡鸦”“美洲狮”“大黄蜂”等型号无人机。

2. 鸭翼布局

鸭翼又称前置翼或前翼，是一种将水平稳定面放在主翼前面的飞行器配置布局。这种气动布局的飞行器具有以下优点：一是配平阻力比较小，具有较大的升阻比；二是可以用较小的机翼面积获得较大的全机升力，有利于减轻飞机的结构重量；三是大迎角飞行时，鸭翼的迎角一般大于主翼的迎角，首先出现气流分离，导致飞机低头，使鸭翼飞机不易失速，有利于飞行安全；四是鸭翼与主翼处于同一平面比较有利于隐身的处理。例如，我国的“彩虹—3”无人机采用的就是鸭翼布局。

3. 飞翼布局

飞翼布局是指仅有一块一体的翼面，全机没有平尾、垂尾、鸭翼等部件，甚至没有明显的机身。这种无人机一般采用无隔道、机头前缘上侧进气道、发动机尾部中央埋入式布局，以及后体保形设计，机身与内翼融合，展弦比较大，非常适用于隐身无人机设计。

飞翼布局的优点主要有：一是由于取消了尾部，全机质量更合理地沿机翼翼展分布，减小了飞机质量；二是从气动外形看，翼、身融为一体，整架飞机是一个升力面，大大增加了升力，并且翼、身光滑连接，没有明显的分界面，进一步大幅降低了干扰阻力和诱导阻力；三是机翼和机身采用相互融合的一体化设计，减小了雷达反射面，提高了隐身性能；四是各种机载设备均顺着机翼刚心线沿翼展方向布置，与机翼的气动载荷分布基本一致，增加了结构强度，并且减小了结构质量。但是，采用这种布局的飞机势必会失去原来常规布局中由平尾和垂尾所提供的气动力和气动力矩，所以无尾飞翼布局与有尾飞翼布局飞机的飞行品质相比会变差。

近年来，随着电子技术和控制技术的发展，线控增稳技术和放宽静稳定性技术逐渐成熟，曾因气动性能受限发展的飞翼气动布局无人机开始被广泛采用，如美国的X-45A/B/C和X-47A/B无人机验证机、法国的“神经元”无人机、英国的“雷神”无人机以及我国的“彩虹—7”无人机，但这些型号都属于滑跑起降的大型无人机。而由美国桑德斯公司研制的“微星”隐身无人机是一种典型的飞翼布局的微小型无人机。该机重85 g，翼展15.2 cm，续航时间20～60 min，航程5 km，飞行高度可达91 m，飞行速度55 km/h，机上配备光电侦察设备，无噪声、无雷达反射截面，具有高机动性，能够实施隐蔽侦察。

4. 双尾撑布局

双尾撑布局最早出现在第二次世界大战后期，当时主要是为了提升有人飞机的续航能力，如美国的P38“闪电”战斗机。飞机的航程主要取决于飞机的载油量，双尾撑布局具有较好的支撑力，可增加机翼的翼展，提供容量更大的油箱，特别是对于双发飞机而言，发动机机舱延伸的双尾撑有利于机翼载荷分布，阻力增量减少；同时，螺旋桨也不会遮挡视线，机头有了更大的空间容量，可将油料重量外移，为机翼根部减重，减轻机翼结构重量，并且对于鸭翼结构布局飞行器可以提供有效的结构支撑。

对于小型无人机而言，尽管都是战术级别应用，但航时同样重要，用户也同样希望航时越长越好，而双尾撑结构可以实现较大的翼展设计，提高无人机的载重和载油量，并且非常适合布置尾推螺旋桨动力装置(推进式)，相比前置的拉进式螺旋桨布局而言，尽管两者理论上产生的推(拉)力是一样的，但是后者所产生的滑流会吹到机身上，进而带来阻力，推进效率相对低。采用双尾撑气动布局的小型无人机很多，如美国的“先锋”

和“影子”、以色列的“苍鹭”和“侦察兵”等。

与普通气动布局相比，双尾撑结构的缺点是重量和阻力更大，飞行器机动性相对较差。

2.4　动 力 系 统

2.4.1　动力系统的主要类型及现状

无人机升空需要有升力，但要飞行，还需要有动力。其动力系统的核心是发动机。无人机使用的动力系统主要有活塞式发动机、涡轮(涡喷、涡扇、涡桨)发动机、涡轴发动机、冲压发动机、火箭发动机、电动机等。上述各种类型的动力系统中，除电动机之外，其余发动机都使用燃料(汽油、航空煤油等)作为能源。由于工作原理、能量来源不同，这些动力系统对飞行器的速度、巡航飞行高度、续航时间和载重等有不同的要求，它们提供的动力大小也不同，各自具有独特的优势。因此，不同类型、尺寸和用途的无人机会选用不同的动力系统，如表 2-1 所示。

表 2-1　不同类型动力系统的适用范围

动力系统类型	无人机相关主要指标				适用无人机类型
	速度/(m/s)	巡航高度/m	续航时间/h	载重/kg	
活塞发动机	30～100	50～10 000	1～50	30～1150	各种类型无人机
涡轴发动机	44～120	50～6100	3～4	600～1100	短距离/垂直起降、中大型无人机
涡桨发动机	99～150	14 000～16 000	25～32	1600～3200	高空、长航时、中大型无人机
涡喷发动机	150～1000	50～17 500	0.2～3	40～2500	高速靶机、攻击机和侦察机
涡扇发动机	150～1000	50～20 000	0.5～45	600～12000	巡航导弹、“察打一体”无人机
电动机	10～60	20～150	小于 1	小于 100	微小型无人机

由表 2-1 可以看出，由于小型无人机的体积和载重有限，因此不能使用体积和重量较大的发动机作为动力系统。涡轴、涡桨和涡扇发动机不可能用于小型无人机系统。涡喷发动机虽然也可以做到小型化，但推力也随之下降，基本为 1000～20 000 N。尽管相对于活塞发动机，推力在 1000 N 以下的小型涡喷发动机功重比高，推力大，但是其燃油消耗率大，特别是在巡航状态下，难以满足中小型无人机的航时要求。因此，当前小型无人机系统主要使用的动力系统是活塞发动机和电动机两种类型。

2.4.2　活塞发动机的基本原理

活塞发动机也叫往复式发动机，是一种利用一个或者多个活塞，将燃油在密闭缸室中燃烧爆炸的压力转换成旋转动能的发动机。活塞发动机是热机的一种，靠汽油、柴油以及重油等燃料提供动力。活塞式发动机主要由汽缸、活塞、连杆、曲轴、气门机构、螺旋桨减速器、机匣等组成。活塞式航空发动机是由汽车的活塞式发动机发展而来的。经典的活塞发动机为四冲程发动机，即一个汽缸完成一个工作循环，活塞在汽缸内要依次经过进气、压缩、膨胀(做功)和排气四个冲程，如图 2-19 所示。

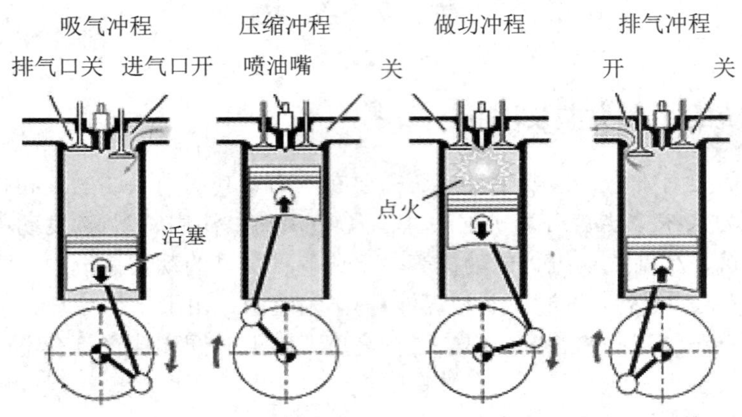

图 2-19　典型四冲程活塞发动机原理

除了经典的四冲程，还有小功率的二冲程航空活塞发动机，并且在小型无人机动力系统中占多数。二冲程航空活塞发动机，即活塞从上到下、从下到上两个冲程的发动机，采用化油器、风冷以及自然式吸气，具有结构简单、重量轻、维护保养方便、升功率密度大等优点，非常适用于低空短航程无人机。

除了传统的活塞式发动机，近年来，人们又发明了转子内燃引擎。与传统的往复式活塞引擎不同的是，转子引擎的运转元件(称为转子，即 Rotor，其断面造型类似一个三角形)与输出轴同样采用轴向运转，而不需利用杠杆与凸轮结构将输出的力量转向，因而减少了运转时能量耗损。

活塞式发动机以油耗低、故障率低、噪声小、质量轻等优点，已经成为对航时有较高要求的小型无人机动力装置的首选。纵观无人机市场，目前功率在 100 kW 以下的无人机中，绝大多数采用经济性较好、功重比较高并且以汽油为主要燃料的活塞式发动机作为动力系统。与四冲程汽油机相比，二冲程汽油机具有功重比高、升功率大的优点，且大部分二冲程汽油机使用混合油的润滑方式，更加适用于高空严寒以及发动机姿态不稳定的工作条件。

2.4.3　小型航空重油发动机

当前，使用活塞发动机的小型无人机，绝大多数都是采用航空汽油或普通(车用)汽油作为燃料的，但是采用汽油作为燃料存在以下三方面问题：

第一，航空汽油普遍含铅，带有污染性。航空器汽油一般都添加四乙基铅，旨在提高燃料的辛烷值，进而提高燃点，防止发动机内发生爆震，保证较高的压缩比，进而提高发动机效率。但是，过量四乙基铅会对人体造成伤害。尽管近些年来含铅添加剂不断下降，但是这仍与国家和社会对环保的重视相违背，因此欧美很多国家已经明确提出禁止使用含铅燃料的期限，同时也禁止在军舰等军事设施上配备含铅汽油。

第二，改用车用无铅汽油，存在“气锁”效应。车用汽油具有较高的饱和蒸汽压力，并且其中添加剂腐蚀性较高，如果无人机活塞发动机的燃料系统没有经过合理、科学的设计，油料在燃料管道中将气化为气泡，就会阻碍发动机的燃料供应，即“气锁”现象，给飞行带来安全隐患。

第三，安全性差，这也是最重要的问题。汽油具有易挥发、燃点低的特点，因此其使用场合会受到限制。在常温条件下，汽油混合气体遇到明火就容易燃烧和爆炸，这对于一些危险品存放场所是不允许的，并且在很多军事应用场合都受到了限制，如舰载无人机就不能使用汽油发动机。

此外，在一些军事应用场合，使用汽油的无人机也会给军事后勤保障带来额外的负担。一方面，汽油安全性差，在运输中存在很大的安全隐患。另一方面，很多大型武器平台目前都使用的是重油，如有人直升机、固定翼飞机都使用航空煤油，如果选择使用汽油作为燃料，则还需要专门为其提供存储汽油的配套设施，给后勤保障带来不便。

从近些年来的军事应用需要来看，小型重油活塞发动机的发展和应用日益受到重视，正成为必不可少的军需品。为了满足特殊应用场合的需要，很多军用小型飞行器也采用重油活塞发动机。从国内外技术发展来看，当前重油航空活塞发动机主要包括压燃重油发动机、点燃重油发动机和其他特殊重油发动机等三类。

1. 压燃重油发动机

压燃重油发动机指采用压缩燃烧方式工作的航空内燃机。压燃重油发动机技术成熟，但与航空汽油机相比，在中小型无人机上直接使用存在功重比低、冷起动性能差和振动噪声大等问题。

重油燃料闪点高，雾化和燃烧性能不及汽油，发动机通过压缩产生的高温点火燃烧，机体尺寸、重量、振动和噪声等都较大。因此，重油机热效较高，但功重比低于汽油机。在中小型无人机上应用时，功重比是发动机选择的关键因素，甚至成为决定性因素。重油燃料在低温下黏度很大，不易雾化和点燃，因此发动机低温起动性能差，需采用燃油或缸体预热等方式进行起动。车用柴油发动机使用的先进材料、涡轮增压和高压共轨等技术，为解决航空压燃重油发动机功重比低的问题提供了解决方案。

2. 点燃重油发动机

点燃重油发动机是在现有火花塞点火汽油发动机的基础上进行燃油喷射系统改造，通过点燃方式实现重油燃料的燃烧。与压燃发动机不同，点燃重油发动机沿用汽油发动机燃烧室，压缩比较低，无法达到自燃状态，采用高压燃油喷射系统，借助火花塞进行辅助点燃。点燃重油发动机同样面临低温起动性能差的问题，通常需要对燃油进行预热，采用电加热或者缸体回热的方式。

点燃重油发动机基本可维持原汽油发动机的功率，主要优势是可保持较高的功重比，振动和噪声小。由于点燃发动机压缩比低，燃烧效率低于压燃发动机，因此发动机热效率和燃油经济性不及压燃发动机。此外，点燃重油发动机的汽缸容易积碳，会增加发动机维护工作量，燃烧稳定性及可靠性也不及传统汽油机。

3. 其他特殊重油发动机

为解决传统内燃机受结构形式限制导致的压燃发动机功重比低的问题，国内外对转子发动机、转缸发动机和对置活塞等特殊类型的重油发动机进行了大量研究。

转子发动机是通过特殊类型的三角转子的转动完成内燃机各冲程的燃烧，主要优势是功重比很高，振动小，但燃油消耗率大，转子容易磨损，加工难度大，寿命较短。目前汽油转子发动机技术发展较为成熟，也带动了重油发动机技术的相应发展。

转缸发动机由固定壳体、汽缸组、连杆、扭矩扳以及同步组件等组成。与普通活塞发动机缸体不同，转缸式发动机的缸体本身围绕输出轴快速转动，因此散热效率高，不需要庞大的散热附件，重量较轻。

对置活塞发动机通过汽缸内两个活塞的相对运动完成各冲程的工作，是一种特殊类型的压燃重油发动机。相比传统压燃重油发动机，其功重比得到有效提高，其进气、做功、排气过程与二冲程发动机类似。

2.4.4 电动无人机动力系统

电动无人机的动力系统主要由三个部件组成：一是电动机即电机(Motor)，也称马达；二是电子调速器(Electronic Speed Controller，ESC)，简称电调；三是供能部分，即电池组，通常无人机动力系统采用高性能的锂聚合物电池。电动化是微小型无人机的趋势之一。现阶段，最实用的轻型动力只能依靠电能，因此，绝大多数微型无人机均为电动无人机。随着高性能无刷步进电动机和比能量(电池能量除以重量)较高的锂聚合物电池的出现，以电能推动小型无人机已不再是难事，甚至在小型载人飞机上也开始采用电动机作为动力。近年来，市场上数十公斤级的无人机中有很大一部分都是电动无人机。从 2001 年以后出现的微小型无人机，清一色的都是电动无人机。而且随着材料技术的进步，电机和电池的性能有了成倍的提高，在效率、重量、可靠性、寿命等各个方面都有了长足的进步。目前高效无刷电机的效率接近 90%，功重比大于 3.5 W/g，高性能锂聚合物电池的比能量达到 200～300 WH/kg，放电倍率超过 30 C。这些自然条件都为微小型电动无人机的发展提供了有力的保障。

1. 电机

电机的基本原理是通过线圈产生磁场，然后搭配永磁铁来驱动转子转动。根据永磁铁和线圈固定与否，可分为有刷动力和无刷动力。

有刷电机主要由定子、转子和碳刷等组成，如图 2-20 所示。定子可将磁铁固定在电机外壳或者底座，转子将线圈绕组。碳刷通过与绕组上的铜头接触，让电机得以转动。但是由于高速转动会带来碳刷和铜头的磨损，因此有刷电机需要定期更换碳刷，打磨铜头让其保持光滑，并且还需要磨合，让碳刷与铜头的接触面积最大化，以实现最大电流来提高电机的转速/扭矩。因此，有刷电机因为寿命和可靠性限制，很少在无人机系统中使用。

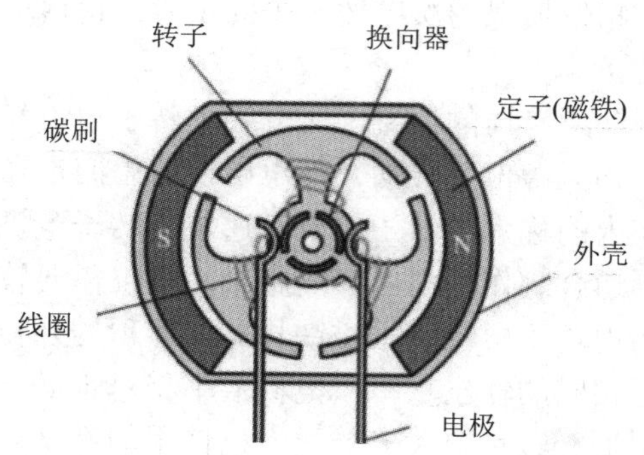

图 2-20　有刷电机结构图

无刷电机也称多相异步变频电机，将电磁铁和永磁铁分别作为定子和转子通过轴承连杆组装在一起，将电流以差拍(相移)方式异步加载到不同电磁铁的绕组上，使电机的定子与转子间的磁极周期性地转换，从而产生使转子沿某个方向连续旋转的扭力。当电流变换的相位与转子的转动角速度同步加快时，电机的转速也随之加快，反之则产生阻力，使速度下降。当相位与角速度同步时，就会保持在某个转速上不变。这就是同步变频的基本原理。无刷电机及无刷电机电子调速器早就在工业领域运用了，但传统的无刷电机控制主要用霍尔传感器来为无刷电机作换相检测，这种变频的步进电机需要一组霍尔传感器来测试磁极的变换快慢，这种电机称为有感无刷电机。由于要使用额外的传感器和相应的连接线，因此给有感无刷电机的安装和使用带来了很多不便。在无人机上通常使用的是经过改进的无感无刷电机，即在有感电机的基础上省去霍尔传感器，利用电机的空闲绕组切割磁极产生的逆向电动势来测量转速的方式，配合电子调速器的测量程序使电机转速与电流切换同步。因此，无人机系统采用的无刷电机通常是不用传感器来检测电机换相的。我们称这种无刷电机为无感无刷电机。

图 2-21 为 14 极 12 槽无刷电机的结构示意图。图 2-22 为电机实物外形。

图 2-21　14 极 12 槽无刷电机结构示意图

图 2-22　电机实物外形

通常将永磁铁的 N、S 极按照交叉次序连续排列，称为电机的极数，通常为偶数；将电磁铁的绕组分为三个组，分为 A、B、C 三个相位，每个相位又可以采用多组重复排列的方式，按照 3 的倍数进行串联或者并联形成星形接法或者三角形接法，记为 Y 形或者△形接法，共有 A、B、C 三个接头，用于连接电子调速器。因为电机绕组是缠绕在矽钢片槽口中的，绕组的数量也称为槽数。一般无刷电机采用三相步进控制模式，因此槽数始终是 3 的整倍数。电机在设计时，不能将极数和槽数设计为整倍数，这样电机在通电瞬间可以按照 ABC 相位加电的次序按一个固定方向自启动而无需额外的设计，否则电机会在通电瞬间锁死。

无感无刷电机按照永磁铁所布局的位置，又分为外转子电机和内转子电机。将永磁铁固定在铝合金瓦盖内，作为无源部分转动，而电磁铁绕组固定在电机底座上，永磁铁在外的称为外转子电机，在内的称为内转子电机。通常外转子电机具有较大的空间，因此可以安装更大的磁铁组，适合制作更高功率的电机，且仅需要较小的电流和转速就可以达到一定的功率输出；而内转子电机的永磁铁相对同体积的外转子电机要小，则需要较大的电流和转速才能获得相同的输出功率，电机效率相对也低一些，仅适合需要转速快或者需要隐藏安装的应用场合。目前大多数无人机使用的都是外转子无感无刷电机。

采用无感无刷模式的电动机工作效率很高，一般的有刷电机的工作效率为50%～60%，而无刷电机的工作效率通常为80%～90%。在相同条件下，无感无刷电机可以获得较高的净输出功率。无刷电机比传统有刷电机体积小、重量轻，而且无刷电机工作时没有火花干扰，也不存在碳刷磨损，有利于降低电磁干扰，而且使用寿命长，基本无需维护。

无感无刷电机的技术指标中有一个与动力输出特性有关的重要参数，它表明电机转数与电压之间的关系，称为 KV 值。无人机用的无刷电机 KV 值从几百到几千不等，高的可达 5000～6000 KV，低的仅有 200 KV，甚至更低。它的物理意义表示电压每升高 1 V，每分钟转速增加的数值。对于一个永磁铁和绕组都是固定的无刷电机，这个值是个常量。KV 值通常与绕组的漆包线粗细和串并联的方式有关系，它一般在不带负载的情况下标定。

例如，KV 值为 1000 的电机在 10 V 电压下的转速(空载)就是 10 000 r/min。对于同种尺寸规格的无刷电机来说，绕线匝数多的电机，由于内阻和感抗较大，KV 值就低，最高输出电流小，但扭力大；绕线匝数少的电机，KV 值高，最高输出电流大，但扭力小。需要注意的是，单从 KV 值观察，不可以用 KV 值的高低来评价电机的好坏，也不可以用 KV 值来评测电机的拉力是否强劲，因为不同 KV 值有不同的适用场合。电机的输出功率还与配合的螺旋桨有很大的关系。KV 值低的，由于转速偏低，适合配较大的螺旋桨直接驱动螺旋桨输出，靠较大负荷来提升电流，从而输出较大功率；对 KV 值高的电机，由于转速较高，适合配减速比较大、体积较小的螺旋桨，作为高速飞机的动力，在满足输出功率的条件下，要减小负荷，避免电流过大。通常在相同输出功率要求下，低 KV 值电机可以配较高电压的电池组；高 KV 值电机适合低电压电池组。

无刷电机与螺旋桨、电池、电调都有着密切关系，而且最高转速与轴承也有很大的关系。电机必须在螺旋桨、电池、电调之间按照推力和气动速度的要求寻求最佳的配合。

2. 电调

电调是控制电机转速的电子调速器。根据动力电机不同可分为无刷调和有刷电调，分别控制无刷电机和有刷电机。前面提到，因为有刷电机有很多弊端，现在基本上已经被无刷电机所取代，因此这里仅介绍无刷电调的组成及工作原理。

要控制无感无刷电机按需要运行起来，用传统的数字电路几乎无法实现，因为动力输出与负载之间有着密切的关系，相同电流下，电机的转速会随负载的不同而有所差异。

因此，无刷电机的控制机理十分复杂。实际应用的无感无刷电机电子调速控制器(简称"无刷电调")采用了高速单片微处理器作为核心器件，通过相当复杂的动态计算来实现对无感无刷电机的调速控制。

图 2-23 是一个典型的无刷电调。无刷电调是直流供电，有 2 根电源输入线，分别与直流电源(如蓄电池)的正负极相连；无刷电机输出的是三相步进交流电，3 根电源输出线与无刷电机的三相输入端相连，任意调换两根线的连接方式就可以改变电机的转动方向。此外，还有 1 组信号线，与无人机的飞控系统相连接。

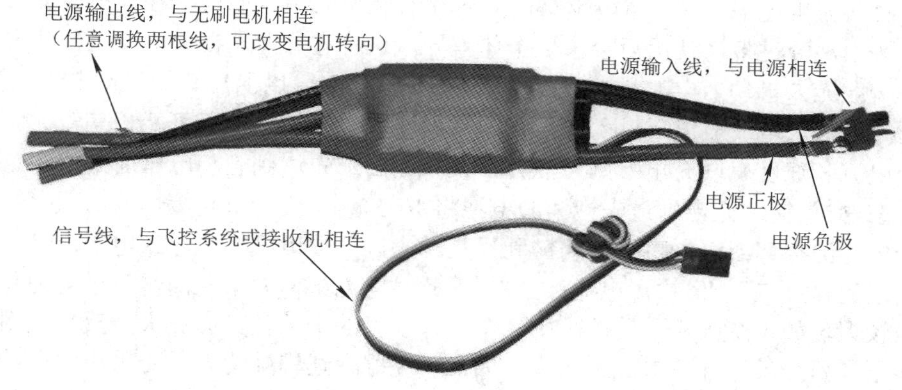

图 2-23　无刷电调

选择电调时要注意电调与电机匹配，根据额定载荷下通过单个电机的最大电流选择电调。

3. 螺旋桨

螺旋桨是将电机转动功率转化为推进力或升力的装置。除了纯固定翼无人机以外，单旋翼、多旋翼、垂直起降固定翼等类型无人机也都需要螺旋桨。螺旋桨高速转动时，由于桨叶的结构比较特殊，会在桨上下面形成一个压力差，产生一个向上的拉力。同时，螺旋桨旋转时，桨叶不断把大量空气向后推去，在桨叶上产生一向前的力，即推进力，桨叶上的气动力在前进方向的分力构成拉力。螺旋桨有两个重要的参数，即桨直径和桨螺距，单位均为英寸。比如 8060 桨，代表桨直径是 8 英寸($8 \times 2.54 = 20.32$ cm)，螺距为 6 英寸；9060 桨表示直径是 9 英寸、螺距为 6 英寸的高效桨。

通常无人机的电机与螺旋桨为直接驱动方式结合，没有采用传统的减速齿轮模式。虽然采用减速齿轮可获得更大的扭力，以便驱动大直径螺旋桨，但减速齿轮会带来功率损失和重量增加，而且高速旋转的减速齿轮磨损相当大，尤其是金属材质的减速齿轮磨损更严重，会直接影响无人机的使用寿命。无刷电机采用连续变速，一般通过反复试验后可以找到与电机 KV 值、电子调速器、螺旋桨三者的最佳结合参数。

4. 高倍率锂电池组

在微小型无人机领域，采用电子调速器控制无感无刷电机作为动力系统，并以锂聚合物电池为供电能源，使电动无人机完全可以与以燃油发动机为动力的无人机媲美，且在综合保障方面更具有优势。

锂聚合物电池(Li-polymer，又称高分子锂电池)是目前电动无人机的主要动力供能来源。它具有能量密度高、小型化、超薄化、轻量化以及高安全性和低成本等多种明显优势，是一种新型电池。锂电池的放电倍率以 C 为单位来表示。最大放电能力是单体电池容量的安时数乘以倍率。例如，一个 10 C 倍率的 5 AH 容量的电池，它的最大电流输出能力为 $10 \times 5 = 50$ A。

虽然锂电池有上述诸多优点，但其对充放电有严格的要求，过充和过放都会导致电池的性能和寿命下降。例如，某无人机的动力电池和机载载荷电池均使用标称为 11.1 V 的锂聚合物可充电电池，由 3 个单体 3.7 V 锂聚合物电芯串联而成。在大电流充放电过程中，每块电池经过多次使用后会出现个体差异，这种差异尤其在大电流工作状态下更为明显。一般无人机动力电池最大放电电流都会达到 20 A 以上，平均工作电流为 10～15 A，因此经过大电流放电后进入保护状态的电池的最终静态电压可能相差较大。如果以相同的电流和速度串联充电，则可能存在某个电芯最先达到饱和电压而其他两个还未充满的状态。如果继续充电则最先饱和的电池将被过充电，可能引起爆炸或出现“鼓肚”现象，造成电池损坏或人为事故。“鼓肚”是因为过分放电或充电导致电子内部产生的氢气不可逆而“鼓包”，俗称“电池怀孕”。而此时电池整体并未充满，三个电池单体的电量相差较大，如果继续投入使用，则三个单体之间的个体差异会更大，反复使用后会造成单体不平衡，最终导致电池组报废。因此，克服上述弊端的办法是采用专用的锂聚合物平衡式充电器，对每个电芯进行独立充电，达到截止电压时自动进行保护，最终使每个单体电芯充满至 4.20 V。

图 2-24 所示是智能平衡充电器的工作原理图。智能平衡式充电器系统由 DC-DC 升压电路、恒流源、平衡保护模块、电流控制模块、充电指示和报警提示电路等几部分组成。除主充电口连线外，通常在充电器侧面还有一排插口，分别是给锂聚合物电池平衡充电的 3～6 口塑料接插头，分别对应 2 S、3 S、4 S、5 S 电池平衡充电输入插头，用于监测和平衡电池各串联组之间的电压。

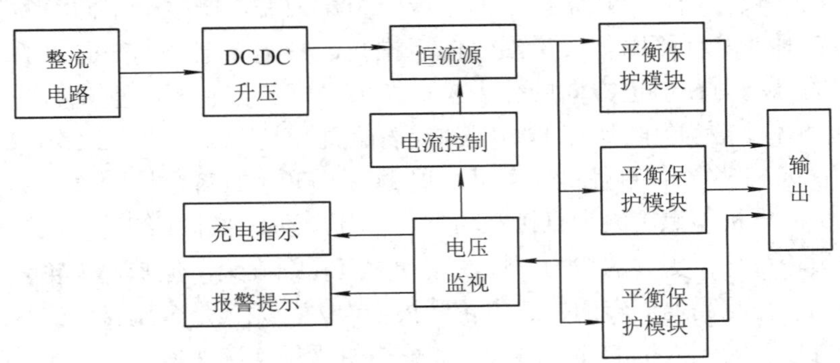

图 2-24　智能平衡式充电器工作原理图

2.4.5　新能源无人机动力系统

当前，新能源无人机的动力系统主要包括“结构化”的蓄电池、燃料电池和太阳能电池等三种。

1. “结构化”的蓄电池

当前，电动无人机中发展成熟的是电池电力无人机。该类型无人机起飞重量一般在几千克范围内，采用手抛或者气动弹射起飞，回收方式主要为滑降或者迫降，如果带有旋翼还可以垂直起降，具有清净、便于存储运输和使用方便等优点。但由于蓄电池能量密度的限制，在重量上蓄电池占据无人机总重量的比重很大。

结构能源技术是解决这一问题的有效途径，即将能量密度较高的锂电池经过特殊加工和设计，制造成无人机平台的结构件，例如结构梁、固定机翼等，替代无人机原有的结构件，实现结构和功能一体化，可有效减轻无人机的重量，提高电池的有效重量，满足无人机长航时飞行要求。

2. 燃料电池

燃料电池是指无需中间步骤把燃料所具有的化学能直接转换成电能的化学装置，又称电化学发电器。它是继水力发电、热能发电和原子能发电之后的第四种发电技术。由于燃料电池是通过电化学反应把燃料的化学能中的吉布斯自由能部分转换成电能，不受卡诺循环效应的限制，因此效率高。另外，燃料电池用燃料和氧气作为原料，排放出的有害气体极少。对于军事应用而言，最为重要的是燃料电池无人机飞机平台没有机械传动部件，也没有噪声污染，因而在实施抵近侦察时不宜被发现，特别适用于军事行动中需要进行秘密侦察的场合。

燃料电池主要分为碱性燃料电池(Alkaline Fuel Cell，AFC)、质子交换膜燃料电池(Proton Exchange Membrane Fuel Cell，PEMFC)、磷酸燃料电池(Phosphoric Acid Fuel Cell，PAFC)、熔融盐燃料电池(Molten Carbonate Fuel Cell，MCFC)和固体氧化物燃料电池(Solid Oxide Fuel Cell，SOFC)。根据重量、尺寸和环境要求等，因 PEMFC 具有发电效率高、噪声小、可靠性高、维修方便和启动快等优点，更适用于无人机。

燃料电池无人机的理论研究可追溯到 20 世纪 80 年代，但由于当时技术受限，不能研制出相应的飞机平台。近年来受到其巨大应用潜力的推动和相关技术的进步，各国纷纷开始对成熟机型进行改装试验。以美国为例，航空环境公司于 2007 年对“美洲狮”无人机加装了 Protonex 公司的燃料电池，总重量 5.67 kg，并在 2008 年测试飞行了 9 h；波音下属 Insitue 公司也将油动版的“扫描鹰”无人机改装了燃料电池版，采用 Protonex 公司的 1200 W 的燃料电池，但是航时仅为 10 h，是油动版的 1/2。

燃料电池与常规电池不同，它是一种把燃料和氧化剂中蕴含的化学能直接转化为电能的电源装置，本质上仅有发电功能而不具备储电功能。同时，燃料电池系统所带来的气动、结构、能源及动力方面的问题给总体设计提出了严峻的挑战，如能源与机身的权衡设计，需要考虑能源、动力、气动等多个学科耦合的综合设计与性能分析。

3. 太阳能电池

相比蓄电池和燃料电池无人机而言，太阳能电池无人机(简称太阳能无人机)在航时、航程以及清洁性等方面具有明显优势。随着光伏电池技术、电动机技术以及无人机设计与制造技术的不断提高，太阳能无人机得到了快速发展。

世界上第一架太阳能飞机 Sunrise Ⅰ即为轻小型太阳能无人机，由 DARPA 资助设计，采用常规气动布局，机翼上铺设了 4096 块太阳能电池，飞机总重量达到 12.25 kg，

1974 年 11 月 4 日进行了长达 4h 的首飞。21 世纪初，随着相关技术的进步和人们对于低空小型无人机需求的增加，轻小型太阳能无人机的研究才得到迅速的发展。例如，2013 年，美国环境公司对电动“美洲狮”无人机进行改装，其目的是验证太阳能电池无人机的长航时能力，无人机采用常规布局，机翼上铺设超薄砷化镓太阳能电池，如图 2-25 所示。与锂电池版相比，太阳能版无人机飞行时长延长了 2～3h，可在空中飞行达 9h。

(a) 起飞

(b) 降落

图 2-25 太阳能版“美洲狮”无人机

太阳能无人机也是一种长航时的电动新能源无人机，在能源上以太阳能为主要来源，在动力方面以空气螺旋桨作为推进装置，在气动上具有低雷诺数的特点，在结构上采用大展弦比的轻质机翼，这些都与常规无人机存在较大差异，对传统的无人机总体设计提出了更大的挑战。另外，还必须针对环境因素(云遮挡、阵风等)所带来的能源动力系统、气动与结构问题，采用考虑剩余时间和充电裕度时间的鲁棒性指标对其总体进行优化设计。

2.4.6 动力系统选型基本原则

一种无人机选用何种动力装置是由飞机的任务和各种动力装置的特点来决定的，但从动力装置本身而言，并没有一款完美的、绝对适用于所有无人机使用的发动机。因此，无人机动力装置的选择就是在有限的发动机选择范围内，以满足最大需求为出发点，对动力装置所进行的一个扬长避短的取舍过程。

1. 中高空长航时无人机动力系统选择

目前，中高空长航时无人机的典型动力系统包括涡扇发动机、涡桨发动机、带涡轮增压的涡轮-活塞组合发动机以及燃料电池和太阳能动力等。不同的发动机有不同的技术性能和经济指标，在选择时通常需要考虑以下因素：

一是油耗。活塞发动机比涡轮机要省油。以“彩虹-5”无人机为例，若使用重油机，则航时比载重效率差不多的“捕食者”无人机几乎多一倍，并且最大的优势是价格相对便宜。而对于三种涡轮发动机(涡喷、涡扇、涡桨)，涡扇比涡喷省油，涡桨比涡扇还省油 30%～40%。

二是巡航速度。涡轮发动机的高空高速性能都比活塞发动机好。假设无人机的尺寸、推力和载油量等指标要求一定，以活塞式发动机的性能指标为基准，如果换装涡扇发动机，则飞机的最佳巡航速度会提高 70%左右，由此可大大改善飞机的响应时间和生存能力。

三是飞行高度。空气的密度和压力都随高度升高而降低，当高度达到 24 km 时，空气的密度和压力只有海平面的 1/30 左右。涡轮发动机为了达到更高的增压比就必须增加压气机的级数，活塞发动机也必须采用涡轮增压器，这样会大大增加无人机的重量；同时，增压使空气的温度比低空要高，空气密度的降低使雷诺数减小，空气的热容量减小，会严重影响发动机的对流交换，导致发动机散热相对低空飞行更加困难，因此对发动机的冷却提出了更高要求。发动机必须分出更多的功率用于电力驱动压气机，因为空气密度大大降低进一步增加了压气机的负担，使高空工作的发动机压气机稳定性受到更大挑战。

从目前国内外已经投入使用和正在发展的各种中高空长航时无人机来看，虽然其选用的动力系统类别不同，但都倾向于采用成熟技术，即在已有发动机基础上进行相应改进。最典型的例子是美国的“捕食者”和“全球鹰”无人机。“捕食者”无人机选用的是奥地利罗泰克斯公司生产的 ROTAX-914 型四缸活塞式发动机，其改进型“捕食者”B 无人机选用了霍尼韦尔/联信公司的 TPE331-10T 涡桨发动机，而“全球鹰”无人机的动力装置是在罗·艾利逊公司生产的民用支线客机涡扇发动机 AE3007 基础上改进的。为适应高空工作条件，“全球鹰”无人机只对燃油系统做了很小的改动，同时对高压涡轮导向叶片的后缘略加调整，并对润滑系统进行了改进。无人机之所以选用现有成熟的发动机，最根本的原因还是经济因素。因为无人机的生产数量太少，任何一种型号的无人机不可能有足够的数量来支持开发一种全新的发动机。

2. 小型无人机动力系统选择

小型无人机起飞重量小，通常从几千克至几百千克，并考虑到航时和抗风性要求，一般使用活塞式发动机作为动力系统。相对四冲程活塞发动机而言，二冲程发动机具有功率高、体积小、重量轻、结构简单和使用维护方便等优点，对于重量和体积有严格要求的小型无人机而言，二冲程发动机具有更明显的优势，而四冲程活塞发动机往往用于高空长航时无人机。

目前普通的二冲程航空汽油发动机的供油系统都采用膜片式化油器，虽然结构简单、成本低，但是这种供油系统不能根据外部大气温度和压力等环境因素对喷油量进行实时控制，导致其燃油控制精度低，不仅影响了发动机的高空性能，还导致无人机的油耗大，负载和续航时间都受到限制。针对此问题，国内外对航空活塞发动机的电控系统进行了研究和改进，涉及喷油、点火控制、涡轮增压以及故障诊断等。

在使用活塞式发动机作为动力系统时，还需要根据应用场合和工作环境，考虑燃油类型的选择。对于一些易燃易爆场合，如油库、电厂、化工厂等，还有一些特殊军事应用领域，如舰载无人机系统，以及考虑到油料后勤保障等因素，还必须使用重油活塞式发动机。

对于一些对航时要求不高的场合，除了活塞式发动机，还可以选择电动无人机。相比油动无人机，电动无人机具有以下优点：一是系统稳定性和可靠性较高，振动和噪声小，易操作，维护保障简单；二是对场地适应性强，展开部署迅速；三是不受海拔高度和空气密度限制，输出功率稳定，高原性能优越；四是电池可反复充电，更换方便，使用成本相对较低，并且环保。

3. 微型无人机动力系统选择

发动机是微型无人机研制和设计的难点之一，必须在极小的体积内产生足够的能量，并把它转变为推力，而又不增加过多的重量。微型无人机对其动力系统的主要要求是：质量轻，体积小，能量密度和功率密度高，可以为平台提供足够的飞行动力；震动小，不干扰任务设备正常工作；噪声小，可保证微型无人机行动的隐蔽性；易于启动，可靠性高。

电动机驱动螺旋桨是目前微型无人机采用最多的动力形式。在商业化的支持下，从目前来看，电动机对微型无人机来说仍然是最有前途的驱动装置之一。电动机能量来源种类多，如电化学电池、燃料电池、微型涡轮发电机、热光电发电机、太阳能电池以及波束能量系统等，除了用于驱动电动机，还可以为飞行器上其他设备直接提供能源。尤其是微型无刷直流电动机近几年的高速发展，进一步提高了动力效率。国外具有代表性的微型无人机都采用电动机作为无人机的动力系统，例如美国的“黑寡妇”“微星”和Trochoid等。

除了电动机之外，还有微型内燃机和微型火箭发动机。前者具有技术成熟和能量密度高等优点，但其热效率较低，高油耗限制了微型无人机的续航时间，在温度和湿度的适用性、空中再启动以及噪声等方面还需要进一步改善；后者结构简单、易于制造和实现微型化，和微型电动机一样，可用于尺寸较小的微型无人机上，但是只能单次使用，多用于一次性打击场合。

作为动力装置的能量来源，微型飞行器对动力能源的要求是能量密度高、体积小、质量轻、总能量大，以保证飞行器的飞行速度和续航时间。当前能源主要有：矿物燃料、电池能源和太阳能等。矿物燃料能量密度高，价格便宜，但存储较困难；电池能源是小型飞行器上必不可少的能源。除了推进系统的微电动机，飞行器上的控制系统、信息传输系统都需要电能驱动。小型飞行器上常用的电能源有蓄电池、一次性化学电池和燃料电池，其中锂离子电池为目前小型飞行器最常用的电能源，但锂离子电池的能量密度大约只有0.2～0.3 W·h/g，部分采用锂离子电池作为电源的微型无人机型号如表2-2所示。总体而言，在整个微型飞行器重量中电池部分所占比例很大(约 30%～60%)，若采用固态氧化物燃料电池，其能量密度可比普通电池大约高出2～4倍，但总能量和能量释放率仍有待提高。而太阳能电池能量转换效率低，且微型飞行器表面积不大，因此能够提供的电能有限，通常将其作为辅助电源。一般是将太阳能电池膜覆盖在机翼表面上以节省内部空间，同时，要保障能够最大限度降低对飞行器气动外形的影响。

表 2-2　部分以锂电池为动力的微型无人机基本情况

型　号	总重/g	电池重/g	电池占比/%	功率/W	续航时间/min
微星	100	44.5	44.5	15	20～60
黄蜂-Ⅰ	171	98	57.3		107
黄蜂-Ⅱ	170	97	57	7.6	126
黑寡妇	42	26	61.9	8	30
微型蝙蝠	22	8	36.4		18

参考文献

[1] 杜孟尧. 太阳能/氢能混合动力小型无人机设计及关键技术研究[D]. 北京：北京航空航天大学，2015

[2] 詹志纬. FAI 电喷在小型无人机发动机上的应用研究[D]. 天津：天津大学，2016

[3] 陈世适，姜臻，董晓飞，等. 小型飞行器发展现状及关键技术浅析[J]. 无人机系统技术，2018：37-53

[4] 马静囡. 无人机系统导论[M]. 西安：西安电子科技大学出版社，2018

[5] 刘斌，刘沛清. 抗阵风载荷的小型无人机飞行器设计及相关风洞舵效比较[J]. 应用力学学报，2012，28(12)：649-655

[6] 陈自力，董海瑞，江涛. 无人机系统设计、开发与应用[M]. 北京：国防工业出版社，2013

[7] 于方圆，高永，王允良，等. 小型无人机翼型优化设计[J]. 海军航空工程学院学报，2013，28(3)：307-313

[8] 许辉，王春利，赵胜海，等. 小型和微型飞行器动力装置的现状与发展[J]. 教练机，2018，4：56-61

[9] 甘斌林，张哲，栗语阳. 中小型无人机重油发动机现状及发展建议[C]. 2014 年(第五届)中国无人机大会论文集，北京，2014：113-116

[10] 刘莉，曹潇，张晓辉，等. 轻小型太阳能/氢能无人机发展综述[J]. 航空学报，2020，41(3)：1-28

[11] 杨宝奎. 国外飞翼无人机技术特点分析[J]. 飞航与导弹，2012，4：1-7

第3章　任务载荷

无人机任务载荷是指为了完成特定任务而安装到无人机上的设备，但不包括飞行控制设备、数据链和燃油等与飞行有关的设备。根据功能用途，主要分为侦察/监视、火力打击和通信中继等，以及空中喊话器、空中探照灯、气体检测仪和救援设备等其他任务载荷。任务载荷是无人机系统的关键组成部分，重量和成本在整个系统中所占比重均很大。以高性能、高成本的美军“全球鹰”和“捕食者”无人机为例，其任务载荷的成本分别占其总成本的1/4和1/2，对于面向战术应用的小型无人机来说，尽管任务载荷的性能指标相对不高，但是受载荷空间限制，小型化的难度更高，因此其成本占比甚至可能会超过大型无人机系统。

3.1　侦察/监视载荷

3.1.1　光电摄像机

最早在无人机上使用的侦察设备是光学照相机，它具备极高的分辨率，但需回收冲洗，不能满足实时情报的军事需求，已经被光电摄像机所替代。按照光电摄像机成像靶面材质来分，光电摄像机主要分为CCD(Charge Coupled Device，电荷耦合元件)和CMOS(Complementary Metal-Oxide-Semiconductor，互补金属氧化物半导体)两大类型。

1. CCD光电摄像机

CDD使用一种高感光度的半导体材料制成，由许多感光单元组成，通常以百万像素为单位。当CCD表面受到光线照射时，每个感光单元会将电荷反映在组件上，所有的感光单元所产生的信号加在一起，就构成了一幅完整的画面。它将光线转变成电荷，通过模/数转换器芯片转换成数字信号，经过压缩后保存在内部的存储器中，然后再把数据传输给计算机，是理想的摄像机元件。

CCD光电摄像机通过光学成像原理对目标进行三维空间扫描，获得其尺寸、外观、位置等信息，能够都对其进行高分辨率成像，在其他载荷的支持下，还能够对目标实时检测、跟踪和定位。将图片回传至地面站，通过与原始资料进行比对，发现目标变化情况，不仅可用于监视侦察中获取实时图像情报，还可用于辅助地面操作员遥控无人机。以安装到某小型无人机上的CCD光电摄像机为例，其主要性能指标如表3-1所示。

表 3-1 CCD 光电摄像机性能指标

俯角范围/°	作用距离/km	分辨率/m	覆盖范围	
			宽度/km	长度/km
0～30	50～120	0.5～1.5	10～25	25～70

CCD 光电摄像机还具有体积小、重量轻、功耗低、灵敏度高、抗冲击振动和寿命长等优点。上述这些优点使得它在无人机中获得了广泛应用。从不同的角度，CCD 光电摄像机有不同的分类方式，如图 3-1 所示。

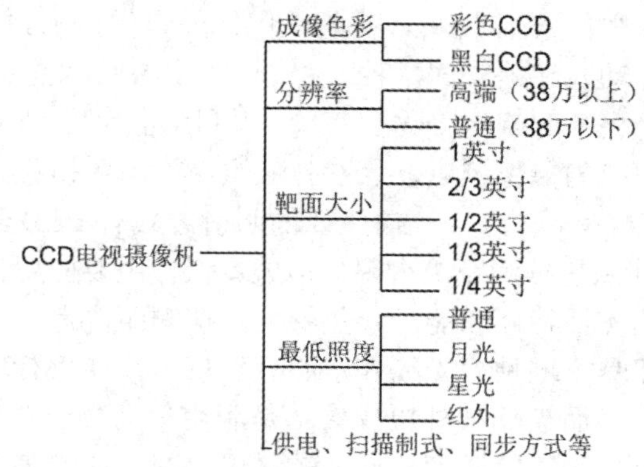

图 3-1 CCD 光电摄像机主要分类方式

面向战术侦察/监视领域的小型无人机，通常靠近目标实施侦察，因此，相比高空长航时大型无人机，其降低了对光电任务载荷性能的要求。例如，CCD 光电摄像机在 6000 m 高空利用 3000 mm 焦距的复杂光学系统获得的空间分辨率，在 100 m 高度时用简单的 50 mm 焦距的镜头就可以获得。另外，随着光电技术的发展，光电摄像机的重量、体积和成本都大大降低，完全满足在小型甚至微型无人机上使用的要求。

2. CMOS 光电摄像机

CMOS 光电摄像机通常由像敏单元阵列、行驱动器、列驱动器、时序控制逻辑、A/D 转换器、数据总线输出接口和控制接口等几部分组成，并集成在同一块硅片上。尽管其与 CCD 有着共同的历史渊源，但相比而言，CMOS 仍具有自身的优点，主要如下：

一是处理速度更快。CMOS 的信息读取方式与 CCD 不同，CCD 存储的电荷信息，需在同步信号控制下按位实施转移后读取，电荷信息转移和读取输出需要有时钟控制电路和三组不同的电源相配合，整个电路较为复杂，以行为单位一位一位地输出信息，速度较慢。而 CMOS 经光电转换后直接产生电流(或电压)信号，信号读取十分简单，在采集光信号的同时就可以取出电信号，还能同时处理各单元的图像信息，速度比 CCD 电荷耦合器快很多。特别是在光电摄像机的分辨率越来越高的背景下，处理一屏 4K 分辨率的 CMOS 图像，其速度要远远超过 CCD 类型的光电传感器。

二是对供电的要求明显降低。CCD 电荷耦合器大多需要三组电源供电，耗电量较大；CMOS 只需使用一个电源，耗电量非常小，仅为 CCD 电荷耦合器的 1/10 左右。因此，CMOS 光电传感器在节能方面具有很大优势。

三是成本上具有优势。由于 CMOS 采用一般半导体电路最常用的 CMOS 工艺，可以轻易地将周边电路集成到传感器芯片中，因此可以节省外围芯片的成本，而且在成品率方面也远远高于 CCD，其综合成本更低。随着低照度 CMOS 技术的突破，灵敏度也越来越接近 CCD 传感器，因此，CMOS 在成本方面的优势促使其在微小型无人机领域被广泛应用。

3.1.2　红外摄像机

普通光电摄像机受光照条件限制，无法满足夜间使用。而常规的可见光照明也会暴露自身，因此在隐蔽的夜视侦察/监视中，都是采用红外摄像技术。

红外摄像技术分为主动式和被动式两种。主动红外摄像技术是利用特制的“红外灯”产生人眼看不见的红外光去“照明”景物和环境，再利用低照度 CCD 黑白摄像机、“白天彩色、夜间自动变黑白”的摄像机以及“红外低照度”彩色摄像机去感受周围环境反射回来的红外光，从而实现夜视功能。当前主要的照射方式有 LED 红外照射和激光红外照射两种方式。LED 红外照射探测距离有限，但成本低，主要应用在民用或工业监控领域。由于激光具有良好的传播特性和能量聚焦特性，探测距离远，但成本很高，只适用于远距离监视和侦察。但是，这种激光红外“照亮”技术在侦察行动中也很容易暴露自己，不适合军事应用场合。而被动红外摄像技术是利用任何物质在绝对零度(−273℃)以上都有红外线辐射的特点，物体的温度越高，辐射出的红外线越多，能够呈现出对象表面的温度特性。

与光电摄像机相似，红外摄像机领域也取得了相当大的进展。例如，美国英迪戈系统公司的 UL3 红外摄像机采用 160 × 120 微测辐射热计探测器阵列，使用 F1.6 镜头，可以获得优于 80 mK(毫开)的灵敏度。包括光学系统在内，摄像机重量不到 200 g，空间需求不超过 50 cm^3，功率约 1 W，量产后的 UL3 价格仅为几百美元。以“龙眼”无人机为例，若安装两台 70 g 的摄像机和一台 UL3 红外摄像机，则动力系统能够维持 39 min 的飞行时间。小型无人机的稳定性较好，震动小，而且距离目标近，因此不需要其他特殊增稳设备，直接安装也能获得清晰的影像。

3.1.3　激光目标指示器及光电吊舱

如前所述，安装在无人机上的主动式红外摄像机必须依靠红外激光照射器来辅助工作。对于携带精确制导武器的“察打一体”无人机而言，红外激光技术还有一项重要的应用，就是激光目标指示器。其基本功能是向目标发射经过编码的红外激光脉冲，通过目标反射的激光编码信号，对目标实施跟踪。激光目标指示器一般都兼具测距功能，也被称为激光测距目标指示器。

在激光目标指示过程中，目标或者机载平台可能发生相对移动，为了保证对目标的实时跟踪，激光指示器必须与其他跟踪手段结合使用。当前，最成熟的、最通用的技术就是电视自动跟踪或红外自动跟踪，也就是说必须依靠前面所提及的 CCD 光电摄像机和红外摄像机，甚至无人机飞行平台的导航定位系统。

可见，激光目标指示器、激光红外照射器、红外摄像机和 CCD 电视摄像机之间在功能上是密切相关、相互支撑的。因此，在军事应用中，都是将上述设备以吊舱的形式集成到一起，即光电吊舱，如图 3-2 和图 3-3 所示。

图 3-2 RQ-4“全球鹰”无人机机载光电吊舱

图 3-3 RQ-7B“影子”无人机机载光电吊舱

3.1.4 高光谱成像设备

高光谱图像就是在光谱维度上进行了更细致的分割，不仅是传统的黑白或者 R、G、B 的区别，而是划分更多个通道。例如，我们可以把 400～1000 nm 分为 300 个通道。因此，高光谱设备获取到的是一个数据立方，图像信息在光谱维度上展开后，结果不仅可以获得图像上每个点的光谱数据，还可以获得任一个谱段的影像信息。高光谱成像技术是基于非常多的窄波段影像数据技术，它将成像技术与光谱技术相结合，探测目标的二维几何空间及一维光谱信息，进而获取连续的、窄波段的图像数据。

目前，随着高光谱成像技术的发展和进步，无人机技术已经与其结合应用，即基于无人机的高光谱遥感平台。通过该平台，不仅可以获得地面目标的高光谱图像信息，还可以获得目标的光谱反射率、投射率和其他辐射率等信息，通过对各种地物光谱特性的分析，与其他载荷获得的信息相结合，辅助地面情报人员对敏感目标进行确认，以提高对不同种类遥感数据的分析应用精度。

以美军为例，早在 2002 年，美国空军就针对无人机平台开展了大范围高光谱空中实时监视侦察试验，选择“捕食者”无人机作为平台，重点验证高光谱载荷性能及处理能力。在完成了一系列的实验后，美军在《无人机系统路线图 2005—2030》中，将高光谱成像系统作为重点发展的无人机机载静态图像传感器，用以替代前期发展的全色成像传感器和多光谱成像传感器。2006 年，美军采购 5 套高光谱成像载荷，装备在军用“影子”无人机上，用于巴尔干半岛冲突中的智能监控和侦察任务，主要用于伪装识别和寻找隐藏的装备。2012 年美国空军将雷神公司的有人机机载战术红外高光谱载荷装配在“捕食者”无人机上，用于探测地面化学物质和地表变化。此外，2012 年以色列的埃尔比特系统公司在 Hermes 450 和 Hermes 900 无人机上，装配了智能化高光谱成像侦察系统，可自动解译高光谱图像数据，进行基于目标材质特性的探测、跟踪。为应对哈马斯和真主党经常利用地道和地下堡垒进行攻击，以色列将该系统部署在加沙地带和黎巴嫩，开展了探测地下通道及隐蔽掩体试验，通过测量草丛与周边环境背景不匹配的地方，确定地下可能的隐藏点。

无人机机载高光谱成像设备的成像方式主要有推扫式、内置推扫式及画幅式等 3 种。其中，推扫式是最主要的方式，是利用飞行器的向前运动，借助与飞行方向垂直的扫描线记录而构成二维图像。具体地说，就是通过仪器中的广角光学系统平面反射镜采集地面辐射能，并将之反射到反射镜组，再通过聚焦投射到阵列探测元件上。这些光电转换元件感应地面响应的同时采光，然后转换为电信号并成像。推扫式扫描成像具有容易实现、分辨率和灵敏度高、体积小和重量轻等优点，已成为无人机机载高光谱成像设备的首选成像方式。但是该成像方式受到成像系统和探测器大小的限制，总视场一般为 20°～30°，并且存在影像几何变形大、校正难度大的问题。内置推扫式是在推扫式扫描基础上的升级改进，其结构和体积更小，但是需要在空中停顿，效率低。画幅式成像速度快，但当无人机机载成像光谱仪进行大范围数据获取时，存在数据量大的问题，并且其空间分辨率低、谱段少。此外，三种成像方式普遍存在着影像幅宽窄的问题，当观测范围较大时需要进行图像拼接，增大了处理难度和工作量。

3.1.5 合成孔径雷达

目前，小型无人侦察机都装备了前面所述的光电和红外成像载荷，但由于受天气、环境和地面伪装的影响，实际使用效能不高，使用场合有一定的局限性。根据美军长期使用经验和相关研究表明：天气对光电和红外载荷的影响，要比对无人机机体平台的影响大。据公开报告，美军在朝鲜半岛和巴尔干半岛的侦察活动中，1 年当中无人机可以执行任务的天数分别为 255 天和 242 天，而其所携带光电和红外载荷可正常工作的天数仅分别为 58 天和 83 天。合成孔径雷达(Synthetic Aperture Radar，SAR)的出现，弥补了传统光电和红外载荷应用的局限性，与无人机平台相结合，有利于基于无人机的侦察和遥感性能发挥，主要表现在：不受光照和气象条件限制，能全天时、全天候对地目标的观测；具有一定的地表穿透能力，可以穿透植被和一定厚度的掩体和土层等，能够发现战场上的隐蔽目标；具有分辨率高、探测范围大的优点，可以使无人机具有更高的作战效能，便于应用部署；采用侧向观测的方式进行侦察，探测距离远，有利于无人机战场隐蔽，规避危险，提高战场生存能力。

SAR 是利用一个小天线沿着长线阵的轨迹等速移动并辐射相参信号，把在不同位置接收的回波进行相干处理，从而获得较高分辨率的成像雷达。与其他大多数雷达一样，

SAR通过发射电磁脉冲和接收目标回波之间的时间差测定距离，其分辨率与脉冲宽度有关，脉宽越窄分辨率越高。SAR通常装在飞机或卫星上，即分为机载和星载两种。SAR按平台的运动航迹来测距和二维成像，其两维坐标信息分别为距离信息和垂直于距离上的方位信息。方位分辨率与波束宽度成正比，与天线尺寸成反比，就像光学系统需要大型透镜或反射镜来实现高精度一样，雷达在低频工作时也需要大的天线或孔径来获得清晰的图像。由于飞机航迹不规则，变化很大，易造成图像散焦，必须使用惯性和导航传感器来进行天线运动的补偿，同时对成像数据反复处理以形成具有最大对比度图像的自动聚焦。因此，SAR成像必须以侧视方式工作，在一个合成孔径长度内，发射相干信号，接收后经相干处理得到一幅电子镶嵌图，图像像素的亮度正比于目标区上对应区域反射的能量。

近年来，随着天线和信号处理等相关技术的发展，以及核心器件成本的降低，SAR已经普遍装备在无人机上。以美国为例，在海湾战争以后，美军的无人机机载SAR取得了快速发展和广泛应用，先后研制了多款面向无人机平台的SAR侦察遥感系统。近年来，SAR设备体积不断减小，重量降低，其不仅可以配备到高空高速长航时战略无人机上，还可挂载到战术中小型无人机甚至微小型无人机系统中。例如，美国已经为“影子200”无人机研制了TUAVR战术无人机SAR，为“火力侦察兵”无人直升机研制了APY-8“山猫”SAR。其中，TUAVR是一种全天候昼夜传感器，具有高分辨率的条幅、定点图和活动目标指示模式，能超视距全天候精确目标定位，重量为28.8 kg，体积为0.037 m^3；APY-8工作在Ku波段，可在10 000 m高空成像(分辨率为100 mm)，重52 kg，具有指示地面活动目标的能力，已在“火力侦察兵”上进行了评估。正在研制的“山猫”II合成孔径雷达，重量降低到39 kg，在13 700 m的高空也可进行高分辨率成像。表3-2给出了美军两种典型无人机系统(大型和小型)所装备的SAR性能指标。

表3-2 两种典型无人机中SAR部分性能指标对比

飞机平台	RQ-4“全球鹰”	RQ-7“影子”
SAR系统名称	MP-RTIP	TUAVR
工作波段	X	Ku
天线类型	二维有源相控阵	电扫阵列天线
工作模式	条带/聚束/GMTI/ISAR	条带/聚束/GMTI
分辨率	条带1 m、聚束0.3 m	条带1 m、聚束0.3 m
最远作用距离	176 km(聚束模式下，精度1.8 m)	4～14 km(条带)
测绘带宽	12 km(1 m)、20 km(2 m)、80 km(3 m)	0.8～2.4 km
扫描范围	方向角：±45º；俯仰角：±60º	360º
GMTI	7 km/h	—
重量	—	29 kg
功耗	—	474 W

为了在小型无人机上也能够装备 SAR，各国竞相开展了小型化 SAR 研制。例如，齐默尔曼联合公司研制的轻型机载 SmallSAR 其分辨率为 75～150 mm，重量仅为 2.3 kg，功率仅为 10 W，成本不到 25 万美元，若安装在飞行高度 300 m 的无人机上，有效作用距离为 2～3 km；德国 2002 年研制的 MiSAR 是一种调频连续波 Ka 波段(35 mm)雷达系统，重量仅 3.95 kg，可以装在 0.01 m^3 的任务载荷舱内，功耗不到 60 W，以条幅模式可以覆盖 500～1000 m 宽的条形地带，分辨率为 500 mm，已安装在“月神”无人机上，可以昼夜产生接近照片质量的高分辨率雷达影像。

小型无人机使用 SAR 作为侦察载荷时，应重点考虑以下几方面问题：

(1) 高稳定性布局问题。SAR 连续成像对射频天线波束指向的稳定性有很高要求。然而，受重量和尺寸限制，小型 SAR 自带增稳设备性能有限，可补偿的姿态变化范围较小，必须依靠无人机机体平台提供。因此，配备 SAR 载荷的无人机机体必须具有更高的飞行稳定性。就气动布局而言：一方面，需要提高纵横航向操纵舵面的舵效，使飞控具有足够的动态增稳能力；另一方面，应使布局具有较强的自稳定性，在无操控的情况下，也具有较强的姿态恢复能力，将姿态扰动对成像效果造成的影响降至最低。此外，受 SAR 成像模式的制约，无人机在风场影响下难以通过姿态调整保持最佳气动效果，更多时候是在侧滑状态下，传统无侧滑最佳巡航效率设计难以保证足够的续航时间，因此在机体设计上应该引入稳健设计思想，如无侧滑状态的多点减阻设计，使无人机机体能够在较宽的侧滑角范围内保持较好的低阻特性。

(2) 高稳定性飞行控制技术。为了保证 SAR 能够获得更好的成像效果，除了对飞行姿态、航迹进行精准控制外，还需要对无人机平飞时的地速进行控制，尽量保持匀速飞行。经典的基于空速的飞行速度控制方法，主要通过控制发动机油门将无人机的空速稳定在某一个定值附近，以获得较好的控制品质和飞行安全性。若地速控制也采用相似的控制方法，则在平飞状态下，无人机高度控制回路接通，认为速度方向处于水平，发动机油门变化产生的推力变化全部用于改变速度大小，能够对速度进行较大幅度的控制，并具有较高的控制精度。但是，在实际飞行过程中，如果遇到有风情况，地速和空速差别较大，为了在对地速进行控制的同时确保无人机不失速，还需要对控制的地速范围进行一定限制。

(3) SAR 成像航迹规划问题。为了适应 SAR 侧扫条带成像，无人机需要采用特定的飞行模式。小型无人机对一侧数百米甚至数千米的区域实施侦察时，无人机飞行高度、航向变化都会影响覆盖成像区域。同时，风的变化可能使小型无人机偏流角超出 SAR 稳定平台的工作范围，影响成像效果。根据侦察区域要求、载荷稳定平台工作范围以及风速、风向等自然环境，建立适用于风场影响下的偏斜航迹 SAR 侦察区域覆盖方案，基于优化思想筛选出最经济、高效的航迹规划方案，提高飞行安全性和任务完成效率。

(4) 运动补偿问题。虽然小型无人机所配备的 MEMS(Micro-Electro-Mechanical System，微机电系统)组合导航系统和卫星导航定位设备的姿态、位置、速度信息能够对 SAR 成像信息进行一定的补偿，但由于实际飞行环境的复杂性，并不能完全满足 SAR 的高分辨率成像处理要求，必须采用额外的高精度运动补偿技术，如基于回波数据的高精度运动补偿方法。

3.1.6 激光成像雷达设备

激光成像雷达是激光技术、雷达技术、光学扫描控制技术、高灵敏度探测技术及高速计算机处理技术的综合新技术产物。激光成像雷达可采用多种工作体制，如单元探测器的扫描成像与采用阵列探测器的非扫描成像。采用单元探测器的扫描成像作用距离可以很远，但是成像速率会受到一定的限制；采用阵列探测器的非扫描成像可以以很高的速率成像，但是需要对目标实施泛光照射，所以作用距离不会太远。由于其具有较高的角度分辨率和距离分辨率，可以同时成目标的强度像和距离像，还可以成高分辨率的三维图像，所以非常适合军事智能武器和武器制导方面。与 SAR 系统相比，激光雷达的波长短，不但可以探测到簇叶下的目标，还可以对目标进行分类，为地面部队提供实时交战所需的精确目标信息。

目前，美国的多家公司开展了无人机机载“线锯”激光雷达的研究工作，目标是发展一种无人机机载的小型三维成像激光雷达。“线锯”激光雷达的基本概念是，根据 SAR 的标示，携带“线锯”激光雷达的无人机按程序飞行到目标的上空，在预先确定的非常小的搜索区域内(例如两三辆军用车辆占据的几十米见方的区域)，利用树冠或伪装中随机出现的空隙采集数据。这些空隙隐约露出目标未被遮蔽的部分。激光雷达可以有效地通过这些空隙“观看”目标的暴露部分，获得场景的三维(角度－角度－距离)影像。无人机运动时，对“线锯”激光雷达来说，就会出现新的空隙分布，暴露出目标的其他部分。如果“线锯”激光雷达从足够多的角度观看目标，并将各帧影像融合成一个合成影像，就可以显现出目标的形状。例如，诺斯罗普·格鲁曼公司研制的“线锯”激光雷达，可探测距离达 100m 的低反射率目标，能通过树木、伪装网之类的遮蔽物观看，根据凸起的可分辨的特征揭露和识别隐蔽的目标；Lite Cycles 公司与先进科学概念公司、科学应用国际公司组成联合研制集团，研制了三维偏振测定闪光型激光雷达，可在 100～500m 的高度生成瞄准点周围 24 m × 24m 区域的合成三维影像，目标位置处的像元尺寸为 3 英寸 × 3 英寸 × 4 英寸，目标位置距离精度达到亚像素级(亚英寸级)，被簇叶遮蔽的坦克类目标的距离分辨率为 25mm，未遮蔽目标的距离精度为 7mm。

近年来，受惠于国内无人机市场的迅速发展，激光雷达测绘系统也迎来“井喷”。据 2016 年 10 月 9 日报道：国内最轻的机载激光雷达测绘系统正式亮相，重量只有 3kg，可以应用在固定翼无人机、动力三角翼等低空飞行平台上。该系统外形近似于小型电机，主要包括激光扫描仪、GPS 和高分辨率数码相机等部分。借助激光雷达，可以采集地貌的三维信息，而非传统航拍采集的平面信息，目前已在电力线路巡检、工程勘察和测绘等领域得到广泛应用。

3.1.7 SIGINT 载荷

除了前文所述的各种成像或伪成像侦察载荷，无人机还可以携带能够对通信、雷达信号进行测量的无源电子侦察设备，在一定范围内执行全天候的电子信号侦察测向任务。若不考虑对抗性，则这类信号情报载荷(SIGINT)也可称为电子战载荷。信号情报载荷通常包含信号侦收、测向和定位等设备，可以在任务地域内搜索并截获感兴趣的电磁信号，分析参数特征，并测定信号源的位置，进一步分析多目标活动变化规律和武器平台作战能力等战术情报信息。

根据所要搜集信息种类不同，电子侦察设备的种类和型号也要相应调整。同时，为了获得较好的侦察效果，往往需要多种类型、多个型号的电子侦察设备。起初受到技术限制，这类电子侦察设备小型化较为困难，因此往往都挂载在中大型无人机上使用。例如，美军 RQ-4“全球鹰”无人机上安装的无源电子侦察载荷在进行战场评估时，运用信号处理和目标识别技术，对截获信号的频率规律和通联情况进行分析，对辐射源所在的武器平台进行判断，分析目标损伤时电子系统发出的短促、不规则信号等，通过比较分析评估打击效果。另外，其在执行侦察任务时，一般与 E-3 预警机、RC-135 电子侦察机等协同工作，通过融合各方目标辐射源特征参数信息，共同研判目标变化规律和相对位置，向指挥控制单元实时传输目标情报信息，引导武器平台进行火力打击。

2000 年 12 月，美军开始验证陆军师战术无人机信息情报项目，在 RQ-5A“猎人”战术无人机上成功安装信号情报系统载荷，对分布在亚利桑那州 40 km^2 范围内不同种类的无线电信号进行测向定位，后来又对陆军 RQ-7“影子 200”无人机加装了战术信号情报系统。

在法国国防部创新局发布的《对新有效载荷的征求建议书》中写道，法国国防部正在寻找一种或多种小型的 SIGINT 载荷，可以用总重不超过 55 磅的小型无人机携带，能够检测、定位和跟踪工作在 30～6000 MHz 的无线电通信发射机，并对其实施阻塞干扰。同时，要求一架无人机能够执行所有所需的任务，而不是将电子战系统的组件拆分到多架无人机平台上，当然多架无人机也可以配备相同的有效载荷，旨在更广阔的区域提供电子覆盖。

3.2　PED 系统

随着传感器技术的进步，无人机通过光电摄像机、雷达以及其他侦察监视设备搜集的数据越来越多，对这些海量数据进行实时处理、利用和分发(Processing，Exploitation and Dissemination，PED)，给人们带来了新的挑战。一方面，机载数据存储受到无人机飞行平台的大小、能耗和体积等因素限制，若一味地提高机载存储能力，就会使任务持续时间缩短。另外，机上数据存储还会造成数据搜集和分析之间的延迟，因为操控人员必须等到无人机返航后才能看到这些数据。另一方面，尽管在任务过程中实时回传数据可以保证地面分析人员快速、及时得到数据，但是实时回传大容量数据又对数据链路带宽、功率等提出了更高的要求。带宽限制或者闲歇性的通信中断可能导致数据传输变慢，甚至中断，进而带来数据收集和分析的误差。此外，大容量数据本身对于分析人员找到移动目标就犹如“大海捞针”。因此，使用基于人工智能的自动数据分析工具是一个比较理想的途径，机载实时 PED 技术与机器学习系统相结合正在提上日程。

1. 机载实时 PED

过去信号处理一直都是待无人机返航后在地面进行处理，因为要实现机上实时计算，则必须对信息系统的体积、重量和功耗进行调整。当前，先进的高性能多核处理器和大容量存储器的出现，极大提高了机载数据处理能力，允许地面控制站通过链路直接访问这些无人机机载信息，机上的 PED 系统将多个传感器采集的数据融合处理，分析目标在不同型谱下的信号特点，建立现在和过去的地理影像，为情报收集和时间敏感目标处理提供一个可供作战直接使用的信息，这样地面站的情报分析人员就能够去应对更重要的事件。

例如，美国通用原子航空系统公司的 Lynx 系统就是一个典型的机载、实时和多任务传感器 PED 系统。Lynx 被美国空军用在“捕食者”和“收割者”无人机上，被美国陆军用在 MQ-1C“灰鹰”无人机上。Lynx 采用的“全动态”SAR 成像技术，可收集并处理历史数据的相位，可以在恶劣气象条件下观察白天或黑夜的低速移动目标。系统可实现对移动非常缓慢的地面目标进行指示，并提供精准的 SAR 地理位置信息，保证 Lynx 能够在正常飞行状态下不间断地对静止和运动目标进行侦察和监视。

2. 基于人工智能和机器学习的数据处理

由于无人机各类传感器搜集到的数据量巨大，分析人员不得不将大量的时间花费在一些基础工作如数据存储、分类和描述上。

为了能够对大量图像和数据进行快速分析，地面情报分析人员正在逐渐使用机器学习技术，即在海量数据集中发现样本的人工智能方法。这种软件正在逐步丰富其数据库，用以描述背景、环境、威胁、用户以及任务目标等。它记录新的输入，综合并归纳过去的经验，根据所积累的数据和经验做出决策。同时，机器学习算法特别适用于从繁杂的数据中找出有用的数据而忽视无关的数据，并且在使用时，数据量越大，效果越好。

2017 年 3 月，美国五角大楼宣布成立代号为“Project Maven”的 AWCFT(Algorithmic Warfare Cross-Functional Team，算法战跨职能小组)，利用机器学习算法将长时间的航空侦察视频转换为可供作战行动使用的情报，追捕在伊拉克和叙利亚的“伊斯兰国”激进分子。依靠该项目，分析人员可以将精力集中在更有价值的工作上。AWCFT 团队将完成以下主要任务：一是组织数据标签获取，设计或者改进算法以完成关键任务；二是识别所需的计算资源，构建基础设施。当前的努力主要集中在目标检测、分类，以及 MQ-9 和 MQ-19 两种型号 UAS 平台上 FMV(Full-Motion Video，全景视频)传感器数据的报警。此外，按照计划，将人工智能技术整合到 PED 系统中，帮助使用者从 UAS 搜集的图像数据中选择细节或者找出规律，可以让操作者更好地理解：“他们看见什么了？为什么会出现在这里？后续可能会做什么？”

3.3 火力打击载荷

3.3.1 火力打击载荷的分类

根据无人机在执行火力打击时的应用方式，可将火力打击载荷分为以下几类。

1. 专用空地导弹

若使用空地导弹作为无人机火力打击载荷，当前主要方式就是对现有成熟的有人飞机挂载的空地导弹进行改造。例如，美军针对无人机改进了“海尔法”空地导弹，陆续发展出了 AGM-114R、AGM-114P+和 AGM-114P 等改进型导弹，可供“收割者”“捕食者”等大型无人机进行挂载。对现有成熟的空地导弹进行改造的方法，势必受到微小型无人机一些固有因素的限制，导致在作战效能上未必达到最优。特别是打击小型目标时，若使用这类导弹，必须依靠大型无人机，因此存在作战效费低的问题。另外，在现有成熟空地导弹的基础上进行改型，无法突破重量上的限制，因此，这些改型导弹无法在小型无人机平台上使用。为此，各国竞相启动了一些针对小型无人机的空地导弹研制和测试项目。例如，美军的空射型标枪导弹的直径为 12.69 cm，重量仅为 11.8 kg，弹长 1.081 m，射程可达 4.5 km，应用了第三代红外成像导引头，由双级固体火箭发动机推动，具备发射前锁定目标，发射后自动跟踪目标的能力，并配备了串联成型装药的战斗部。再如，“格里芬”导弹的弹径为 14 cm，重量为 15.6 kg，弹长 1.09 m，高爆战斗部的重量为 5.9 kg，战斗部采用了内部刻槽的钢制壳体，内装 2.2 kg 炸药，飞行中段采用 GPS/INS 系统导航，末段采用半主动激光制导。该导弹的弹体前部装有 4 片伸出的弹翼，后部还装有 4 片可折叠的尾舵，采用了弹道控制技术，可封装在质量为 5.4 kg 的发射筒内，由小型无人机和直升机挂载投放，能够在降低附带损伤的情况下实现最佳的命中精度。

2. 制导炸弹

当前，可以挂载到无人机上的制导炸弹包括两种。一种是直接将原先机载制导炸弹挂载在无人机上。例如，美军以 JDAM(Joint Direct Attack Munition，联合直接攻击炸弹)类型制导炸弹或小口径炸弹为基础，改造了两种重量分别为 227 kg 和 114 kg 的 JDAM，并挂载到 MQ-1B“捕食者”无人机上，已在对伊朗军事行动中成功使用。但是，这种制导炸弹即使经过小型化改造后，仍然在尺寸、体积和质量上无法满足小型无人机上的挂载需求。另一种方法是根据无人机自身特点，专门为无人机而设计的制导弹药，主要包括小型(微型)战术精确制导弹药。例如，美国雷锡恩公司早在 2009 年就专门为无人机设计了小型精确制导弹药，无需动力装置，两枚一组可组装到“格林芬”小型空地导弹的发射管中。该型弹药长仅为 610 mm，弹径 101.6 mm，重 5.9 kg，并于 2010 年 10 月挂载在“眼镜蛇”无人机上进行了飞行试验。后期又权衡了精度和杀伤威力，对其进行了改进，使得尺寸、重量进一步减小，并可由美军的通用发射筒发射。再如，由美国阿连特系统公司最新研制的短柄斧微型精确制导弹药，也是一种可用于中小型无人机的微型空地精确制导炸弹。

3. 一次性攻击无人机

一方面，受到起飞重量、续航能力以及平台空间的限制，一次性攻击无人机一般无法使用大杀伤力的对地导弹，往往只能搭载机枪、小型炸弹等。另一方面，机枪等武器在无人机平台上搭载，射击命中精度差，往往仅起到威慑作用。针对上述问题，可将小型弹头与无人机飞行平台合成一体，在执行侦察监视任务时，一旦发现有价值的目标，就执行“自杀性”攻击，即将载荷和平台进行一体化设计。

美国的“弹簧刀”就是一种典型的小型攻击无人机。“弹簧刀”巡飞攻击型无人机的研发始于 2008 年，目的是为让美军步兵排或特战分队，在没有空中或地面火力支援的情况下，也能具备即时打击超视距目标的能力。“弹簧刀”无人机全长仅 360 mm，重 1.36 kg，在机身下方有前后两对折叠机翼，翼展(展开后)为 610 mm，以电动马达驱动尾部的螺旋桨，最大飞行速度为 37.5 m/s，巡航速度为 19.7 m/s，最长续航时间为 10 min，最大射程为 20 km。由于采用了独特的“GPS+电视”复合制导方式，命中精度可控制在 1 m 内。“弹簧刀”无人机发射后，操控人员可通过机载高分辨率彩色摄像机传回的实时目标图像来监视和搜索目标。接到攻击命令后，地面操控员通过掌上控制器锁定目标，“弹簧刀”无人机就会收回机翼，以俯冲方式高速撞向目标，并引爆机载高爆弹头，威力与一枚 40 mm 榴弹相当。地面操控员可通过控制器目睹全过程，如果情况有变，还能遥控无人机中止攻击。

我国近年来也在这类军用无人机领域取得较大突破，如在 2014 年珠海航展上首次展出了类似“弹簧刀”无人机作战理念的 CH—901 单兵巡飞弹。

4. 非致命打击载荷

非致命武器是指通过特定的技术对人或装备的易伤部位进行打击，从而达到迫使敌(对)方丧失战斗力的目的，一般不会导致他人的死亡或严重的身体伤害，主要用于在平时制止违法犯罪活动、抓捕犯罪嫌疑人以及处置大规模非法聚集性活动等行动中。需要说明的是，这类警用非致命武器在我国属于“警械”，而非“武器”，这里考虑到无人机系统的组成要素，不再区分“警械”和“武器”，统称为“非致命打击载荷”。以美国为例，早在联邦或州法律正式授权警察可以在执法活动中使用“非致命武装无人机”之前，已经有很多生产商就开始研发能够携带非致命打击载荷的无人机，载荷包括泰瑟枪、胡椒喷雾、彩弹和塑料子弹等。2015 年，北达科他州“抢先”(第一个州)通过立法授权该州警方可以在执法过程中使用携带非致命性打击载荷的无人机。美国学界认为，随着警方对非致命性武装无人机使用需求的增长，以及非致命性武装无人机成本的降低，会有更多的州效仿北达科他州，通过立法授予警方使用非致命性武装无人机。

防暴弹是一种典型的非致命武器，不仅可通过各种枪械(普通枪械和防暴枪械)和榴弹发射，还可以在地(海)面的车(船)上发射，也适合在小型无人机上进行空中投掷。目前，防暴弹已有百余种型号种类，有单兵发射、距离较短、威力较小的防暴弹，也有大型装备发射的距离较远、威力较大的防暴弹。按作用效应，分为催泪弹、闪光弹、爆震弹、染色弹、动能弹、麻醉弹以及多功能防暴弹；按作用原理，分为燃烧型、爆炸型和碰碎型防暴弹；按引信的发火方式，分为击发发火、摩擦发火和电发火等类型防暴弹。其中，在各种防暴弹中，催泪弹所占比重最大，装填橡皮球、塑料球等动能的防暴弹次之。随着科学技术的快速发展，为适应处置突发事件需求的不断增加，防暴弹的种类将进一步增加，性能进一步提高，综合声、光、动能、催泪、染色等各种效应的多功能防暴弹将迅速发展，副作用更小的新型防暴弹、安全性更强的可调性动能弹以及可使用各种武器发射的通用性防暴弹都是防暴弹未来的发展方向。

由于小型无人机一般在载荷重量和可挂载空间上都有一定限制，因此不仅需要考虑这类载荷的非致命效果，还需要将其重量和体积尽可能做到小型化。以防暴弹为例，从发射方式上可以分为直接投掷和发射管发射两种，前者无需专用发射设备，直接从空中投掷，设计简单，但投掷精度远不如后者，而使用专用发射管，就必须考虑发射设备的小型化，目前比较成熟的“九管”型和“六管”型，都在几十千克以上，对于某些机体平台不能适用，需要量身定制、重新小型化设计。此外，不同于地面车载发射，小型无人机空间有限，防暴弹在发射过程中存在“炸膛”的危险，对无人机的安全飞行造成很大的隐患。最后，还要考虑飞机平台稳定性和气象条件(风力、风向、雨水)等对防暴弹投掷精度的影响。

3.3.2 相关关键技术

从目前无人机机载武器的情况可以看到，无人机机载武器的来源有两个：一是由以往有人机机载武器进行小型化设计集成；二是基于无人机自身的组成及作战特点，研究开发专门的武器装备。针对小型无人机机体平台和使用场合的特点，这两个来源主要涉及以下关键技术。

1. 武器小型化技术

受飞行平台自身结构特点的限制，不可能集成质量和体积很大的武器，有些有人飞机或者大型无人机上挂载的武器，都需要进行合理的改进，有效降低其尺寸，方能将其集成在小型无人机上。另外，在设计专门用于小型无人机的武器时，也要充分考虑其尺寸，在选择一些关键零部件上要反复斟酌，尽可能在充分提升武器性能的同时，避免武器载荷体积和重量过大。

2. 挂架设计技术

在挂载武器时，挂架的设计也是一个需要仔细考究的关键问题。在设计挂架时，首先必须将所需装配的武器类型和参数信息纳入考虑的范围，还必须设计足够的安全距离，保证所有挂载的武器能够顺利投放。

3. 弹药搭配技术

无人机挂载的弹药有限，通常是根据所要执行的任务选择挂载相应的武器。若执行单一任务，比如对地打击，则现阶段主要挂载小型制导炸弹。但若执行多种任务或者执行的任务并不十分明确，则需要合理规划，根据可能的任务，选取最有利于作战的武器配比。另外，随着一些新概念武器的出现，这些武器与传统武器的选择搭配也应及早提上议事日程。

4. 武器通用化技术

单独为无人机设计的装备，通常是综合考虑无人机的载荷特点与作战需求，不能只适用于无人机本身，而要基于武器效费比，因此任何武器装备若只单纯应用于一种平台，则研发使用维护费用较那些通用的武器会更高。因此，在设计专门用于小型无人机平台的武器装备时有必要充分考虑武器通用化，以寻求无人机机载武器专用性与通用性的完美折中。例如，美国雷锡恩公司为无人机设计的小型精确制导弹药，就可以使用通用发射筒发射。

5. 自主投弹技术

无人机通过数据链与地面控制站实时通信，并接受控制站指令实施预定攻击任务，但指令有延迟，并且数据链可能会受到干扰而中断。通常情况下，此时无人机的攻击就会受到很大的限制，而自主投弹技术则是无人机集成自主控制投弹的计算机，综合地面控制站及自身探测信息，在最佳时刻投弹，充分提升无人机作战的自主性和灵活性，减少对数据链的过度依赖。

3.4 通信载荷

3.4.1 “端到端”数传电台

一般而言，无人机通信载荷分成两大类：一是无人机系统通信链路的机载部分，用于保障无人机与地面控制站之间的双向数据传输；二是专门为其他地面(海上)或空中节点提供辅助通信功能所需的通信设备，包括无线电台转信、构建无线自组织网络、异构网络互联以及通信信号覆盖等形式，这里统称为通信中继载荷。前者是任何型号、任何用途的无人机都必备的，是系统的组成部分之一，而后者主要针对具有通信中继功能的无人机，其他用于侦察、电子战等用途的无人机是没有的，不是必要的组成模块。根据无人机担负通信中继任务形式的不同，载荷类型也不同，主要包括战术型转信电台、专用集成通信系统、空中自组织网络设备和空中基站等，将在3.4.2～3.4.5节中详细介绍。

第一类载荷是无人机系统不可缺少的组成模块，是无人机数据链的空中机载设备，通常称为“端到端数传电台”，作为点到点数据链的实体设备，主要在单机应用模式下完成机上其他任务载荷所采集数据的回传以及地面控制信息的上传。

对于军事应用或其他高端场合所使用的小型无人机，一般采用宽带数字化双工电台，不仅可以回传各种飞行参数和机上传感器参数等低速数据，还可以支持侦察/监视载荷所采集高速数据回传，以及接收地面控制指令。电台多工作在L和C波段，且支持跳频、自适应和抗干扰等工作模式，通常具有两套独立的链路设备，即“一主一备”，以应对信号遮挡、链路故障以及恶意干扰等突发情况。对于工业和消费级等低端小型无人机而言，为了降低成本，往往采用两部数传电台：一部低带宽双工数传遥控电台，用于接收地面站控制指令和回传飞行参数信息；一部专门的宽带图像传输设备，用于回传机载摄像头所采集到的流媒体信息。甚至在一些极端设计中，还可以将回传的数据信息叠加在图像里，使控制链路的硬件也变成单工。

无人机宽带图像传输设备又称图传电台，是现代小型无人机最常见，也是最重要的通信载荷。它采用适当的视频压缩技术、信号处理技术、信道编码技术及调制解调技术，将无人机所搭载的摄像机拍摄到的视频以无线方式实时传送到地面控制站。由于数字通信系统传输质量和稳定性都要好于模拟系统，所以通常采用数字图传。目前，市场上全高清图传的制式和分辨率主要有1080i(隔行)和1080p(逐行)两种，其常用帧率又可分为25帧/秒、30帧/秒、50帧/秒和60帧/秒四种，带宽分为4 MHz、6 MHz和8 MHz三种，实际码流速率为2～12 Mb/s，端到端的传输延迟为400～1200 mm，1 W发射功率的有效传输距离从几百米到20 km左右不等。但即使是全高清级别的图传，就其传输制式、带宽、帧率、实际码流速率、传输延迟、有效传输距离等方面来说也是有很大差别的。

上述指标不同，则用户在观看回传视频时，在画面细腻度、流畅度、大动态场景变化、色彩过渡柔和度及环境适应性等方面的体验差别也非常大。

3.4.2　战术型转信电台

超短波频段相对短波较宽、通信容量大，视距传播、通信质量好，受昼夜和季节变化影响小，通信稳定，因而被广泛应用于电视、广播、移动通信、军事通信等领域。但是，视距传输受地形影响较大，容易造成通信中断，传输距离受限。为了延长通信距离，提高覆盖范围，超短波通信通常采用中继的方式，也称为转信。

利用无人机搭载超短波转信电台，实施通信中继可以解决一定区域内两个或多个用户之间因受距离、地形或电台功率等限制而造成无法通联的问题。这里以美军战场超短波通信为例，介绍在通信中继无人机上所加载的战术型转信电台。针对在伊拉克和阿富汗山区执行作战任务时超短波电台通信距离受限的问题，美军提出利用战术型无人机提供通信中继，早期主要利用美军的第 3 类无人机系统(见第 1 章)搭载转信电台，如 RQ-7“影子”无人机。后来，随着通信中继载荷小型化，目前美军在装备数量最多、可单兵携带的小型无人机 RQ-11“渡鸦”上也可加装通信中继载荷，在提供情报侦察保障的同时，还可执行战术级通信中继任务。为了与地面电台保持统一标准、兼容工作，美军搭载在无人机上的战术型转信电台以改装后的美军联合战术无线电系统(Joint Tactical Radio System，JTRS)系列电台为主，该系列电台基于软件无线电技术，不仅通信功能强大，而且尺寸小、重量轻，非常适合在中小型无人机上使用，将两部同型号电台改装成通信中继载荷(转信电台)，安装到无人机合适部位，可为地面部队提供话音和窄带数据中继功能。表 3-3 给出了该系列两种典型电台的基本性能参数。

表 3-3　美军 JTRS 系统电台典型参数

基本电台型号		CRP-L(AN/PRC-152C)	LMAR(AN/PRC-148JEM)
厂商		哈里斯公司	泰雷兹公司
安装平台		RQ-7B、STUAS、集成者、RQ-21A、RQ-11	增程/多用途无人机平台(ERMP)、看守无人机(英国)
主要性能指标	工作频段/MHz	30～512	30～512
	信道带宽/kHz	8.33/12.5/25	5/6.25
	预设信道数量	99	256
	波形	AM/FM、SINCGARS、HAVEQUICK、MIL-STD-187-181B/182A/183A	AM/FM、SINCGARS、HAVEQUICK、MIL-STD-187-181B/187-181C/182B/183B
	输出功率/W	5	5
	中继覆盖范围/km	170	480
	尺寸/cm^3	7.37 × 24.38 × 6.35	13.11 × 15.82 × 10.44
	重量/kg	1.18	1.45

3.4.3 专用集成系统

小型无人机作空中中继平台时，受无人机载重、机上空间和续航时间等限制，只能搭载常规战术转信电台，实质上只能延长超短波电台的通信距离，满足战术级通信中继的需求。而在战役层面，参战力量多、任务地域广，运用通信手段多、传输信息种类多，战术级的通信中继无人机根本无法满足需求；另外，战场信息传输网络体系的无缝化是未来战争的趋势，而当前很多战术级的通信系统之间无法互联互通互操作，存在众多独立的系统，也急需一种集多种通信手段、兼容多种通信体制的空中通信中继平台。因此，为了满足上述需求，通信中继载荷必须是一个集成系统，并加装到高空、长航时大型无人机平台上。美军将完成上述通信中继任务的系统称为BACN(Battle field Airborne Communications Node，战场机载通信节点，如图3-4所示)。尽管当前挂载这类载荷进行通信中继尚不属于小型无人机的应用范畴，但是随着通信电子技术和电子器件制造工艺技术的不断进步，这类集成通信系统有小型化的趋势，未来在舍弃某些功能的前提下，小型化后的集成通信系统作为载荷安装到小型无人机上也将成为可能。

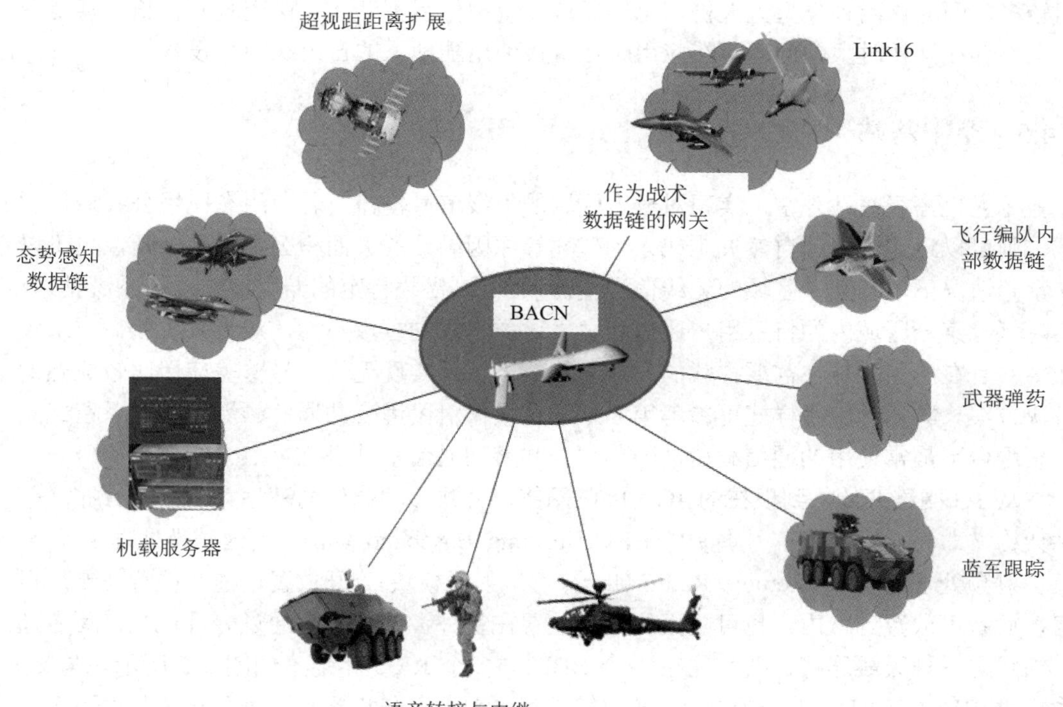

图3-4 BACN功能示意图

3.4.4　空中自组织网络设备

小型战术无人机功能定位和平台局限性，决定其仅能实现战术级的通信中继，尽管在一定程度上满足了战术行动要求，但是在特殊情况下，也限制了地面部队作战潜能的发挥。例如，这种“单跳”中继在距离上可能仍无法满足双方需求或者无法满足一定范围内的多个用户需求，尽管可以通过 3.4.3 节中所述的基于高空大型无人机的中继平台来实现上述目标，但是这种方法部署不灵活、网络抗毁性差，而基于多架小型无人机的空中自组织网络则是比较理想的解决方案。

在采用该中继模式的无人机网络中，每架无人机都具备自动中继路由功能，既可以作为覆盖范围更广泛的空中中继平台为地面通信节点提供中继服务，也可以依托机上不同类型的任务载荷实现对地协同侦察探测功能。但是，相比陆上自组织网络，无人机飞行速度快导致网络拓扑变化快，小型无人机续航时间短导致生存节点动态变化，因此很多技术问题仍有待进一步研究，也是当前相关领域研究的热点。详细的应用场景、关键技术以及设计要点等，将在第 8 章中介绍。

显然，导致这种网络在应用上存在很多难点的本质在于无人机飞行速度快以及续航时间短。因此，当前这种网络主要在续航时间较长的无人机或者系留式无人机上实际应用较多，因为这两种类型无人机都可以保持在空中位置不动，且留空时间较长，甚至理论上不存在续航时限的问题，在应用时可直接使用陆地上的自组织网络设备。

3.4.5　空中基站

无人机搭载基站升空，实现对一定区域的无线信号覆盖。若应用在民用公共通信领域，则可以迅速恢复因自然灾难或人为破坏等原因导致的大面积公共通信中断，也可以在紧急情况下增强某一区域的无线信号覆盖，还可以搭载特定的专用集群通信系统基站，临时保障某一区域内的特殊用户通信。由于这类基站的重量不大，对无人机载荷要求较低，并且在应用时往往需要挂载的载荷重量单一，是实现无线信号覆盖应用比较成熟的解决方案。具体的应用样式可参考第 8 章，这里仅对民用公共通信领域中基于系留式无人机平台下最常使用的通信载荷，即小型公共移动通信基站进行重点介绍。

从 3G 网络开始，到现在的 4G 和 5G 网络，公共移动通信的基站大多采用分布式基站架构，即将主要负责信号调制的 BBU(Building Baseband Unit，室内基带处理单元)和负责射频处理的 RRU(Remote Radio Unit，远端射频模块)分开放置，前者放置在专用机房，后者可放置到室内，也可随天线一起放置在室外，两者之间通过光纤连接，后者通过馈线与室外天线连接，并且往往 1 个 BBU 与多个 RRU 相连，如图 3-5 所示。与 2G 网络时 BBU、RRU 和供电单元等设备集成到一起的方式相比，这种分布式基站不仅极大缩短了 RRU 和天线之间馈线的长度，减少了信号损耗，降低了馈线成本，也让网络规划更加灵活。

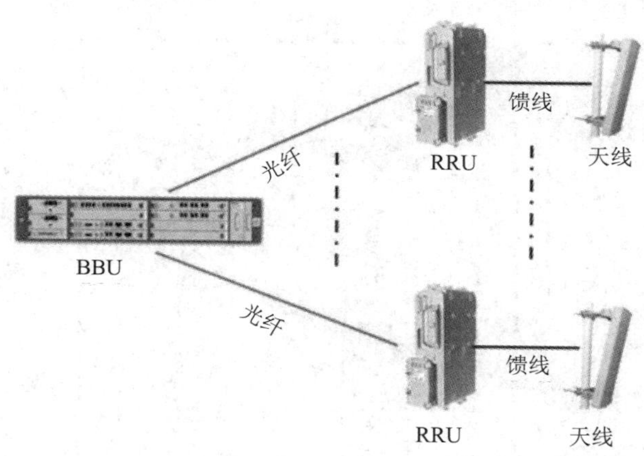

图 3-5　基站组成

根据上述这种公共通信网络基站布局方式，用于无线信号覆盖的无人机通信中继载荷，既可以使用分体式基站，还可以采用一体化基站。当采用分体式基站时，BBU 放到地面，RRU 部分作为中继载荷放到无人机平台上，地面系留箱不仅可以为无人机平台及机上的 RRU 设备供电，还提供连接机上 RRU 和地面 BBU 的光纤，具体如图 3-6 所示。

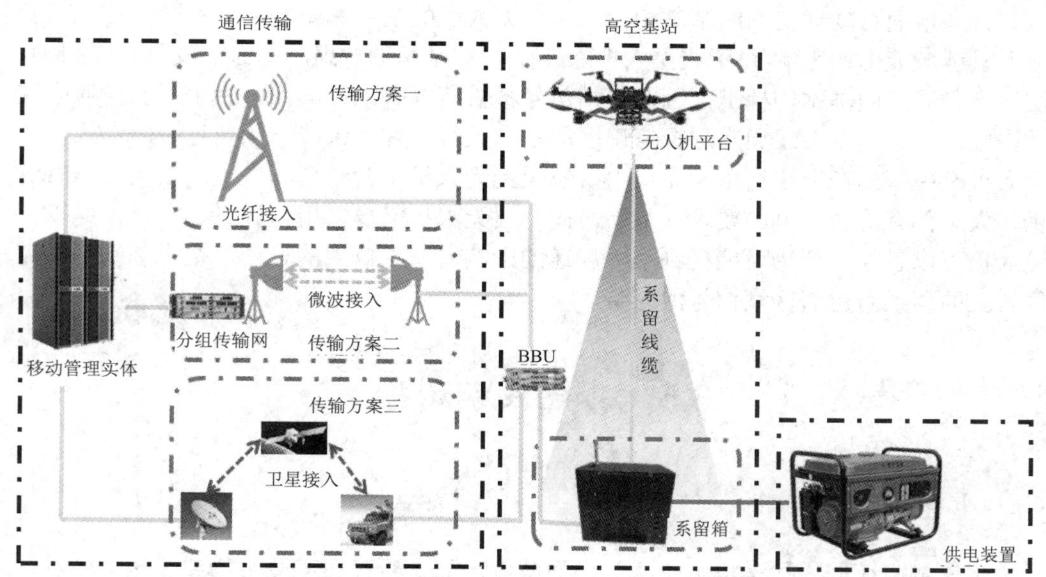

图 3-6　分体式基站系统

使用分体式基站时，仅将 RRU 设备放置在无人机上，BBU 仍放置于地面，这样就减轻了无人机载重，可以适当增加 RRU 的功率，这样覆盖范围也会更广。分体式基站的传输使用必须依靠微波、卫星或者本地传输线缆等手段才能将 BBU 信号接入骨干核心网络，但是在极端条件下，如果上述通信手段都无法使用，则必须使用一体化载荷，并采用“基站间中继”(LTE Relay)的方式提供远程回传链路，如图 3-7 所示。

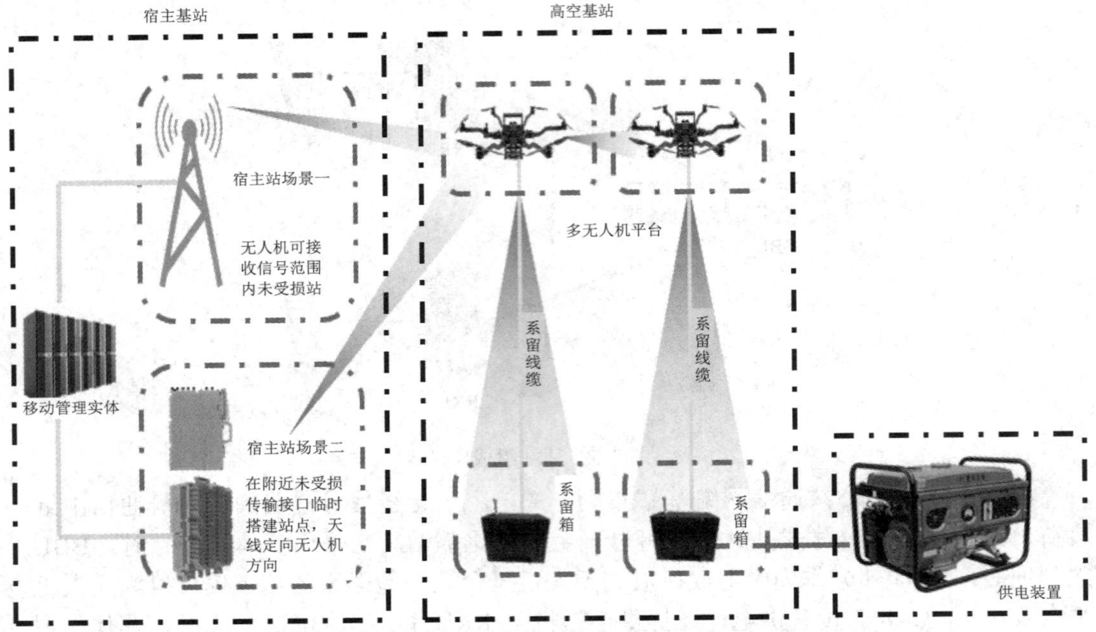

图 3-7　一体化基站系统

与普通地面移动通信网络基站相比，基于无人机的空中基站有以下不同：首先，受到无人机续航能力的影响(系留式无人机除外)，机载基站的放射功率必然受到一定限制，无法达到普通地面基站的标准，因此基站信号覆盖范围有限；其次，为了保证覆盖区域信号强度，地面基站天线通常选择三扇区的定向天线，并且天线下倾角也有一定规律，而无人机空中基站在天线选型和布局上必然受到无人机平台结构和供电的限制，同时对体积、大小都有比较苛刻的要求；最后，固定翼无人机需要采用盘旋飞行方式，尽管旋翼无人机可以悬停，但仍可能受到空中风速的影响而产生位置的移动，空中基站必须克服位置上的移动对覆盖区域信号的影响。

3.5　其他任务载荷

3.5.1　生化探测

生化探测载荷的用途是检测空气、地面或者水面是否存在某些生物或者化学制剂，可应用于试图蓄意使用大规模杀伤性武器的军事行动或者恐怖活动中，也可以用于涉及有毒化学物质泄漏和溢出以及含有细菌、病毒或者火山喷发造成有害物质扩散的场合。在军事应用行动或者反恐行动的场合中，无人机的任务是向作战部队发出警告，以最快的速度采取防护措施，防止或者减少伤亡，降低污染，或令平民撤离危险区域，前往安全地带。对于民用应用情况，则是进行常规的抽样检测和监视，或者与军事或反恐行动相似，向民众发布警告。

例如，早在2011年福岛核电站核泄漏发生后，日本环境省就利用YAMAHA无人机挂载核生化检测传感器进行核污染监测，对不同地理环境与埋藏深度的辐射源的辐射强度进行量化研究，为后续核电站及其他核设施的管理提供基础数据。

生化探测载荷可分为两种基本类型：点式传感器和遥测传感器。

点式传感器要求检测设备与生物、化学物质直接接触。搭载这类传感器的无人机，需要低空飞过污染地带，进行机上在线实时检测，并将结果发送到地面控制站。无人机也可以将这类传感器空投至污染地带，在地面完成检测后，通过无线传感器网络和无人机数据链，将结果回传至地面控制站。

遥测传感器不需要直接接触被检测物质，而是利用生物、化学物质对电磁辐射的吸收或者散射情况进行检测和辨别。以化学物质检测为例，每种化学战剂仅吸收特定波长的激光，对其他波长的激光是透明的，但被化学战剂污染的物体表面则反射不同波长的激光。针对化学战剂的上述特性，激光雷达就可利用差分吸收、差分散射、弹性后向散射和感应荧光等原理，实现化学生物战剂的探测。例如，按照美国国防部高级研究计划局的研究合同，EOO 公司正在研制紧凑的红外/紫外混合激光雷达系统。该系统利用二极管泵浦Nd:YAG激光器产生的1.064 μm激光，进行弹性后向散射测量，探测生物战剂气溶胶云的位置、形状、大小，并利用多普勒探测边缘滤波技术确定风向和风速，通过紫外激光进行生物战剂气溶胶云感应荧光的探测。最终的目标是研制出战术无人机载激光雷达系统样机，预计样机重量34 kg，体积0.0425 m^3，功率需求小于500 W。

无人机能够携带生化传感器飞过有害物质污染区域，不需要人员暴露在该区域，是一种理想的生化探测方式，这也是无人机应用的最重要原因。除一次性使用无人机外，通常情况下，无人机在执行生化探测任务后，就需要由专业地勤人员对其机体进行清洗处理，这就对执行此类任务的无人机机体结构、密封性、表面材料等提出了更高的要求。

3.5.2 核辐射探测

核辐射载荷主要完成两类任务：一是检测放射物质的泄漏，如大气中悬浮的放射尘埃，为预测和发出警告提供数据依据；二是检测处于存储状态的核武器或者武器生产设备的放射性特征，以确定核投放系统的位置或者检测相关核条约的执行情况。

对于第一类任务，需要考虑的因素与生化探测类似，即无人机在净化方面的要求。对于核武器投放系统的搜寻，则要求无人机能够在敌方区域具有低空、慢速隐蔽飞行的能力。对微弱辐射信号的检测，可以通过降低飞行高度或延长回收时间的方法来进一步提高检测效果。可见，由于无人机具有相对较高的生存能力和机上无人的优势，因此是执行此类任务的最理想选择。

另外，即使得到被检测方的授权，在监视相关核条约执行情况时，与有人驾驶的空中监视平台相比，无人机也是最佳选择。

3.5.3 气象传感器

气象信息对于军事行动的顺利完成至关重要。例如，大气压力、温度和湿度是决定火炮、导弹系统性能以及地空战术军事行动的重要因素。同时，气象数据在许多民用领域中也很关键。无人机可以长时间停留，并且可以自动完成一些枯燥、可重复的人工操作，非常适合对气象参数进行采集，为气象预报提供支持。

针对气象预报应用，已经研制出适用于无人机搭载的气象传感器，这类传感器结构简单、轻便、经济，并且便于安装。例如，美国 Metone 公司的“Met”系列气象传感器将风速风向传感器、温度湿度传感器、大气压力传感器集成于一体，通过灵活的接口可以与计算机相连，适用于各种恶劣环境。结合无人机的飞行速度、高度以及导航定位信息，气象传感器可以为各种武器平台和军事行动提供非常准确的气象数据信息。

3.5.4 电子战

电子战是运用电磁能来测定、削弱或阻止敌方使用电磁频谱，并保护己方使用电磁频谱的军事行动。无人机电子战载荷就是为了满足上述功能而安装到无人机上的设备。

电子战的实施可以分为以下三种类型：

(1) 电子支援：包括定位和截获敌方信号，并对信号进行分析以支持后续行动。目前，无人机系统常用的电子支援类载荷主要为无线电测向仪，由天线和信号处理器组成，前者用于接收电磁波，后者用于判定接收的无线电信号的方向方位。这种类型的电子战载荷实际上也可以归结到侦察监视载荷中，可参考 3.1.7 节中的相关内容。

(2) 电子对抗：阻止敌方使用电磁频谱所采取的行动，通常以电子干扰的形式进行。所谓干扰，就是采用有意辐射去对抗敌方接收机接收到的信号。干扰器的所有能力能够集中于对方接收机的某一频率点进行定频干扰或者某一段或者多段频率进行全频段干扰。

(3) 电子反对抗：阻止敌方对我方采取的电子对抗行动，无人机主要用这类载荷来保护其自身的载荷和数据链路。

参考文献

[1] 张海峰，韩芳林. 基于任务协同的无人机多侦察载荷使用[J]. 海军航空工程学院学报，2018，33(3)：332-338

[2] 王岩飞，刘畅，詹学丽，等. 无人机载合成孔径雷达系统技术与应用[J]. 雷达学报，2016，5(4)：332-349

[3] 刘红军. 美军无人机通信中继发展现状与趋势[J]. 飞航导弹，2017(2)：35-41

[4] 于耀. 美军战场空中通信节点研究进展[J]. 电讯技术，2014，54(6)：845-850

[5] HARBAUGH M. Unmanned Aerial Systems (UAS) for Intelligence，Surveillance， and Reconnaissance(ISR)[R]. State-of-the-Art Report(SOAR)，Defense Systems Information Analysis Center， May 2018

[6] KELLY J. Sensor Payloads for Unmanned Vehicles. Military and Aerospace Electronics，1 August 2018，https：//www.militaryaerospace.com/articles/print/volume- 29/issue -8/technology-focus/sensor-payloads-for-unmanned-vehicles.html

[7] 刘晓川，沈冬，刘玉宝. 携SAR微小型无人机系统研究[J]. 航空兵器，2017，2(4)：33-37
[8] 李月，杨灿坤，周春平，等. 无人机载高光谱成像设备研究及应用进展[J]. 测绘通报，2019，9：1-6
[9] 王建成，朱猛. 高光谱侦察技术的发展[J]. 航天电子对抗，2019，35(3)：37-45
[10] 唐鑫，杨建军，冯松，等. 无人机机载武器发展分析[J]. 飞航导弹，2015，8：29-36
[11] 高荣林，付超. 美国警察使用武装无人机的法律规制及对我国的启示[J]. 法治论坛，2019，3：375-385
[12] 郭三学. 小型无人机机载防暴弹设计与研究[J]. 火工品，2018，8：13-16

第 4 章　地面控制站及主要功能

无人机能够在空中自主飞行、并执行各种任务，但是这种“自主”是相对的，与有人驾驶飞机一样，在必要的情况下也需要人的参与，包括对系统任务的规划、飞行航迹的掌控、根据回传状态参数对飞行器及各类任务载荷的控制、对载荷回传信息的后期处理和使用等行为。有人机的操控人员、操控设备和人机交互设备在机上，而无人机的操控人员、操控设备和人机交互设备都在地面上。因此，对于无人机而言，用于操控人员与无人机飞行平台及其任务载荷之间交互的地面设备就是无人机地面控制站，简称地面站。

4.1　地面控制站概述

4.1.1　组成

无人机地面站是指在包含无人机起飞、巡航、返航及回收等整个任务期间内，对系统飞行平台和任务载荷进行监视和操控、对系统整个任务进行规划和管理的一组地面设备，也称为地面控制站(Ground Control Station，GCS)或者任务规划和控制站(Mission Planning and Control Station，MPCS)。需要说明的是，对于大型无人机，任务规划功能和控制功能分属两个系统，分别称为地面控制站和任务规划站，并配属在两个不同的位置(如不同的方舱内)，甚至还可是通过通信中继链路连接的相距较远的两个地点，但对于小型无人机而言，其作用范围相对较小、用途相对单一，控制和规划行动都是在同一个地点执行，因此控制站和任务规划站整合成一个系统，一般都称为地面控制站。

从上述定义不难看出，小型无人机的 GCS 主要有三种功能：一是对系统飞行平台的监视和控制；二是对任务载荷的监视和控制；三是对系统任务的规划、监视和管理。需要说明的是，有的文献也将电子地图导航和天线及链路控制作为 GCS 的功能列出，但这两个功能实质也是为了保障对飞机平台和任务载荷的安全可靠控制，保证任务规划的高效科学，因此这里不再单独讨论。天线和链路通信方面的内容可参考第 6 章数据链部分。

GCS 是无人机的控制中心，从空中飞行平台传回来的状态信息、视频、图像等遥测数据都在这里进行处理和显示，同时对无人机平台和任务载荷的控制指令也从这里发出，是整个系统中“人”与“机”的结合点，是非常重要的组成部分。根据无人机系统的大小，GCS 的硬件构成规模不一，可分成车载方舱型、便携式和手持式，一些小型民用无人机甚至不需要专门的硬件设备，在便携式计算机或者手机、iPad 等掌上设备上安装软件即可，具体将在 4.1.3 节中介绍。但无论何种规模的 GCS，从硬件组成上来看，通常都包括中心控制模块、人机交互模块和通信模块等，从软件功能上，通常包含飞行器和载荷控制、任务规划管理、数据存储和数字地图等功能模块。其模块组成和功能如图 4-1 所示。

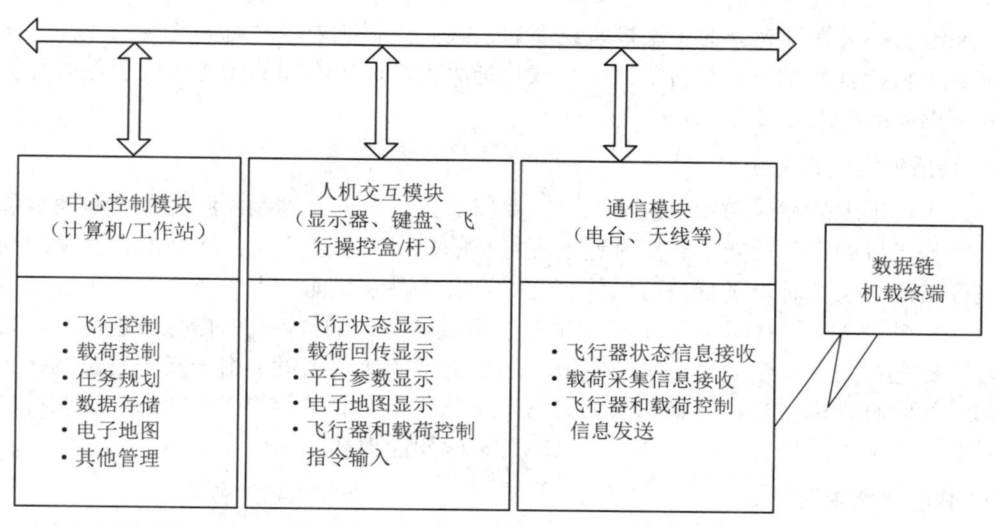

图 4-1　GCS 模块组成及功能

4.1.2　特点

无人机 GCS 作为信息接收显示及控制指令发出的中心，其实质是实现地面“人”与空中“无人平台”的交互。无人机作为一种特殊的航空飞行器，其人机交互系统在设计上源于有人驾驶飞机的相关技术，但其也有自身的特性，主要表现在以下几方面。

1. 环境适应性较低

无人机 GCS 一般采用固定式、车载式、便携式或手持式，都是在地面使用，甚至在室内环境中使用。在光照、振动和冲击等环境适应性要求上，GCS 远没有战斗机座舱那么高。同时，方舱式的 GCS 一般带有空调和暖风机等环境控制调节装置，操作环境远优于战斗机座舱。

2. 控制体验感弱

相比有人机飞行员，无人机操控员没有过载、振动和杆力反馈等操纵感受，加之系统处理和链路传输的时延，操控无人机时相对滞后，同时还容易出现数据链路工作不稳定和被干扰等现象，不能时刻对飞机进行操控，飞行体验感不强，长时间容易造成操控员意识疲劳。

3. 战场感知能力要求高

GCS 通过视距或卫星链路对无人机进行操控，无人机的各种状态信息都以数据的形式与操作员进行交互，这些数据是飞行员了解无人机状态的唯一窗口。较之于战斗机飞行员身临其境的操作体验，GCS 人机交互系统需要给操作员提供更全面和高效的信息，来提高操作员对飞机和环境态势的感知能力。

4. 集成化、自适应要求高

现代无人机已经具备很强的自主起降和飞行能力，一般情况下，操控员的主要精力集中在任务规划和载荷控制上。对无人机 GCS 而言，除了要完整地反映无人机的飞行状态，还要给操控员提供充分的无人机航线规划、载荷控制能力。面对如此复杂多样的信息，GCS 人机交互系统需要具备更高的集成化能力，以适应不同的飞行阶段和任务种类对无人机操控的要求。

5. 特情处置流程复杂

有人飞机出现故障或遇到应急情况时主要依靠飞行员的正确判断和处置来避免故障发展或影响飞机的正常功能，必要时通过飞行员的处置来挽救飞机，当情况极其紧急或达到飞行员跳伞条件时，飞行员可以放弃飞机，实施跳伞。而无人机飞行时由于操控员在 GCS 内，当飞机出现故障或遭遇应急情况甚至极其危急的情况时，操控员也可以一直尝试对飞机进行处置直至无人机平台坠毁，尽最大可能挽救飞机。由于指令发出到接到反馈的时间较有人机要长，并且观察到的飞机状态并非当前实际的飞机状态，因此特情处置时要求无人机操控员具有极高的想象能力、应变能力和预判能力。

6. 智能化要求高

虽然无人机操控可由多人协同完成，但是无人机正朝着“一站控多机/型”“无人机编队协同作战”和“有人/无人协同作战”方向发展，无人机操控员依然面临极大的操作压力。面对这样的挑战，无人机 GCS 人机交互系统需要更多样化的形态和更高的智能化程度，通过语音、触觉等多维感知方式给操作员提供情报、告警等信息，通过智能辅助决策系统为操控员提供决策参考。

4.1.3　分类

目前，小型无人机系统的 GCS 主要有便携式 GCS、手持式 GCS 和车载方舱站三种类型。

1. 便携式 GCS

便携式 GCS 需要具有防水、防撞击、防尘等功能设计，主要由便携式加固计算机、飞行操作盒以及保障设备等部分组成。

便携式加固计算机是 GCS 的核心，如图 4-2 所示。它负责完成飞行测控数据、伺服数据、视频图像数据的同步、接收、解码和编码，以及飞行控制、任务规划和航线控制、飞行参数、载荷参数、视频图像、地图航迹等信息的显示、记录与回放功能，为用户提供统一、便捷的图形用户界面和控制接口，是飞行器平台与任务载荷操作与监视的中心。

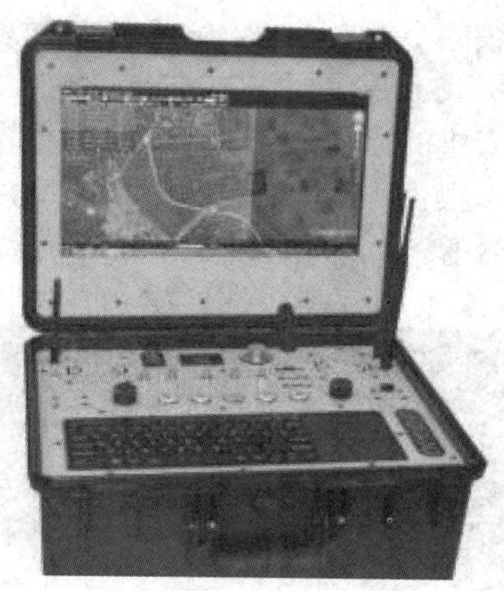

图 4-2　便携式加固计算机

飞行操作盒用于在无人机起飞和着陆阶段由飞行操控人员手持进行起飞/着陆控制，也可根据情况，在无人机巡航阶段进行快速手动操控飞机，如图 4-3 所示。

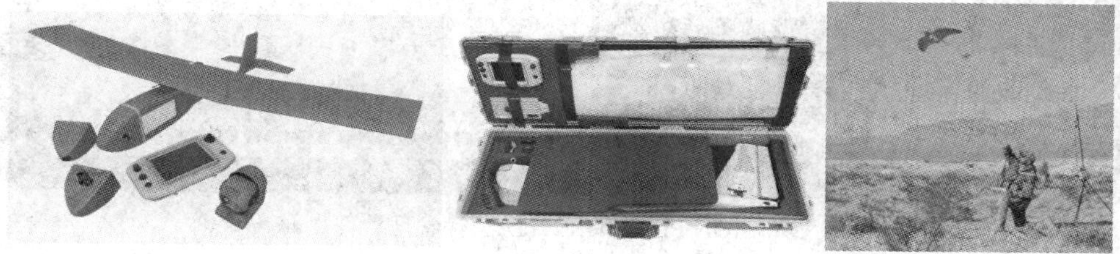

图 4-3　AeroVironment 公司的一站多型飞行操控盒

保障设备主要包含用于支持地面站运行、无人机起飞环境测量和地面位置定位等设备，以及存储、承载或运输 GCS 的设备或车辆等。

2. 手持式 GCS

对于一些微小型无人机，因其功能相对单一，往往仅作为近距离、低空侦察使用，在系统组成、飞行平台设计上相对简单，将其智能化飞行控制、载荷控制和显示模块等都集成到便携式 GCS 的飞行操控盒上，将地面站变成一种可掌上手持操作的设备，更适合单人随身携带并移动控制，如图 4-4 所示。

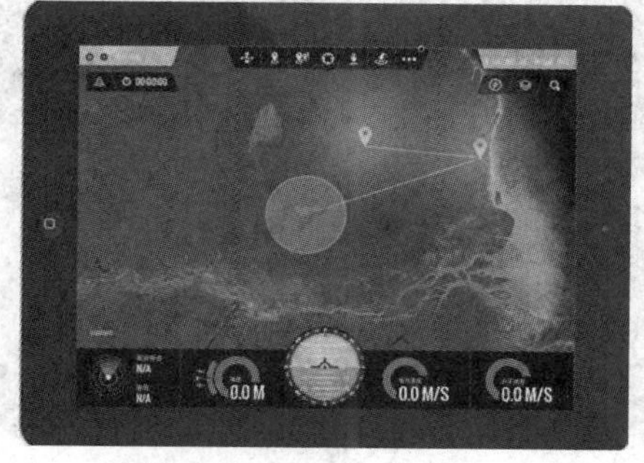

图 4-4　无人机手持式 GCS

对于一些用于航拍等消费级的小型无人机，GCS 更为简单。一部飞行遥控手柄和一部安装专门飞行管理软件的手机或 iPad 就可以构成一个无人机 GCS，通过 WiFi、蓝牙或者专用的数传电台实现对无人机的近距离控制，并且飞行软件还可以基于开源的无人机任务规划软件进行二次开发，很大程度上降低了开发难度，如 MISSION PLANNNER 和 Open Pilot GCS 经典开发平台等，如图 4-5 和图 4-6 所示。

图 4-5　MISSION PLANNER 开源飞行管理软件界面

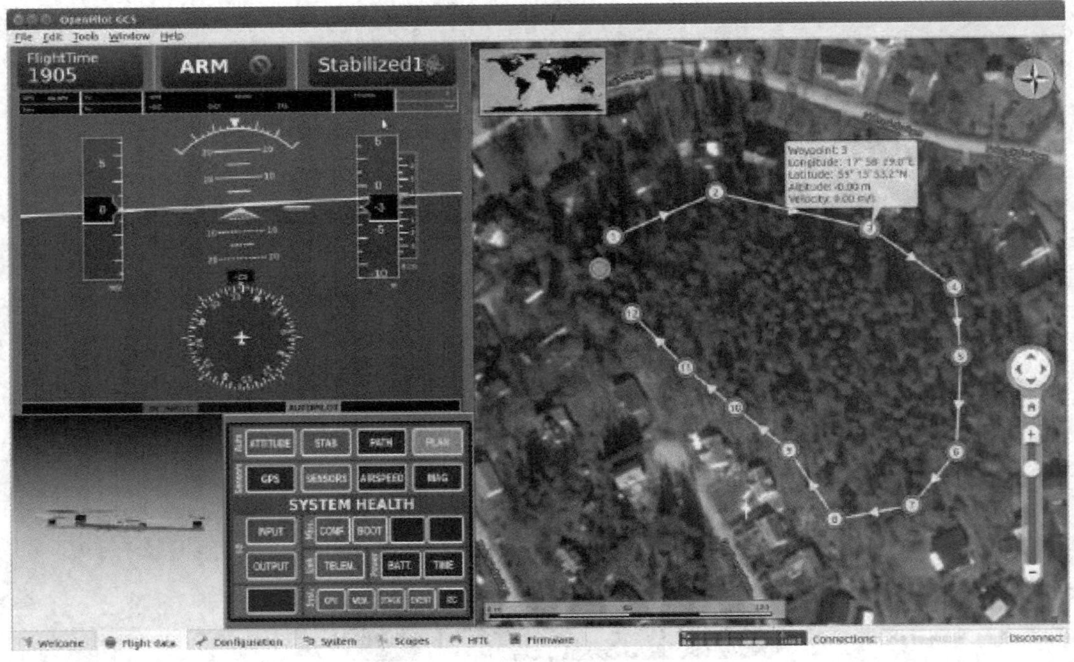

图 4-6　Open Pilot GCS 开源飞行管理软件界面

3. 车载方舱站

对于某些功能强大、体积较大的小型无人机，因其系统组成和操控较为复杂，续航时间和单次执行任务时间较长，便携式和手持式 GCS 已经无法满足需要，一般采用可车(舰)载的方舱站。例如，美国的 RQ-7 型“影子”无人机采用的就是可轮式装甲车运输的方舱站，该 GCS 不仅能够满足站内对飞机回传信息的接收、显示和处理，还可以依托美军战术通信网近实时地将图像与遥感数据传送到 E-8“联合星”飞机、全源分析系统(All Source Analysis System，ASAS)以及陆军战地火炮目标跟踪和指示系统中。

方舱内一般配备用于控制和处理的计算机和多屏显示器，能够显示电子地图、飞行器和载荷状态信息以及载荷回传的图像视频信息等，并通常按照飞行操控、载荷操控和通信链路要素等设置席位，必要时还有指挥员和专业情报分析员席位，方舱大小根据机组人员数量和需要设备决定。一般情况下，要求一个单独飞行器操控员和一个有效载荷操控员并排就座、相互协作，必要时设一个任务指挥员负责监视和指挥整个系统的工作情况。图 4-7 是一个无人机系统方舱型地面站的空间布局图，其中包含 3 个席位。

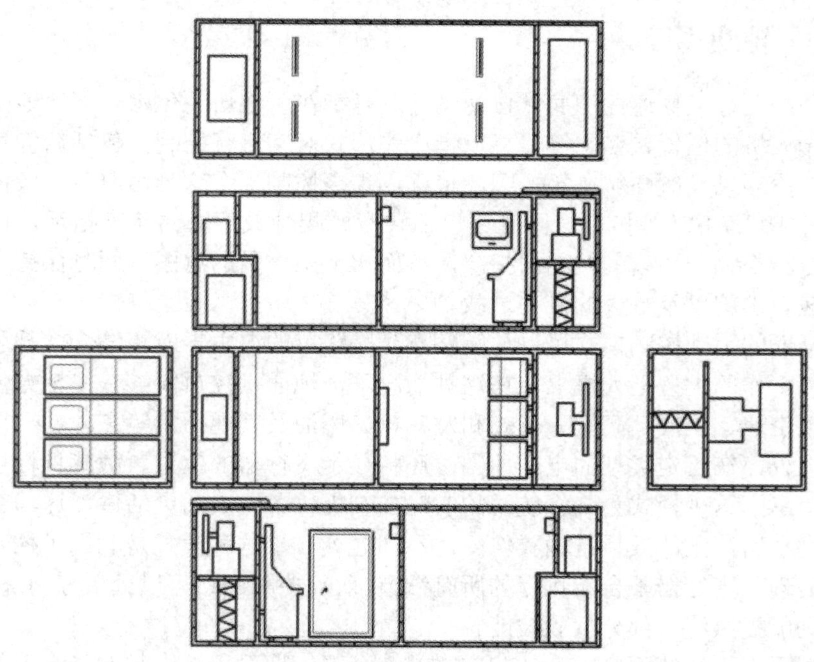

图 4-7　方舱型地面站空间布局图

4.2　飞行器控制

4.2.1　全遥控飞行

早期的遥控驾驶飞机在仅有少量甚至绝大多数都没有自动驾驶仪辅助的情况下，地面操控人员通过一部简单的无线电遥控器，通过目视观察飞机的飞行姿态直接遥控驾驶飞行器，这种飞行模式称为全遥控飞行。对于小型无人机而言，通常在近距离、视线范围内使用全遥控飞行。

在视线外时，地面操控人员必须基于机载摄像机和可视化的飞行仪表提示，利用机载传感器经下行数据链发来的飞机状态信息来操控飞机。在这种情况下，飞行操作员必须具有很高的飞行驾驶技术，包括在图像传感器失效或因为云雾的影响无法正常工作时，仅根据仪表驾驶飞行器的能力。早期的军用无人机，在起飞和降落两个阶段通常使用该模式，而巡航阶段的飞行则通过一种更加自动化的模式来完成。

如果数据链通过其他空中平台或卫星链路进行中继，则飞行姿态信息的下传和遥控指令的上传可能存在巨大时延，在这种情况下地面操控人员直接遥控驾驶无人机可能存在严重问题，特别是对于一些长航时、中远程的无人机。这个问题常与应对湍流、阵风和雷电等恶劣自然天气以及周围空域出现其他飞行器等突发情况密切相关。当在远程控制回路中存在巨大延迟时，最直接、最可能也是唯一的解决方法，就是采用自动—辅助驾驶飞行模式。

4.2.2　自动—辅助飞行

自动—辅助飞行又称遥控加局域自动飞行，是指在一定自动化水平下，地面操控人员根据当前无人机的位置、姿态等信息以指令的形式对其进行控制，包括俯仰角、飞行高度和速度、滚动以及航向航迹等，因此也称为指令控制。在这种情况下，操控人员给出右转/左转、爬升/下降等指令，同时还包括转弯、爬升或下降的速度指示，自动驾驶仪将这些指令转换为一系列的控制面指令，从而实现操控员的意图，同时保持飞行器稳定并避免失速、螺旋以及过大的机动过载。

自驾仪辅助的手动控制模式可以与航路点到航路点的自主导航相结合，甚至可以应用于在视距外工作的大型无人机上。在这种情况下，地面操控员能够获得全方位的视频图像以及包括空速、航向、高度、姿态和发动机、燃油及其他指示等在内的一系列飞行仪表信息。另外，在特定类型的电子地图上还将显示飞行器的位置、敏感目标位置以及飞行轨迹的信息。这种模式为飞行航线的实时控制提供了巨大的灵活性，这与直接遥控所提供的能力和所产生的效果是相类似的。不同之处在于这种模式是利用了控制回路和自动驾驶仪处理了飞行器平台所执行的所有细节，而且控制回路可以处置任何瞬时变化，自动驾驶仪则能提供绝大部分驾驶技能。

对于小型无人机系统而言，其 GCS 结构相对简单，地面操控人员对飞行器的操控绝大多数都是在视线内完成的，这种辅助模式可以作为无人机的主要操控模式。因为它实现简单，操作灵活，就像操控电子游戏一样。允许操作人员在野外操作，甚至有可能戴着手套操作。若地面控制站是一个小型手持式的简易控制台，该模式将地面控制站的航迹控制功能交给操控人员的大脑和双手，这就对操控人员的技能有更高的要求，要避免飞行器撞到地面或其他障碍物。在这种情况下，可能会要求使用此类系统的飞行器操控人员具有相应的飞行资质。

关于是否要求无人机操作员飞行资质的一个主要权衡方面是着陆过程的自动化程度。一般页言，固定翼无人机的着陆(主要针对滑跑式降落)对飞行员来说都是最难的一个环节，特别是在恶劣的天气、阵风或侧风的条件下。如果着陆是全自动的，那么无论飞行的剩余部分采用何种模式，对操作员驾驶资质的要求都可以放宽。

4.2.3　全自动飞行

很多现代无人机系统使用自动驾驶仪实现飞机内回路控制的自动化，自动驾驶仪对机载传感器的输入做出响应，以保持飞机的姿态、高度、空速和地面航迹，从而与来自飞行器操作员的命令或者存储的详细飞行规划保持一致，这种模式称为全自动飞行。

在全自动飞行模式下，地面操控人员对自动驾驶仪的输入可以表示为相对于地面的航路点地图坐标、高度和速度。在使用卫星导航定位系统时，操控员甚至不需要考虑飞行器飞行时的风向和风速即可处理空速和航向。通过卫星导航定位系统，自动驾驶仪可以实现必要的空速和航向变化，从而保证飞行器以期望的地速，沿着期望的地面航迹运动。在这种模式下，对无人机的操控功能完全是自动的，所涉及的最低程度人工干预是整个机组的负责人，对于小型无人机系统可能就是操控员，他只需要告知自动驾驶仪无人机接下来以什么样的高度、速度去哪里即可。这种控制模式又可以称为鼠标操纵飞行或键盘操纵飞行，因为它基本上是一个数字处理的过程，将坐标、高度、速度甚至可能是保存在库内的预先规划的机动动作(如不同形状的盘旋航迹)都汇总在 GCS 的计算机中，剩余的工作由自动驾驶自动完成。但是，纯鼠标操控飞行模式可能无法提供足够的实时灵活性以适应不断变化的动态飞行规划。例如，当机载传感器发现了某个敏感目标时，GCS 的操控员、指挥官或专门的情报人员为了更加详细地对目标实施观测和判别，飞行操控员一般需要改变飞行航线以获得不同的视角再次观察。这种情况下，纯鼠标操控飞行模式则需要对飞行规划进行修改，即使有专门的软件工具也不够灵活，而对用户更加友好的方法是使用自动—辅助飞行模式，即操控员或者指挥员采取半手动模式控制飞机，将飞行规划暂时停止。

可见，纯鼠标操控飞行模式在驾驶飞行器方面代表着最高层次的自动化水平，可以被描述为完全自动化飞行。即使出现湍流或其他意外事件发生时，仍然能够成功执行飞行规划而不会发生事故。甚至可以说：如果飞行器上有“乘客”，那么该乘客都无法判断座舱内是否有飞行员。

另外一类全自动飞行模式在微小型无人机中也十分常见，即采用“一键制式”航线飞行模式。例如，当操控员发现有感兴趣的目标时，只需按下“目标锁定”键，飞机就会立即中断当前任务，进入一个临时的“铁塔盘旋”飞行状态，按照一个安全的高度和半径绕着目标“注视”飞行，直到操控员撤销该指令。又如，当操控员需要紧急撤回飞机时，按下“回家”键，无人机会自动采取最短捷径直接返回出发前标定的“锚点”，即 GCS 所在“家”的位置。“一键制式”通常将最常用的飞行动作固化到自动驾驶仪内，具有比纯鼠标操纵飞行模式更高效、更安全、更简便的特点。

4.2.4　自主飞行

至今为止，就 GCS 对无人机的控制方式而言，除了前面所述的全遥控飞行、自动—辅助飞行和全自动飞行之外，还有一种更高水平的控制方式，即自主飞行。这种方式意味着无人机在没有人工/外部干预的条件下，能够通过在线环境态势感知、信息处理自主地生成优化控制与管理策略，规避危险，完成指定任务，并且具有快速、高效的动态任务适应能力。根据自主程度，自主飞行可分为全自动加局域自主飞行和全自主飞行两个阶段，前者是目前的最高水平，而后者在可预见未来即将实现。

可以看出，如果无人机进入自主飞行模式，则在整个任务期间几乎完全由系统自主实现，而弱化了“人”的功能，即 GCS 由以“飞行”为中心变为以“任务”为中心。但是，需要注意的是：无论怎样给无人机下定义，也无论无人机采用什么飞行控制方式，有自我独立工作能力应是其本质属性，但不变的是无人机由人使用，人是无人机的“主人”，无人机必须听从人的管控，无人机自我独立工作权限自然是由人随时进行设置的。显而易见，为实现无人机的功用，无人机的结构与能力是在制造它时构造的。作为无人机系统的必要组成部门，即使无人机实现了完全自主化，也不能没有 GCS，即“人”的必要干预。因此，这里我们不再区分两个阶段，对自主飞行模式下“人”(地面控制站)与“机”的关系进行分析。

无人机实现自主行为方式的基本前提是：系统必须具有独立自主信息获取能力、独立自主信息处理与决策能力和独立行为执行能力。其中，独立自主信息获取能力是基础，独立自主信息处理与决策能力是自主的核心，独立行为执行能力是最终的表现。对于无人机而言，要实现信息的自主获取、处理与应用以及任务决策，就需要构造代理机构来实现。至少要有两个代理：一是在飞行器上的代理，实现完善的自主智能管控，其作用最为关键，是核心功能构件，没有此代理，无人机就无法实现真正的自主智能使命；二是在地面上的代理，即 GCS，完成指挥员(或操控员)的指令构造与分发。

由于“机上无人”且“人在回路”，所以对于自主飞行模式下的无人机而言，OODA(Observation Orientation Decision and Action，观察、判断、决策、执行)循环的所有环节最好都能由系统来自主完成，即完全由机上代理实现，并形成控制闭环。这样，机上代理必须具有相应的感知认知能力、评估判断能力、规划决策能力和控制执行能力等。但是，考虑无人机在实际使用中除了自身外，其应用场景的主要元素一般还包括自然环境、遂行任务、敌对力量、友方力量和操作/使用者等。必须综合考虑上述各方面元素的影响，尤其是必须通过己方力量的交互、融合与协同实现面向飞行和任务的有效资源管理、调度与控制。因此，除了机上代理要具备上述 OODA 循环实现所必备的能力外，必须要有地面代理提供相应的人机融合、多机协同、权限设置、任务安排和决策生成等功能。

4.3 载荷控制

4.3.1 (伪)成像载荷控制

以可见光/红外摄像机为典型代表的成像和以 SAR 为典型代表的伪成像载荷，为情报侦察和态势感知提供了一个直观、有效的手段，但同时也给地面操控人员职能的自动化即对载荷的自动化控制提出了挑战。即使再先进的图像识别和处理技术也不能完全取代“人”的行为，因为人类的眼睛和大脑对图像的解读能力是远非任何计算机所能比的。

GCS 对无人机机载成像和伪成像载荷的操控分以下三种情况：

第一种情况，如果机组成员编有专门的情报分析人员对回传图像进行解读、识别，或者用户对传感器载荷的功能要求仅是将所获取的图像信息回传或者记录保存，而不需要地面操控人员实时地解读、识别并做出决定，则操作员的任务仅是将传感器对准正确方向，开启、关闭或者调整参数即可。这些简单的载荷操控功能已经完全实现了自动化，在 20 世纪五六十年代前的无人驾驶侦察机上就已完全实现了。

第二种情况，GCS 具有自动目标识别检测和相应的自动后续处理功能，不需要人为过多干预。

自动目标识别检测是一个不断发展的重要研究领域，把传感器与信号处理相结合，能在嵌入噪声和杂乱背景的条件下，自动发现某些指定类型的目标，如输电线通道上植被覆盖情况、被掩体覆盖的地表工事、地面移动的装甲车辆和海面上的船只等。

在自动目标检测的基础上，GCS 还会根据情况自动给无人机发送指令，调用其他载荷对目标进一步观测，最典型的就是光电联动。光电联动是指机载雷达载荷发现感兴趣目标并进行识别确认后，能够自动引导光电摄像机等成像载荷对目标区域进行聚焦，做进一步细致观测。一种典型应用就是在海上进行目标识别。茫茫大海，漫无边际，如果单纯依靠成像载荷寻找可疑目标(船只)，则靠操控人员肉眼发现几乎不可能。如果利用雷达载荷，依靠现有技术完全可以从复杂的海上杂波中提取出船只信息，但雷达所形成的伪图像无法满足使用要求，这时通过激光测距、卫星导航位置信息以及无人机姿态信息等，将光电摄像机的焦距自动对准可疑目标范围，对其进行进一步细致成像观测。

第三种情况，是在第二种情况基础上的后续处理。若目标正在移动，并且传感器能确定这一点，如果用户需要，地面操控人员就要对该移动物体的特征进行进一步描述。在过去的几十年间，在实现不同层次的进一步描述方面取得了一些进展。但仅仅应用于较小的区域，只包含感兴趣的物体或周围仅有极少量或没有其他物体时，这些方法中的大多数是非常有效的。因此，当前最成功的自动目标识别方法也仅仅是用在检测到可能感兴趣的物体后的进一步描述阶段。

相对于有背景噪声并且杂乱的图像或伪图像，如果物体不具有某些明显突出的、有别于背景的特征，那么就需要地面操控员实时、动态地操控载荷甚至操控飞机。地面操控人员依靠自己的眼睛、大脑对需要近距离观察的事物进行检测和识别。目前技术状态的结果是，在一般的成像或伪成像情况下，图像可能需要实时下传给地面人工操控员，则操控员必须能够控制(伪)成像传感器指向和放大功能，从而能更近距离观察可能感兴趣的目标物体，或者放大景物来进一步描述检测到的事物。这至少意味着，需要具备改变飞行规划的能力，从而可以从不同角度观察某物或者获得更多的时间来仔细审视。

如果仅依靠操控员肉眼进行观测而没有周围图像帮助其获得较宽阔的视野，则无法满足需求。在某种程度上，再次观察需求也可以通过图像回放和定格图像的功能来实现，这时操控员可能需要计算机的协助来执行对指定区域的系统化搜索。

4.3.2 通信及 SIGINT 载荷控制

在第 3 章中，主要是从用途的角度出发，将通信载荷和 SIGINT 载荷分属两类任务载荷，即无人机搭载通信载荷担负己方的通信保障，对己方通信系统功能进行增强，而无人机搭载 SIGINT 载荷侦测对手的信息通信信号，或破坏对方的信息通信系统。但是，两者实际都是对通信信号的处理，只是处理方式不同，前者是中继，后者是拦截或干扰。因此，GCS 对两类载荷的操控有很多相似之处，本章将其放在一起进行阐述。

在对通信信号进行中继时，无人机任务规划、GCS 对飞机平台以及载荷的操控比较简单，主要涉及无人机需要在某个区域盘旋，通信载荷要对某些确定频率和波形的信号进行中继转发。只要任务规划不改变，目前的技术就足以确保无人机能够以很高的自动化程度运行。如果因为载荷故障或者主观原因需要对任务进行调整，也只需参考异常报告，操控人员进行相应的处理或按照需求临时变更任务规划。

在对通信信号进行拦截时，任务规划同样涉及控制飞机平台在某位置盘旋，载荷接收某些确定频带和波形的信号，与中继不同的是还需要附加一个实时信号分析处理功能。该功能也在很大程度上能够做到自动化，但由于绝大多数属于军事应用，因此公开的信息并不多。按照基本原理至少可以根据频率和波形对某些信号进行分类，对拦截的语音信号或数据流进行关键词扫描都是有可能的。但是，在某些时候，可能需要对拦截的信息进行人工评估，以确定是否需要将拦截信息转发给用户。如果对所拦截信息的实时使用是任务的一部分，那么在拦截信息的评估过程中可能需要某种程度的人工干预，但并不需要 GCS 采取任何措施，因为其仅限于将原始信号或处理过的信号下传，并且自动将下传的信号信息转发给需要的用户，如专门的情报分析机构或者人员。

因此，一般的信号拦截任务也在很大程度上实现高度自动化，正如通信中继任务那样，只需结合同样的异常报告和干预支持的功能。

4.3.3 气象、环境监测载荷控制

气象、环境监测类载荷控制任务需要监视飞行器上的特定传感器感知到的信息，并下载数据或将数据作为时间和地点的函数进行记录，在这个意义上此类任务与信号拦截任务类似。如果不需要对异常数据进行实时或近实时的处理，则任务规划包括按飞行计划飞行，同时操控传感器，最多也只是监视传感器的运行情况。这类任务可在只有异常报告和干预的情况下全自动执行。

对任务规划的某些简单修改可以自动完成。例如观察读数，当辐射等级超过阈值时，GCS 则插入一个预先规划的搜索模式，以便将读数标记在某一区域地图上。这类任务也可以高度自动化执行，包括一些对飞行规划的自动修改。但是系统往往会将触发任务规划发生变更的任何读数视作异常情况，并将其报告给 GCS，以便在飞行规划发生任何变更时引入某种程度的人工干预，即使这种干预仅仅是认可某个自动“决策”

来执行某种搜索程序。在这种情况下，操控员的反应可能表现为拥有一次否决该自动决策的机会，而系统设计允许在未收到否决命令时执行其自动选择的决策。

4.4　任务规划和控制

4.4.1　任务规划的内容

无人机任务规划是指根据无人机所要担负的任务，结合无人机自身性能、任务特点和相关飞行区域的自然情况，为无人机制订飞行航线，并在整个任务过程中对无人机及其相关任务载荷进行控制，以完成任务。当使用“一站多机”模式时，除了航迹指定之外，还需要进行任务分配。

与有人驾驶飞机一样，起飞前的预先规划是无人机系统成功完成任务的关键因素。规划的复杂程度取决于任务的复杂程度。但是，即使在最简单的情况下，例如去监视一个路口或一座桥梁、报告监测点的交通流量，也需要 GCS 进行相应的任务规划，包括：接近和离开该监测点的飞行路径，选择监视该点时飞行器盘旋或悬停的区域，在进入该区域时规避防空威胁，与空中管制部门相互协调。为了避免在飞行过程中发生空域冲突，在起飞前选定一个或多个盘旋点也可能很有必要。在这种情况下，规划功能就必须把要使用的传感器类型、关注的区域及传感器视场和有效作用范围等考虑进去。例如，如果传感器是电视摄像机，那么太阳光线对观测目标所造成的影响必须考虑进来，因此必须选择合适的盘旋点。另外，如果地面高低不平或植被茂盛，就必须事先选择合适的盘旋点以便在观察目标区域时能有良好的视野，或者考虑是否需要使用其他侦察载荷，如 SAR 等。上述这些因素通常需要在飞行前认真考虑，并进行合理规划。但是，有时在准备时间短、任务紧急的情况下，先飞至目标区域，再寻找合适的位置，或者边飞行边规划也是可以接受的。

当 GCS 配有自动规划辅助系统时，即使对于执行如前所述非常简单的任务，也是很有实用价值的。这些辅助功能一般具有以下功能：一是支持某种图形输入设备(如鼠标、触摸屏等)把飞行航迹叠加到数字地图显示屏上；二是对选定的飞行航迹自动计算飞行时间及燃料消耗；三是提供一个可以添加到飞行规划中的标准飞行航段库，并能针对任务特点对航迹进行优化；四是能自动记录飞行航迹，并且能够用于在任务中控制飞行，以及用空域管理元素来编排归档飞行规划文件；五是基于数字地图数据或地理信息系统解算出合成图像，显示出在不同的巡逻位置和高度时的观测视场，以便选择出对执行任务最有利的位置。

在上述功能中，飞行航迹自动记录功能非常有用，可以减轻后期具有完全相同或部分阶段相同的任务规划工作量。后期要执行飞行规划的某一阶段，只需要从存储器或执行过的指令中调出即可。例如，某次任务规划可分解成从发射到飞向第一个巡逻点的飞行、在指定巡逻点上空的飞行(盘旋或悬停)、飞向第二个巡逻点上空的飞行以及返回到回收点的飞行，操作员只需按照飞行规划依次激活各个任务规划段即可执行飞行任务。此外，灵活的软件系统允许操作员从各个点退出或进入预定的任务，而只需最少量的重新规划工作。例如，如果在飞向预定巡逻点的途中观察到一个感兴趣的目标，就可以暂时挂起预先规划的航段并进入几个标准盘旋航线之一，仔细观察目标，当接到恢复预先规划的命令后，无论飞机在哪个位置，都可恢复执行预先规划的任务段。

对于可能包括数个可选的子任务的复杂任务，在规划时要重视航时和油耗情况，以便在飞行的总航时内能按时完成全部子任务。为了辅助此类规划，要有一个标准任务规划库。例如，对以特定点为中心的小区域进行搜索的航线程序库，输入可能包括指定点的地图坐标、飞行高度、以该地点为中心的搜索半径以及观察该区域的视场方向，还包括预期的目标区域地形特征、待搜索目标的类别等。基于专门针对特定地域中目标类别的已知传感器性能，航线程序库将对任务进行规划，得到包括目标最优距离、相应传感器的工作参数以及搜索该区域所需的总时间。形成的规划将插入总飞行规划中，该子任务所需的燃料消耗电量及时间也会添加到总任务中。由于各个子任务段都会添加到任务总库中，因此规划人员就能够监视总的任务时序安排、各子任务之间的相互兼容性以及总任务与航时的兼容性。

尽管上述所有规划过程都可以由人工借助于手册或依靠操控人员丰富的经验来完成，但是无人机使用经验表明，在任务规划的自动化上投入的努力可以获得极大的回报，主要体现在系统对操控员技能的接受程度以及对飞行器资源的使用效率。

最后，对于“一站多机”控制模式以及无人机集群应用，GCS 的任务规划还包括任务分配，即在给定无人机种类和数量的前提下，基于特定的战场环境和任务要求，充分考虑无人机状态及其载荷性能的不同，为系统中不同类型或者相同类型的无人机安排一个或一组任务序列，实现代价最小化或效能最大化，使无人机集群作战的整体效率达到最优。该问题是一种多目标组合优化问题，受无人机数量及类型、任务之间时序、无人机负载均衡、实时性等约束，其目的是建立无人机与作战任务之间的某种关联和映射关系。其具体规划结果包括作战飞机资源分配、敌方目标分配、飞行路径、有效载荷计划、链路使用方案和应急预案等。

4.4.2 导航及目标定位

导航是无人机获取自身位置的方式，为地面操控人员对飞行平台进行可靠控制提供支撑；目标定位是无人机获取地面、空中侦察目标精确位置信息，为地面操控人员、专职情报分析员或支援对象全面、准确掌握目标信息提供支撑。相比而言，前者是出于对飞行安全的考虑，后者是出于任务完成的考虑，并且前者是后者的基础。

1. 导航定位系统

在许多早期的无人机中，通过数据链路获得方位角和距离数据，从而确定飞行器相对于 GCS 配属天线的位置，而天线本身的位置可事先测得，进而得到无人机的位置信息。后来，随着卫星导航定位技术的发展以及相关设备的低成本和小型化，早期那种依托数据链的导航形式已经被卫星导航定位系统和机载绝对位置定位系统所代替，卫星导航定位技术已经成为一种标准的无人机导航系统。

当前，全球有四大卫星导航定位系统，即美国的 GPS(Global Positioning System，全球定位系统)、中国的北斗、俄罗斯的格洛纳斯和欧盟的伽利略，其中美国的 GPS 建设和使用最早，目前也是使用最广泛的。因此，这里以 GPS 为例讨论卫星导航定位系统在无人机中的使用情况。

GPS 的基本原理是利用测量与三颗卫星的距离(已知卫星的精确位置)来确定地球表面上接收机的位置，若已知与四颗卫星的距离，还可确定高度信息。该系统的军用版有 5～15 m 的精度，而民用版只有 100 m 的精度。如果有一个或更多个地面服务基站的位置精确信息，则通过差分修正可以得到更高的定位精度，这些地面基站距离 GPS 接收机可以有 100 km 远。采用差分 GPS 方法，增加地面基站可获得 1～5 m 的定位精度，即使是民用版 GPS 也能做到。来自卫星的 GPS 信号是以直接扩频模式传输的，这一模式使信号具有抗冲突、抗干扰和抗电子欺骗的能力。差分 GPS 也可以使用抗干扰的信号模式，不过目前大多数的民用系统并没有采用。

尽管如此，包括无人机在内的飞行器还会使用其他导航定位系统，原因为：一是卫星导航定位系统在战时可能受到反卫星武器的摧毁；二是卫星导航定位系统(如 GPS)特别是更精确的差分模式非常容易受到电子干扰；三是卫星导航定位系统都是世界上少数国家掌握控制，而且目前在各领域内都高度依赖，那么在特殊时期可能受到限制性使用。因此，当前无人机都是采用以惯性导航、卫星导航、多普勒导航和视觉导航等方式为基础的两种或两种以上组合导航方式。

2. 目标定位

无人机无论以何种方法确定飞行平台位置，都需要进一步确定飞行器传感器至目标的角度和距离，这两个量定义了两者间的矢量。其中，角度最终还必须用大地坐标系而不是飞行器机体坐标系来定义；GCS 通过读取传感器组件上云台指向角度来确定传感器视线相对于飞行器机身的角度，与飞行器机身的姿态信息相结合后，就可以确定目标在大地坐标系下定义的角度值。

飞行器在大地坐标系下的姿态通常依据 GPS 数据而保持，但是 GPS 提供的方位信息更新速度较慢，在快速机动或遇上大气湍流时无法保证足够的精度。这种情况可以通过使用机载惯性导航设备来解决，并且必须具有足够宽的带宽来支持控制回路，该带宽大体与机身运动的带宽相当，将机载惯性导航系统的高带宽航迹推算结果与大地坐标系对齐。目标定位所需的精度可能远远高于完成自动驾驶操作所需的精度，因而飞行器惯性导航设备的性能指标应该由目标定位需求决定，而不是由自动驾驶需求决定的。

由于飞行器平台和地面目标绝大多数都处于相对运动状态，即使当传感器正在观察地面上一个固定点时，飞机也需要围绕目标进行盘旋，因此传感器要相对于飞行器机身转动，而飞行器机身总是处于运动之中的，所以必须在同一时刻及时地确定所有的角度。这就要求飞行器能够同时采集两组数据，或是对两组数据以足够高的速率进行采样，确保两组角度数据的相邻样本时间间隔比传感器或飞行器机身做出明显动作的时间尺度要短一些。依据数据的采样方式，可能要给数据加注时间标记以便在进行解算时使两个不同来源的数据相匹配。计算出目标位置所需的最后要素是飞行器到目标的距离，如果载荷配有激光测距仪或雷达传感器，这个距离就可以直接确定。同样，距离数据也需要加注时间标记以便和适当的角度数据进行匹配。如果使用的是被动传感器，就需要用下列方法来确定距离：

一是当飞行器在已知航线上进行飞行和爬升时，通过测量一定时间内方位角和高度角的变化，利用三角测量法可获得距离数据。对于较短的距离和相对精确要求较高的角度测量，这种方法足以满足要求，尽管其精度比激光测距或雷达测距低。如果使用军用精度的 GPS 来定位飞行器，被动三角测量法就能提供足够高的精度，把总误差控制在 50 m 内。

二是如果有数字化地形图，就有可能计算出视线角定义的矢量与地面的交点，从而求出地面目标的位置，甚至不用明确地计算出到飞行器的斜距，这种计算方法要求获取飞行器的准确高度。一个相对精度较差的方法就是假定地面是平坦的，在进行类似计算时不考虑地形的高度变化。

三是可以使用一种基于视距测距原理的被动测量技术，即测量目标所对应的视场角，然后基于假定的目标线性尺寸来计算距离。在无人机系统中，这一过程可以更加精细地执行，操控员可以抓取目标图像，定义目标轮廓边界，标明目标类型，然后以存储的该类型目标的尺寸为基础进行计算，必要时还可以旋转存储的目标图像与操作员所划定的轮廓相匹配。虽然对于地面站的工作人员而言，上述过程十分辛苦，但当系统没有主动测距仪、无法获取精确的高度和姿态信息时，这可能就是唯一可行的方法了。

4.4.3 需要考虑的因素

以军事应用为例，地面操控人员(机组)在对无人机系统进行任务规划时，需要重点考虑以下因素。

1. 地面支持

由于无人机在空中执行任务时与有人机一样离不开地面保障力量的支持，因此在规划时除了任务空域和任务目标之外，还需要考虑地面支持。这就需要对无人机可能的作战区域和起降地域进行调查，如地形是否满足返航、起飞和回收条件，以及通信链路是否存在遮挡而影响正常工作，要尽量避开人员密集、高压电线、通信电子设备集中区域；同时，也必须对 GCS 的位置及其通信链路进行充分考虑，要远离无线电发射装置，确保无人机和 GCS 之间链路无干扰，一机多站控制模式下还要满足通信、任务及控制权的交接；另外，对于起降方式不同的无人机，还需要考虑发射和回收场地的面积、地貌情况。以美军典型的小型无人机 RQ-11B“渡鸦”和 RQ-21A“影子”两种无人机为例，前者使用手抛发射触地回收，而后者使用弹射发射和网钩回收，需要更大的发射回收场地，以满足起飞和降落条件，并且要与发电机等地面保障设备保持一定距离，并确保地面人员的安全。

对于微小型手抛式无人机而言，最理想、最方便的发射场地就是建筑物屋顶，所选择的建筑物应该高于周围建筑物，确保周围空旷，即使在无风的情况下也能起飞。GCS 天线位置越高，通视效果越好，链路信号质量越强。但为了保证操控人员的安全，在发射后，操作人员可携带便携式控制站隐蔽到建筑物周围或者室内。

2. 生存安全威胁

对无人机造成损毁的敌方火力主要是小型武器和防空高炮。但是，许多战术、策略和技术因素都会给无人机造成威胁。对于无人机而言，不仅是本身脆弱，整个系统的可生存性还取决于 GCS、操作维护人员以及一些相关的方法措施等。和前线作战人员一样，小型无人机的操作人员也会面临小型武器等直接或间接火力的威胁和影响。主动和被动威胁都会导致无人机执行任务能力降低，甚至丧失。

因此，在任务规划时应该采用操作风险管理应对流程对战场环境及其可能对无人机的影响进行评估。对无人机容易受到的火力威胁以及附近其他系统操作对 GCS、机体平台、载荷和通信链路的干扰，应进行脆弱性和敏感性评估。

3. 空域安全

军事空域管理机构负责无人机的安全操作和融入整个军事空域。这就需要在制订任务规划时，GCS 操控人员按照相关规定，与相关空域管理机构不间断沟通，并且制订专门的计划。在飞行过程中，无人机的操作员也应该服从空域管理机构的指导。

4. 天气

天气是航空业务中必须考虑的因素，对于规划无人机作战也特别重要。规划员和操作员都必须对可能影响无人机应用的天气因素进行充分考虑。绝大多数无人机以及任务载荷都会受到降雨、风和温度等的影响，比空气轻的、慢速飞行的无人机更容易受到强风的影响，小型高速螺旋桨会受降雨和颗粒碎片的影响，光电红外传感器在穿透灰尘、雾和云层后，能力也会受限。

5. 通信

无人机的控制和操作高度依赖数据链。绝大多数无人机数据链依靠 L、S 和 C 波段的直视链路(Line Of Sight，LOS)，可以是数字信号，也可以是模拟信号，并且一般都有“一主一备”两套链路。在进行任务规划时主要考虑以下三方面问题：

一是频率规划及电磁干扰。无人机受性能限制，只能操作在一段特定的频率范围内。此外，许多通信系统，例如 GPS、卫星通信系统以及本地 UHF 系统都容易受到电磁频谱干扰。因此，GCS 任务规划人员必须要与相关的频谱管控人员协商，为无人机分配专门使用的频率。同时，规划人员必须考虑 GCS 周边的其他电磁发射情况，避免无人机受到电磁干扰，包括恶意敌方干扰、民用设备干扰以及友邻部队的干扰等。近地表传播的电磁波，例如陆地通信系统发射的电磁波对无人机系统的干扰最大，还有海上使用的无人机也容易受到舰载电子通信系统的干扰。为了消除无意的友邻干扰、恶意敌方干扰以及上行下行链路间的干扰，上下行数据链都必须足够安全，并且只允许授权机构才能对其进行访问。

二是 GCS 机组成员、被支援对象和空域管理机构之间的通信。理想情况下，无人机机组成员应该与被支援单元作战相关要素和情报部门保持直接面对面或者依托通信系统的联系，这样情报部门和作战部门之间相互协同，可以增强作战效果，尤其是在对时间敏感的应用场合。而机组成员与空域管理机构之间的通信对于飞行安全很重要，必须在整个任务期间都保证畅通。通信方式包括有线电话、卫星通信系统(SATCOM)和

VHF/UHF 无线电网络。当 LOS 受距离限制，VHF/UHF 网络无法通信时，带有移动中继设备的其他无人机平台也可以为无人机机组成员和被支援单元提供通信链路。

三是时延问题。一方面，GCS 机组成员控制指令输入和状态信号接收之间存在时延，如果这个时延过长，那么机组人员可能会在他们看到无人机响应之前多次发出控制指令，这类问题尽管通常是在研发过程中由工程设计人员考虑的，但是机组人员在使用过程中也需要注意；另一方面，从事件发生到画面回传至机组人员或地面操控员或被支援单元也需要时间，他们要理解两者画面上的时差，并且事件实际发生时刻与他们所看到的画面之间的时差应该按照秒甚至毫秒计量，这对于用户而言非常重要。

6. 意外事件

一是无人机系统通信链路中断。这对于无人机是非常严重的紧急情况，因为与有人机飞行员不同，无人机操控员完全依靠通信链路和设施对飞机进行控制。当无人机系统感知到明显的链路时延或者上行链路中断时，飞机将自动进入返航模式，即按照预先设定的航线、高度回到预先指定的位置。在这一过程中，机组成员要努力恢复与无人机之间的通信链路，一旦通信联络重建，机组成员就要做出下一步决定，即继续执行任务还是返航维护。

二是飞行紧急情况。在规划时，必须要充分考虑可能出现的飞行紧急情况，如前面所述的链路中断、飞行平台及载荷故障、气象变化、飞行特性改变、触发优先级更高的任务以及受到干扰无法正常工作等。上述情况发生后，GCS 机组人员必须对任务规划进行相应的改变，或者启动应急备用方案，包括相应的无障碍物飞行路线、最低风险航线、“冒险”问题和其他空中管理工具的使用等。机组人员要执行紧急程序，并通知相关空中管制机构，对由于紧急情况导致的航路改变进行沟通协商。在操作过程中，如果因为故障原因需要紧急迫降，则也要考虑使用预先计划的紧急迫降点。紧急迫降点的选择应该基于对系统损失最小化，并且便于回收，避免人员和平民受伤。

7. 值班及控制交接

指挥员必须考虑到无人机机组成员会出现疲惫的可能，需要确保编组中有足够的人手来完成任务，应该基于作战状态合理安排人员分工。必须对一些危险状况充分考虑，如在敌方或民用空域飞行以及无人机操控员状态不佳等；另外，相比有人机飞行员，无人机操控员所涉及的疲劳问题不同，但却同样影响安全和任务执行效果。例如，在超长时间的监视任务中，这种枯燥无味会导致操控员精力分散，进而忽视对关键目标的识别、对通信的关注等。例如，美军规定大型长航时无人机机组人员每 8 小时轮换 1 次，在指挥员的允许下可延长至 12 小时，因此小型无人机机组也应根据工作时间视情采用相应的交接班制度。

此外，任务规划员要考虑到意外情况下，无人机的控制权需要从主要 GCS 交接给其他 GCS。例如，控制交接是中心辐射型作战的固有特征，无论作战环境如何，都需要完成。这种情况包括：在紧急情况下，GCS 将无人机的控制权交给另一个 GCS，或者被所支援单元直接取代 GCS 替换操控无人机，以及 GCS 重新获得无人机的控制权等。这种控制权交接对于多站多机应用场景是非常重要的需要考虑的因素。

4.4.4　任务控制

这里的“任务控制”是用来描述 GCS 操控人员应该“做什么”，而不是“怎么做”。根据人参与的程度，可分为程序化自动控制和意外人为控制。需要说明的是，两种控制方式实际上都是机器与人共同完成的，都是一个自动和人工的结合，只是参与程度不同，前者以机器自动为主，后者以人工为主。

1. 程序化自动控制

在无人机执行任务期间，飞机平台上的飞控、数据链、各类传感器以及载荷等可以直接识别，或者人工很容易检测一些触发事件，如发动机的一般性故障、数据链的中断、GPS 信号丢失以及敏感目标的出现和变化，并且对这些具有明显特征的事件，无人机做出的反应也是很简单、可程序化处理的，不需要任何判别决策。通常情况下，在任务规划过程中，针对上述不同事件，GCS 机组人员已经制定了相应的处置预案，通过专门的自动化软件为无人机提供了一套预编程逻辑关系进行描述。比如，若事件 1 发生，就执行指令 1；若事件 2 发生且事件 3 也发生，那么事件 3 的优先级高，执行指令 3……

例如，无人机在执行化学、生物或辐射检测任务时，载荷传感器够对其所搜索的事物以全自动的方式进行检测。一旦实施了检测，根据预先编制的程序，系统可以查阅规则条款以获取对应的处理方法。这些规则条款可能会告诉计算机中断其预先规划的飞行，以便将其正在检测的对象分别标记，并且在绘制时能够区分不同的污染程度。这种自动化的任务控制方式引入了大量的自动化操作，极大减轻了 GCS 机组成员的工作量。

再如，这种控制方式也可以用于成像或伪成像侦察任务中，如无人机对地面作战区域中是否存在敌方装甲车辆等进行侦察时，成像或 SAR 传感器也许能够自动识别敏感目标，并自动采取一些简单的措施，如盘旋飞行，从各个角度获取数据，或者调整载荷的参数进行聚焦处理，或雷达引导光电载荷进行成像处理。这些工作都可以由程序自动控制，而需要 GCS 机组人员去做的可能仅是查看、确定整体情况，并上报给相关用户或被支援单元。

2. 意外人为控制

还有一类“意外事件”，如数据链的上传命令链路失效、气象变化、飞行特性改变以及飞行平台动力系统发生故障等，对这类事件的反应可能不是简单的、程序化处理方式，必须依靠 GCS 操控员的人为干预。

一个典型的例子就是飞行平台失去动力。这种情况有时会发生，因此必须提前预料。这种情况尽管也易于识别，但是处理就不能依靠计算机，必须依靠人，并且处置不当就会造成严重后果。有人机上的飞行员可以通过座舱对地面情况进行了解，根据自己的经验和飞行状态进行处置。而无人机则不同，这种快速检测批量无规则数据能力对于当前计算机而言无法实现，另外还需要考虑链路的时延，GCS 操控人员在判断和处置时，都需要考虑时间差。但是，事物都有两面性，因为机上无人，在处置这类故障时，GCS 操控人员需要考虑的安全因素相比有人机驾驶员要少。只要把对地面的损害降到最低，有意造成坠毁也是可取的，例如可以通过大角度俯冲坠入水中或无人的开阔地域来实现。

参 考 文 献

[1] 郭正. 无人机系统导论[M]. 4版. 北京：国防工业出版社，2015

[2] 袁继来. 无人机地面控制站软件的研究与设计[D]. 杭州：浙江大学，2013

[3] 贾永楠，田似营，李擎. 无人机集群研究进展综述[J]. 航空学报，2020，41(1)：1-11

[4] 李瞳. 小型模块化无人机地面站系统的设计与实现[D]. 西安：西安电子科技大学，2018

[5] 李大超，施展. 面向无人机指挥控制的下一代人机交互技术研究[C]. 北京：第十六届中国航空测控技术年会，2019：360-365

[6] 范彦铭. 无人机的自主与智能控制[J]. 中国科学，2017，47(3)：221-220

[7] 唐强，张宁，李浩，等. 无人机自主控制系统简述[J]. 测控技术，2020，39(10)：114-123

[8] 曹江丽，夏学知，李立夏. 无人机舰面控制站技术研究[C]. 第六届中指挥控制大会，北京：2018(9)：247-253

[9] 贾高伟，王建峰. 无人机集群任务规划方法研究综述[J]. 系统工程与电子技术，2021，43(1)：99-111

[10] US Marine Corps. Unmanned Aircraft System Operations [R]. Washington D.C.: DEPARTMENT OF THE NAVY Headquarters United States Marine Corps，2016

第 5 章　无人机地空信道

当前，随着无人机需求的增多，任务载荷的种类不断增多，对无人机地空数据链的传输速率、可靠性、实时性都提出了更高的要求。而物理层上的地空无线信道对通信系统的技术选择和参数设计具有决定作用，因此准确理解和掌握无人机地空信道的特点，对无人机数据链的设计至关重要。

5.1　信号传播特性

5.1.1　大气吸收损耗

大气中的各种分子都能吸收电波的部分能量。在无人机数据链最常用的波长范围内，水蒸气和氧气是主要的吸收源。在频率达到约 15 GHz 时，大气吸收造成的信号传输的损失非常小(100 km 的传输距离其损耗不足 3 dB)。但是，在更高的频率大气吸收损耗非常明显，特别是在 95～120 GHz 的频带，大气吸收会成为限制数据链路通信距离的一个重要因素，这段频率被称为大气窗口，因此除极短通信距离之外，绝大多数的数据链无法使用该段频率。

5.1.2　自由空间损耗

电磁波穿透任何物质都会有损耗，在空间中传播时的能量损耗，称为自由空间损耗。需要注意的是，自由空间损耗与 5.1.1 节中所述的大气吸收损耗不同，这里的损耗是由于穿透介质造成的，而大气吸收损耗是因为空气中的水分和氧气对电磁波的吸收造成的。地空信道的自由空间损耗的计算公式如下：

$$L(d) = 20\lg\frac{4\pi d}{\lambda} \tag{5-1}$$

其中，d 为通信距离(km)，λ 为无线电波波长(m)。

L 波段、S 波段和 C 波段的无线电波自由空间损耗如图 5-1 所示。

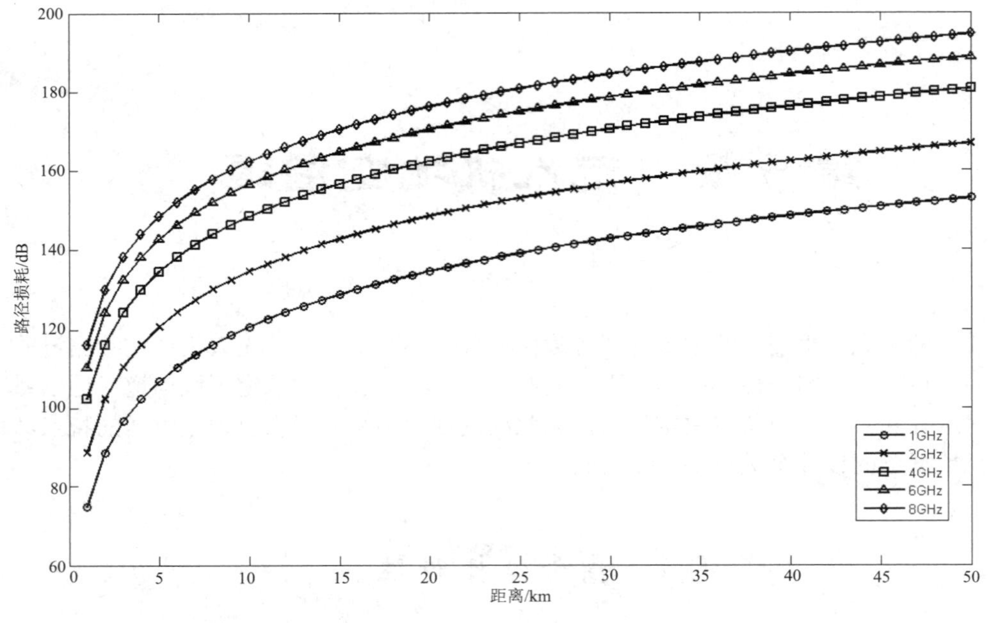

图 5-1　无线电波的自由空间损耗

考虑到无人机的飞行速度和通信系统的信号周期，以符号周期为尺度，这种损耗随时间变化很慢，几乎可以忽略。

5.1.3　雨衰损耗

雨衰是指电波进入雨层中引起的衰减，包括雨粒吸收衰减和雨粒散射衰减。前者是由于雨粒具有介质损耗引起的，后者是由于电波碰到雨粒时被雨粒反射而引起的。雨衰的大小与雨滴直径和波长的比值有着可比性关系，而雨滴的半径则与降雨率有关。实测结果表明雨滴的半径约为 0.025～0.3 cm，对于 L、S 波段而言，波长与雨滴半径相差较大，因此受降雨影响较小，可以忽略不计。而当频率在 C(高于 7 GHz)、X 和 Ku 波段时，电磁波的波长和雨滴半径可比拟，这时雨滴损耗不可以忽视。

雨衰损耗不仅与使用的电磁波频率有关，还与天线波瓣仰角有关。对于高空无人机而言，地面站和飞机之间以较高的天线仰角进行通信，可以使电磁波在空中“雨区”暴露的时间短，从而降低雨衰损耗；而对于超视距链路而言，通信距离远，天线仰角低，大部分的传输路径都处于“雨区”之中，雨衰损耗较大。以通信距离为 50 km 为例，暴雨(12.5 mm/h)对 15 GHz 和 10 GHz 两种频率所引起的雨衰损耗分别达到 100 dB 和 30 dB，即便是小雨(2.5 mm/h)对前者所带来的雨衰损耗也有 6 dB。因此，在设计应用于暴雨中工作的高频波段数据链时，必须考虑雨衰损耗。

5.1.4　阴影效应

当无线电波在传输路径上遇到起伏地形、建筑物、高大树木等障碍物的阻挡时，会产生电磁场的阴影。移动台在运动中通过不同障碍物的阴影时，就会造成接收天线处场强值的变化，甚至造成信号传输的中断，这种衰落称为阴影衰落。阴影衰落的深度主要取决于信号频率与传输环境。

电磁波一般是直线传播，但这种直线传播模式会因为以下几种效应而改变：一是大气密度的变化带来大气折射率变化，从而引起电磁波的折射；二是频率较低的电磁波具有较强的绕射能力，即在发射机与接收机之间有边缘光滑且不规则的阻挡物体时，该物体的尺寸与电磁波波长接近，电磁波能绕过与其波长相近的障碍物继续前进；三是无人机与 GCS 之间连接线上的障碍物引起电磁波的衍射，即可穿过障碍物的缝隙进行传输。对于较低频率的电磁波，非直线传输主要是由于第二个效应引起的，在一定程度上可以进行超视距传输；而对于频率超过几吉赫的电磁波，尽管第一个效应也会引起一定的折射传输，但通常只适用于视距通信，即要求发射机和接收机的连线上没有障碍物。

若将地球看作一个光滑球体，少量的大气折射也会使得电磁波(较高频率也不例外)沿水平方向产生轻微弯曲。一般的折射校正是将地球半径值看作其真实值的 4/3，相当于将“雷达地平线”向外移了相同比例，这种折射校正模型适用于海上通信场景，因为海平面可近似一种光滑的地球表面。然而，对于陆地上工作的数据链而言，上述这种光滑球面模型不适用，地平线限制是由位于数据链传输路径下方的地形及障碍物决定的，即需要满足第一菲涅尔区内无障碍物的条件。

菲涅耳区是指在收发天线之间，由电波的直线路径与折线路径的行程差为 $n\lambda/2$ 的折点(反射点)形成的、以收发天线位置为焦点，以直线路径为轴的椭球面，如图 5-2 所示。当 $n=1$ 时，称为第一菲涅尔区，是对信号传输有主要贡献的区域。

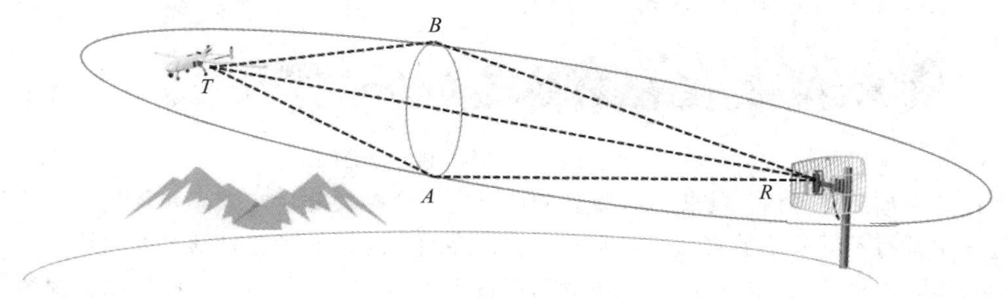

图 5-2　菲涅尔区

阴影衰落的变化和频率无关，仅取决于传播环境，如山丘起伏、建筑物分布和高度、基站天线位置和高度等。在地空信道中，阴影效应通常代表对 LOS 的遮挡。

由上述分析可以发现，本节所介绍的大气吸收损耗、自由空间损耗、雨衰损耗和阴影效应等描述的都是发射机和接收机长距离的信号场强变化，主要与收发设备的距离和传输环境有关，统称为大尺度衰落。大尺度衰落决定通信系统的发射功率、最大通信距离以及所允许的 SNR。但与小尺度衰落相比，其处理方法相对简单，通常是想办法在接收端增加信号功率来弥补大尺度衰落带来的衰减。

5.2　无人机地空信道的小尺度衰落

5.2.1　多径效应

无线电信号从发送端发射后，会通过多个不同的传播路径到达接收端，由于传输路径的不同，因此接收到的多个信号的幅度、相位和时延都不相同，这就是无线信道的多径效应，也称多径衰落，属于小尺度衰落。与大尺度衰落相比，多径效应对信号所造成的影响是严重的，处理起来也很复杂。

当无人机与 GCS 距离很近，且飞行高度较高时，发送端和接收端之间不存在任何反射物体，因此无线电波传输路径单一，只有可视路径，这也是理想的传输环境。然而，当无人机和 GCS 距离较大，或无人机飞行高度较低时，受地球曲率影响，无人机与 GCS 之间势必存在建筑物或自然物体的遮挡，发射的信号就会沿不同的路径到达接收端。图 5-3 表示了无人机和 GCS 之间的一个简化 3 路径场景，其中路径 1 是 LOS，路径 2 是通过山体的反射，路径 3 是通过地面的反射。实际上，根据无人机执行任务区域的环境、飞行高度以及地面站天线的高度，无人机地空信道的多径数量会更多。

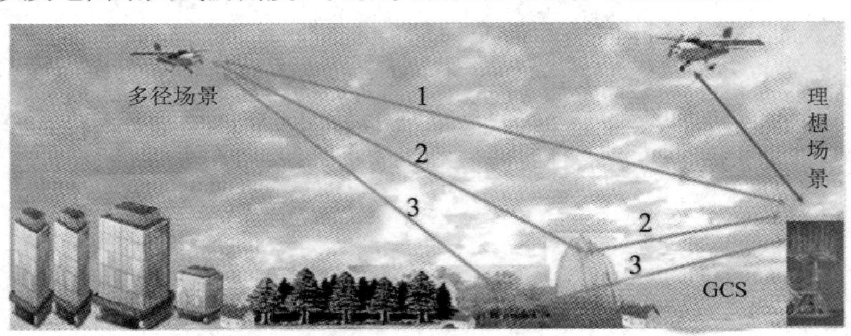

图 5-3　无人机地空信道多径传输示意图

经过多径信道传播后，接收端接收到的信号由多个多径分量构成，并且这些分量在传播过程中都有不同程度的衰减、时延和相移。当两条路径的到达时延差大于某一可分辨的门限值时，就认为这两条路径是可分的，否则认为是同一条路径。通常这一分辨门限为系统的时域采样间隔，在实际信道测量中，通常为纳秒级。

对于单输入单输出(Single Input Single Output，SISO)的多径无线信道而言，信道冲激响应(Channel Impulse Response，CIR)是一个广义平稳随机过程，不同路径之间是相互独立的。CIR 通常被描述成一系列离散脉冲和的形式，即

$$h(\tau,t)=\sum_{u=0}^{N_{\text{path}}-1} a_u(t)\exp^{\mathrm{j}2\pi[f_{\mathrm{D},u}(t)(t-\tau_u(t))-f_{\mathrm{c}}\tau_u(t)]}\,\delta(\tau-\tau_u(t))$$

$$=\sum_{u=0}^{N_{\text{path}}-1} a_u(t)\mathrm{e}^{\mathrm{j}\phi_u(t)}\,\delta(\tau-\tau_u(t)) \tag{5-2}$$

式中：u 为多径索引，$u\in[0, 1, \cdots, N_{\text{path}}-1]$，$N_{\text{path}}$ 为信道总路径数量；f_c 为系统的载波频率；$a_u(t)$、$\phi_u(t)$和 $\tau_u(t)$分别为信道多径成分(Multi-Path Component，MPC)的能量、相位和时延，且 $0=\tau_0(t)<\tau_1(t)<\cdots<\tau_{Npath}(t)<\tau_{\max}$，$\tau_{\max}$ 为信道的最大时延；$f_{D,u}(t)$为第 u 个多径的多普勒频移，即

$$f_{D,u}(t)=\frac{v_{\max}f_c\cos[\theta_u(t)]}{c}=f_{D,\max}\cos[\theta_u(t)] \tag{5-3}$$

其中，$v_{\max}$ 是收发双方的相对移动速度，c 是无线电波传播速度，$f_{D,\max}$ 是最大多普勒频移，$\theta_u(t)$是多径的波束角度。

由于实际的通信系统带宽是受限的，数字信号处理也是在基带进行的，因此必须要对式(5-2)中所描述的模型等效到基带，通过采样得到离散化的信道冲激响应，一般用抽头时延线模型表示。以宽带 OFDM(Orthogonal Frequency Division Multiplexing，正交频分复用)系统为例，其带宽为 W，则系统采样周期 $t_s=1/W$，根据采样定理，可以得到第 n 个采样时刻第 l 个抽头滤波器的幅度，即

$$\begin{aligned} h(n,l)&=\sum_{u=0}^{N_{\text{path}}-1}a_u(nt_s)\exp^{j2\pi[f_{D,u}(nt_s)(nt_s-\tau_u(nt_s))-f_c\tau_u(nt_s)]}\sin c\left(l-\frac{\tau_u(nt_s)}{t_s}\right)\\ &=\sum_{u=0}^{N_{\text{path}}-1}a_u(nt_s)\,e^{j\phi_u(nt_s)}\sin c\left(l-\frac{\tau_u(nt_s)}{t_s}\right) \end{aligned} \tag{5-4}$$

令 $L=\left\lfloor \tau_{\max}/t_s \right\rfloor$表示信道长度，将离散信道抽头写成向量形式，即

$$\boldsymbol{h}=\{h(n, 0), h(n, 1), \cdots, h(n, L-1)\} \tag{5-5}$$

其中，$n\in[0, 1, \cdots, N-1]$，N 为一个符号周期所对应的采样点数量，$l\in[0, 1, \cdots, L-1]$。

特殊情况下，若 MPC 的增益、相位和时延路径增益都不随时间变化，则 $h[n, l]$也不随时间变化，即时不变信道，则式(5-5)可简化如下：

$$h=\{h_0, h_1, \cdots, h_{L-1}\} \tag{5-6}$$

时延扩展和相干带宽是描述多径效应的两个重要参数。

第 u 个多径分量的时延扩展 τ_u 就是其达到时间与 LOS 分量到达时间的差值。相干带宽 B_c 与时延扩展存在确定的关系，一般用均方根时延扩展来表示其与相干带宽的关系。

均方根时延扩展 σ_τ 的定义如下：

$$\sigma_\tau=\sqrt{\overline{\tau^2}-(\bar{\tau})^2} \tag{5-7}$$

其中，

$$\overline{\tau^2}=\frac{\sum_{u=0}^{N_{\text{path}}-1}a_u^2\tau_u^2}{\sum_{u=0}^{N_{\text{path}}-1}a_u^2},\quad \bar{\tau}=\frac{\sum_{u=0}^{N_{\text{path}}-1}a_u^2\tau_u}{\sum_{u=0}^{N_{\text{path}}-1}a_u^2}$$

相干带宽是信道时延扩展对应的频域参数，指的是在一个频域范围内的两个信号分量受到信道的影响有很大的相关性，信道带宽小于相干带宽时，经历平坦性衰落，反之为频率选择性衰落。相干带宽的定义如下：

$$B_{\mathrm{c}} \approx \frac{1}{5\sigma_{\tau}} \tag{5-8}$$

5.2.2　多普勒效应

假设发送端发送信号的频率为 f_{c}，若发送端和接收端之间存在相对运动，则接收端接收到的信号频率就会被展宽，包含频率为 $f_{\mathrm{c}}-f_{\mathrm{d}}$～$f_{\mathrm{c}}+f_{\mathrm{d}}$ 范围内的信号分量，这就是多普勒效应。f_{d} 为多普勒频移，其定义如下：

$$f_{\mathrm{d}} = \frac{vf_{\mathrm{c}}}{c}\cos\theta = f_{\mathrm{D,max}}\cos\theta \tag{5-9}$$

其中，v 和 θ 分别为发送端和接收端的相对运动速度和相对运动方向夹角，c 为光速，$f_{\mathrm{D,max}}$ 为最大多普勒频移。

多普勒效应使信道具有时变特性，多普勒功率谱和信道相干时间是描述信道时变特性的两个重要参数。

在无线移动通信场景下，信道的多普勒功率谱主要有经典的 Jakes 谱和高斯谱两种。无人机在飞行过程中，周围环境复杂，散射体一般较多，所以多径分量的波束到达角度可认为在 0～360°服从均匀分布，这种情况下多径分量的多普勒功率谱为 Jakes 谱，其函数如式(5-10)所示。由于功率谱呈“U”形分布，因此 Jakes 谱又称为“U”形功率谱。

$$P_{\mathrm{s}}(f_d) = \begin{cases} \dfrac{1}{\pi f_{\mathrm{D,max}}\sqrt{1-(f_d / f_{\mathrm{D,max}})}} & |f_{\mathrm{d}}| < f_{\mathrm{D,max}} \\ 0 & \text{其他} \end{cases} \tag{5-10}$$

多普勒频移在时域上一般用相干时间 T_{c} 来表示，指的是信道冲激响应保持一定相关度的时间间隔，其定义如式(5-11)所示。若符号周期和相干时间相比拟，就会产生时间选择性衰落。只有当符号周期远小于相干时间时，可以认为信道多径增益在信号的一个符号周期内保持不变，即时间平坦性衰落。

$$T_{\mathrm{c}} = \frac{0.423}{f_{\mathrm{D,max}}} \tag{5-11}$$

5.2.3　经典两径模型

两径(Two-ray 2-ray)模型是经典的航空信道模型，是指将 LOS 作为一条主路径，将地面反射波作为另一条主路径。对于无人机地空信道而言，GCS 的天线都位于地面制高点，无人机飞行高度也较高，因此，该模型满足绝大多数无人机应用场景。根据所使用的数学模型不同，还可以进一步分为基于平坦地球(Flat Earth 2-Ray，FE2R)和基于曲率地球(Curved Earth 2-Ray，CE2R)两种类型。对于小型无人机而言，飞行距离较近，两者可近似相等，并且前者更为简单，应用更广泛，如图 5-4 所示。

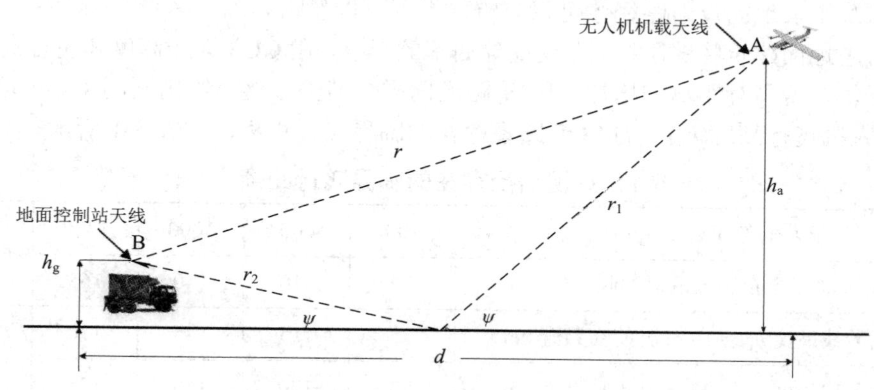

图 5-4　两径模型(FE2R)

图 5-4 中：h_a 和 h_g 分别代表无人机的飞行高度和 GCS 天线高度；Ψ 表示地面反射角度；r 为无人机的飞行距离，即 LOS 路径的长度；d 为无人机与地面站的水平距离；r_1+r_2 表示地面反射路径的长度；c 为光速。反射路径相对 LOS 路径的时延 τ_1 可由下式求得：

$$\tau_1=\frac{r_1+r_2-r}{c}=\frac{\sqrt{h_g^2+\left(\dfrac{dh_g}{h_a+h_g}\right)^2}+\sqrt{h_a^2+\left(\dfrac{dh_a}{h_a+h_g}\right)^2}-r}{c} \tag{5-12}$$

由式(5-12)可知，地面反射路径的相对时延与 GCS 天线高度、无人机与 GCS 的水平距离以及飞行高度三者有关，并且当 h_a 和 h_g 一定时，τ_1 随 r 的增大而减小。当使用 CE2R 模型时，反射路径的时延也具有上述特点。对于无线多径信道而言，只有当两条传输路径之间的时延大于一定门限值时，多径才是可分辨的。以现有文献中所使用的测试系统为例，在 C 波段多径分辨的门限值为 10 ns，计算在不同飞行高度和天线高度下反射路径可分辨的临界飞行距离，如图 5-5 所示。

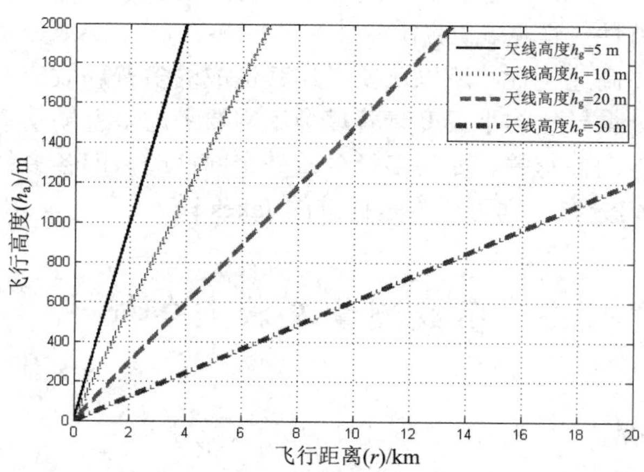

图 5-5　CE2R 模型中反射路径的可分辨临界飞行距离

从图 5-5 中可以看出，当 GCS 天线一定时，只有无人机飞行高度、飞行距离满足一定关系的情况下，地面反射路径才可以分辨，否则可以忽略。

在不考虑地面建筑物的阻挡时，受地球曲率的影响，在 GCS 天线高度和飞行高度一定的情况下，随着飞行距离的增加，LOS 路径同样会消失。这里给出不同 GCS 天线高度(h_g)和无人机飞行高度(h_a)下的 LOS 路径存在的临界飞行距离，如表 5-1 所示。

表 5-1　直视路径存在的临界飞行距离

无人机飞行高度 h_a/m	200	600	1000	1400	2000
地面站天线高度 h_g = 5 m 时的临界值/km	70	110	140	165	190
地面站天线高度 h_g = 10 m 时的临界值/km	75	115	145	170	195
地面站天线高度 h_g = 20 m 时的临界值/km	80	120	150	175	200
地面站天线高度 h_g = 50 m 时的临界值/km	90	130	160	185	210

由表 5-1 中数据可知，LOS 路径存在的临界飞行距离与天线高度差异不大，主要与飞行高度有关。并且，对于绝大多数无人机应用场合而言，飞行高度至少要几百米，甚至数千米，所以在 C 波段和 L 波段的最大通信距离范围内，LOS 路径可认为一直存在。

5.2.4　统计模型

无人机通信系统中存在较强的 LOS 分量和一定的高斯白噪声，也存在由不同传播路径引起的多径分量，类似莱斯(Rice)信道，即地面接收到的多径信号不仅包含经地面或其他物体反射或者折射的信号，还有从无人机到地面接收机的直达信号。一方面，这些总信号的幅度是随机变化的，其包络服从莱斯分布。另一方面，这些多径分量的延时也是随机变量，其延时功率谱密度也满足一定的随机分布特性，如指数分布。

和微波通信信道类似，无人机地空信道也存在较强的地面反射波，和 LOS 共同构成两径信道模型，反射分量和 LOS 分量的幅度比值称为莱斯因子，该因子也是随机变化的，往往服从一定的分布特性（详见 5.3.4 节）。

由于无人机在空中高速飞行，所以还要考虑其造成的多普勒效应。因此，在无人机地空信道中，由多径分量导致的小尺度衰落模型还需要考虑多普勒功率谱密度，该谱密度函数与多径分量的方向性有关。如果多径分量是全向性的，即各多径分量的入射角度在 0～360° 内服从均匀分布，则可认为是标准的 Jakes 谱。

5.3　参数测量及特点分析

5.3.1　测量基本情况

早期绝大多数对航空信道的测量都是针对窄带通信系统，而随着无人机地空数据链传输速率的提高，这种窄带信道模型已经不能满足需求。近年来，美国 NASA 主导一项无人机地空信道测量项目，D.W.Matolak 和 R.Y.SUN 等人分别对无人机在海域(Pacific Ocean Oxnard，太平洋奥克斯纳德)、一般山区(Palmdale，帕姆代尔)、山脉区域(Telluride Colorado，科罗拉多州圣米格尔县)和城镇(Cleveland，克里夫兰)等四种典型环境下近 80 条不同航线飞行时的信道参数进行了实际测量。测量使用由 Berkeley Varitronics System 公司生产的 SIMO(Single Input Multiple Output，单输入多输出)信道探测器，在无人机地空通信系统最集中的 L 波段(960～977 MHz)和 C 波段(5030～5091 MHz)，发送 DS-SS(Direct Sequence Spread Spectrum，直接序列扩频)信号，得到近 300 000 000 个采样值和 PDP(Power Delay Profile，功率时延分布)，并以此为基础，对多径分量的数量、增益、时延等特征进行统计分析，测量过程中飞机和 GCS 的基本参数如表 5-2 所示。详细测量过程和结果可参考本章参考文献[5]～[7]。

表 5-2　无人机飞行及地面站基本环境参数

飞行环境	海面	山区	山脉	城市	郊区
飞行平均海拔高度/m	808	2906～2709	3819～4029	762	823
平均飞行速度/(m/s)	90	94.5～112.3	76.6～95.2	74.2～92	74.2～92
地面站海拔高度/m	4.9	775.7	2760.6	171	230
地面站天线高度/m	20	20	20	20	20
无人机与地面站距离范围/km	9.1～24.1	2.8～23.9	1.9～47.6	1.7～19	2.6～16.9

下面以测量结果为依据，分别从以下几个方面对无人机地空信道特点进行定量分析。

5.3.2　多径的构成

由于 GCS 一般都采用定向高增益天线，因此无人机地空信道中必然存在较强的 LOS 信号分量，即式(5-2)中的路径索引 $u=0$；同时又与微波通信系统信道一样，无人机地空信道中也存在较强的地面反射波(这里仅指地面的一次反射)，即式(5-7)中的路径索引 $u=1$。因此，无人机地空信道多径模型以直视分量和地面反射分量为主，在一定的飞行高度和飞行距离范围内，满足经典的两径模型。但是若在城市、山区或者丛林地带执行任务，则飞行高度一般较低，并且地面建筑物较多，这时两径模型并不适用。因此，无人机地空信道也包含一定的散射分量，即式(5-2)中路径索引 $u=2, 3, \cdots, N_{\text{path}}-1$，主要由山体、建筑物以及地面二次以上反射的无线电波构成，并且数量因飞行环境而异，有较大差异。对本章文献[5]～[7]中的测量结果进行总结，发现海域和水域可能存在 1 个明显的散射分量，而山区和城市散射多径分量的数量最多可达 7 个，且各散射分量随时间变化，在飞行过程中会出现间歇性的消失，如表 5-3 所示。

表 5-3　散射分量在不同飞行环境下出现的概率统计

飞行环境	海面	山脉	山区	城市	郊区
采样信号数量	316 000 000	15 753 169	4 032 490	6 923 100	8 135 292
$u=2$(第1个散射)分量比例	2.5%	5.80%	7.72%	11.9%	4.26%
$u=3$(第2个散射)分量比例	0%	4.79×10^{-2}%	7.96×10^{-2}%	2.08×10^{-1}%	1.84×10^{-2}%
$u=4$(第3个散射)分量比例	0%	8.75×10^{-3}%	2.87×10^{-2}%	7.05×10^{-2}%	4.33×10^{-3}%
$u=5$(第4个散射)分量比例	0%	1.82×10^{-3}%	2.83×10^{-3}%	2.90×10^{-2}%	1.57×10^{-3}%
$u=5$(第5个散射)分量比例	0%	5.95×10^{-4}%	5.95×10^{-4}%	1.00×10^{-2}%	4.55×10^{-4}%
$u=7$(第6个散射)分量比例	0%	1.71×10^{-4}%	0%	1.96×10^{-3}%	7.38×10^{-5}%
$u=8$(第7个散射)分量比例	0%	5.71×10^{-5}%	0%	4.62×10^{-4}%	0%

5.3.3　散射多径的间歇性

根据表 5-3 可知，散射多径分量的存在具有明显的间歇性和随机性，为了更好地表述它们的统计特点，当式(5-2)中的 $u=2$，3，…，$N_{\text{path}}-1$ 时，除了表示路径时延的变量 $\tau_u(t)$之外，还需增加一个“0-1”变量 $z_u(t)$，表示第 u 条路径是否存在，以及 D_u 表示第 u 条路径的持续距离，即在飞行距离变化 D_u 之内一直存在，单位为 m。文献[5]～[7]根据测试数据，得到不同飞行环境下 $\tau_u(t)$、$P\{z_u(t)=1\}$和 D_u 与无人机飞行距离 r (单位为 km)的关系，均可表示：

$$y=a\mathrm{e}^{br} \tag{5-13}$$

式中：y 表示 $\tau_u(t)$(单位为 ns)、$P\{z_u(t)=1\}$或 D_u(单位为 m)；a 和 b 为系数，不同环境下的取值不同。

在海面飞行时，最多只有一个散射分量，即对于 $\tau_2(t)$、$P\{z_2(t)=1\}$以及 D_2，文献[5]根据测试所得数据给出式(5-13)中参数最佳匹配值，即(a，b)取值为(237.3，−0.0315)、(0.1672，−0.2474)和(1.1410，−0.0530)。

对式(5-13)进行变换，也可得到如下线性关系：

$$\lg(y)=C_0+n_y r+Z \tag{5-14}$$

式中：C_0 代表当距离最小时的取值；n_y 为斜率；Z 为均值为 0、方差为 σ_Z 的高斯随机变量。

在一般山区、山脉、城市及郊区环境下，最多存在 7 条散射分量，文献[5]～[7]按照式(5-14)的模型给出(C_0，n_y，σ_Z)的平均取值，分别如表 5-4～表 5-6 所示。需要说明的是，由于 L 波段的时延分辨率为 200 ns，不能够识别所有的多径分量，而在 C 波段出现的多径分量一定会以相同的时延值在 L 波段出现，只是幅度有所不同，因此文献[5]～[7]只给出了 C 波段下多径的时延测量结果。

表 5-4　散射分量 $\tau_u(t)$相关参数在不同飞行环境下的取值

散射分量序号 u	山脉			一般山区			城市			郊区		
	C_0	n_y	σ_Z	C_0	n_y	σ_Z	C_0	n_y	σ_Z	C_0	n_y	σ_Z
2	2.2658	0.0008	0.1915	2.8527	0.0212	0.4014	2.3210	−0.0047	0.1189	2.1733	−0.0015	0.1589
3	2.6382	−0.0080	0.2960	4.1812	−0.0268	0.3113	2.4248	0.0029	0.1289	2.2775	0.0164	0.5376
4	3.0248	−0.0200	0.4947	4.3760	−0.0396	0.2090	2.4914	0.0186	0.0988	3.5865	−0.1305	0.5739
5	2.9320	0.0117	0.5765	3.7343	−0.0130	0.2879	2.5198	0.0253	0.1259	1.9090	0.5374	0.4281
6	7.4870	−0.4059	0.2259	4.1909	−0.0293	0.2976	2.6964	0.0168	0.0079	0.2058	1.2948	0.0000
7	—	—	—	—	—	—	2.7381	0.0281	0.0000	—	—	—
8	—	—	—	—	—	—	2.9929	−0.0343	0.0000	—	—	—

表 5-5　散射分量 $P\{z_u(t)=1\}$相关参数在不同飞行环境下的取值

散射分量序号 u	山脉			一般山区			城市			郊区		
	C_0	n_y	σ_Z	C_0	n_y	σ_Z	C_0	n_y	σ_Z	C_0	n_y	σ_Z
2	−0.1878	−0.0656	0.2717	−2.0573	0.0649	0.2897	0.4480	−0.1457	0.8213	−1.5633	−0.0307	0.9711
3	−2.4519	−0.0669	0.5428	−4.9506	0.1094	0.4395	−2.3302	−0.0630	0.7131	−3.3523	−0.0399	0.8284
4	−4.0485	−0.0125	0.7560	−5.6466	0.1240	0.4613	−2.3578	−0.1367	0.7813	−3.1959	−0.2217	0.7210
5	−4.4115	0.0175	0.7352	−2.0467	−0.0743	0.4105	−2.0716	−0.2233	0.7149	−1.8970	−0.4897	0.0000
6	−22.4811	1.2999	0	4.8127	−0.4176	0.0000	−1.9377	−0.2502	0..2507	−2.4210	−0.4348	0.0000
7	—	—	—	—	—	—	−4.1835	0.3570	0.0000	−6.2697	0.9563	0.0000
8	—	—	—	—	—	—	—	—	—	—	—	—

表 5-6　散射分量 D_u 相关参数在不同飞行环境下的取值

散射分量序号 u	山脉			一般山区			城市			郊区		
	C_0	n_y	σ_Z	C_0	n_y	σ_Z	C_0	n_y	σ_Z	C_0	n_y	σ_Z
2	0.4284	−0.0427	0.3092	0.0814	−0.0007	0.2170	0.5513	−0.0450	0.2699	−0.0433	−0.0212	0.4463
3	0.6337	−0.0602	0.7240	0.2328	0.0044	0.2348	0.2883	0.0037	0.2149	−0.0527	−0.0045	0.8166
4	0.9363	−0.0125	0.7560	−0.1495	−0.0008	0.4584	0.1246	−0.0212	0.3260	−0.6175	0.1805	0.0526
5	−1.0671	0.1229	1.2419	0.7199	−0.0557	0.4576	−0.0022	0.0036	0.4472	−0.2466	−0.0119	0.2998
6	−3.7099	0.3937	1.1760	1.2014	−0.1002	0.8725	−0.5779	0.1470	0.1408	−2.6183	1.0278	0.0000
7	—	—	—	—	—	—	−2.1444	0.7495	0.0000	—	—	—
8	—	—	—	—	—	—	−1.5143	0.5968	0.0000	—	—	—

5.3.4 多径增益及多普勒频移

LOS 分量和反射分量满足经典的两径模型，两者功率比值即莱斯因子(K_{Rice})定义如式(5-15)所示，取值与飞行距离、飞行环境关系不大，在 C 波段和 L 波段的取值分别为 27～30 dB 和 12～13 dB[5-7]。而散射分量功率与 LOS 功率比值(K_{Scatter})的定义如式(5-16)所示，取值服从均值为 μ_K，方差为 σ_K^2 的高斯分布，且对于不同的 u 值，$a_u(t)$ 之间相互独立。其中 C 波段下不同飞行环境下的(μ_K，σ_K^2)取值如表 5-7 所示。

$$K_{\text{Rice}} = \lg \frac{(a_0(t))^2}{(a_1(t))^2} \tag{5-15}$$

$$K_{\text{Scatter}} = \lg \frac{(a_u(t))^2}{(a_0(t))^2} \tag{5-16}$$

表 5-7 散射多径增益相关参数在不同飞行环境下的取值

飞行环境	海面	山脉	山区	城市	郊区
μ_K/dB	−22.6	−26.4	−30.8	−25.2	−23.3
σ_K^2/dB	5.2	3.6	3.9	4.3	5.1

在文献[5]～[7]的测试中，由于多径组件的持续时间都很短(小于 20 ms)，在这么短的持续时间内，对短时多普勒特性的估计很难完成，因此可将式(5-4)中多径组件的相位 $\phi_u(t)$看作在 0～2π 内服从均匀分布。

无人机地空信道的特点可概括为：第一，多径由直视分量、地面反射波分量和散射多径分量等三个部分组成，一般情况下，最大可分辨路径数量不超过 9 个；第二，直视分量一直存在，地面反射分量的存在与飞机飞行高度和 GCS 天线高度有关，而散射多径分量具有随机性，它们的出现概率、持续时间以及时延大小都与飞行距离有关，且满足一定统计分布；第三，地面反射分量和散射多径分量的增益都与直视路径满足一定的比例关系，比值分别记为 K_{Rice} 和 K_{Scatter}。

5.4 数学模型及仿真

5.4.1 数学模型

有的无人机地空信道模型不能很好地体现出上述特性，如果用式(5-7)中的多径信道冲激响应的一般模型，则无法确定多径数量，也无法体现这些多径之间的差异；而文献[1]在传统航空信道特点的基础上，构建出无人机地空信道的一般模型，虽然对直视路径、反射路径和散射路径进行了区分，但是不能反映出散射路径的间歇性，且由于缺少实际数据测量，一些参数的分布特性与实际测量结果不符；文献[5]～[7]在实际测量的基础上，最后给出了无人机地空信道的数学模型，由于在某些地形下的飞行距离的范围有限，将地面反射路径也看作一直存在，这与图 5-5 中的结果不符，并且将多径分量的相位看作均匀分布，忽视了速度的影响。

根据对无人机地空信道相关测量结果及特点分析，无人机地空信道冲激响应的数学模型可进一步表述为

$$\begin{aligned} h(\tau,t) &= \sum_{u=0}^{N_{\text{path}}-1} z_u(t)a_u(t)\exp^{\mathrm{j}2\pi[f_{\mathrm{D},u}(t)(t-\tau_u(t))-f_{\mathrm{c}}\tau_u(t)]}\delta(\tau-\tau_u(t)) \\ &= \sum_{u=0}^{N_{\text{path}}-1} z_u(t)a_u(t)\mathrm{e}^{\mathrm{j}\phi_u(t)}\delta(\tau-\tau_u(t)) \end{aligned} \tag{5-17}$$

与式(5-7)相比，增加了一个变量 $z_u(t)$，表示第 u 条多径分量的存在与否，其余符号所代表的含义不变。信道总路径数不超过 9 条，可令 $N_{\text{path}}=9$；当 $u=0$ 和 1 时，分别代表 LOS 分量和地面反射分量，其余值代表散射分量；在某些应用场合 LOS 一直存在，可令 $z_0(t)=1$。

通过 5.3 节中的测量可知，在上述变量中，对于 LOS 分量，其增益 $a_0(t)$和最大多普勒频移 $f_{\mathrm{D},0}(t)$，只要给定无人机飞行距离 r 和飞行速度 v，就能得到确定的取值，因此都是确定性变量；对于地面反射路径而言，其路径时延 $\tau_1(t)$和出现概率 $P\{z_1(t)=1\}$散射路径是确定性变量，也只与 r 有关，并且一般认为地面分量和直视分量的多普勒频移相近，即 $f_{\mathrm{D},1}(t)\approx f_{\mathrm{D},\max}$。其增益 $a_1(t)$尽管与 $a_0(t)$满足一定比例系数 K_{Rice}，但由于该系数具有随机性，因此 $a_1(t)$也是随机变量；对于散射路径，即 $u\in[2,3\cdots N_{\text{path}}-1]$，时延 $\tau_u(t)$和出现概率 $P\{z_u(t)=1\}$，都与 r 呈指数关系，增益 $a_u(t)$与 $a_0(t)$满足一定比例系数 K_{Scatter}，其多普勒频移 $f_{\mathrm{D},u}(t)$不仅与 v 有关，由式(5-3)可知，其大小还与多径分量的波束角度 $\theta_u(t)$有关，在途中飞行过程中，由于无人机和 GCS 之间的方向性具有很大的随机性，因此多径分量是全方向的，可认为 $\theta_u(t)$在 0～2π 内服从均匀分布，满足标准 Jakes 谱。由于相关参数具有随机性，因此散射路径的相关变量都是随机变量，根据测量结果，可知这些变量的分布函数与飞行环境有关。

式(5-17)中所描述的信道模型，可以用一个抽头时延线性模型生成，如图 5-6 所示。

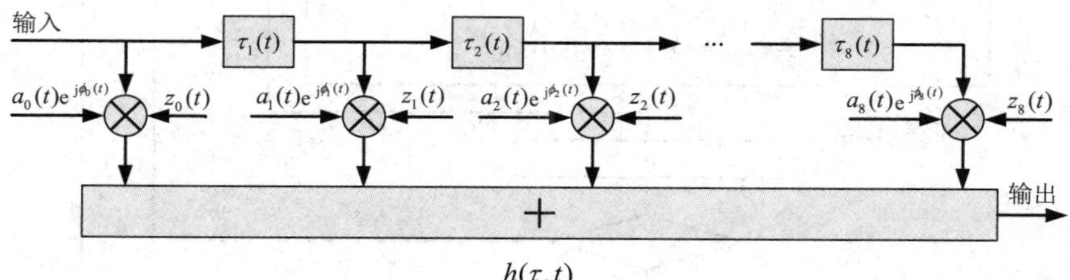

图 5-6　无人机地空信道抽头时延模型

无人机地空信道模型参数仿真生成方法及步骤如下：

(1) 初始化 N 个时刻$\{t_0，t_1，\cdots，t_{N-1}\}$以及飞行距离 r 和最大飞行距离 $R_{\max}$，并假设在此期间飞机飞行速度 v 保持不变。

(2) 以时间 t 和飞行距离 r 作为输入变量，确定各时刻的多径时延 $\{\tau_1(t_1),\cdots,\tau_1(t_{N-1}); \tau_2(t_1),\cdots,\tau_2(t_{N-1});\cdots\tau_8(t_1),\cdots,\tau_8(t_{N-1})\}$，其流程如图 5-7 所示。

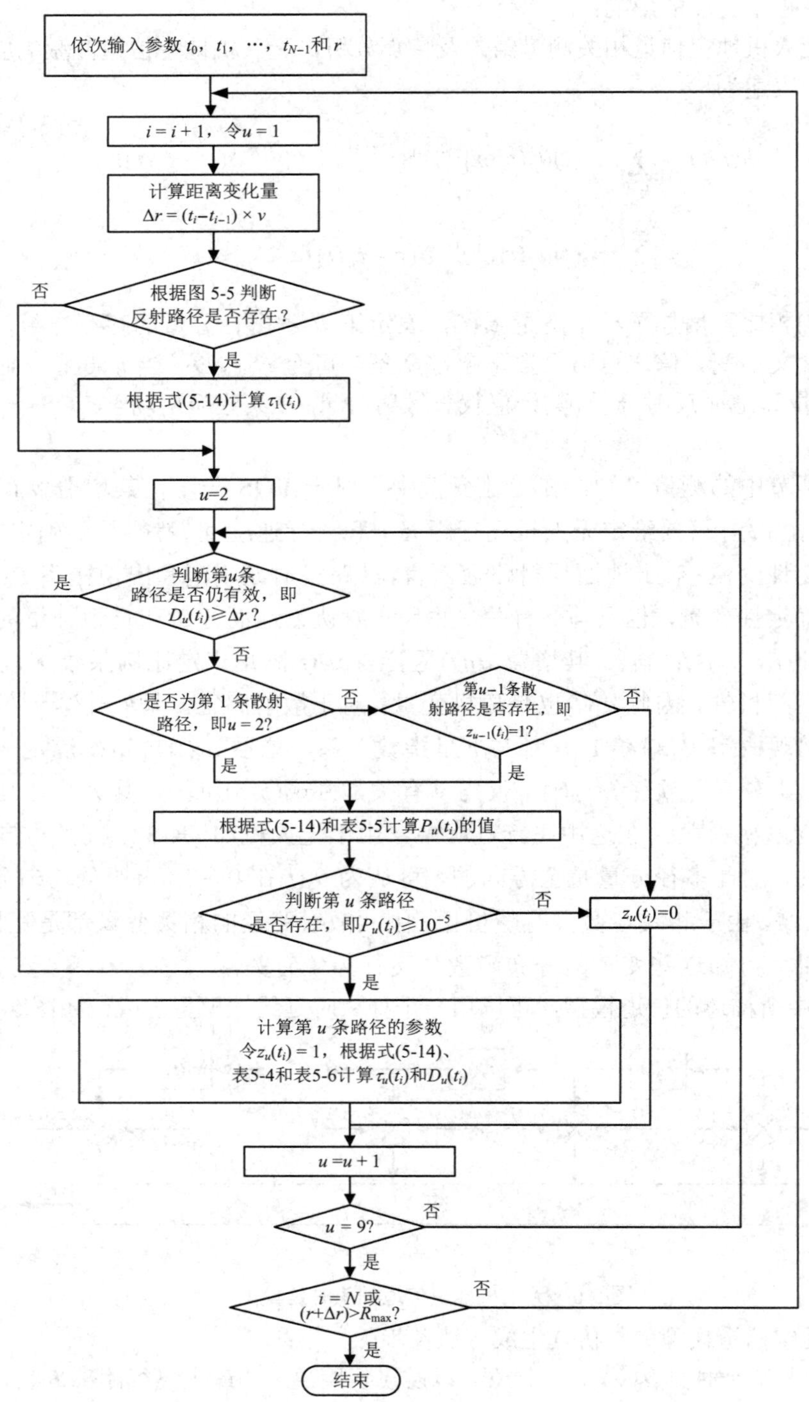

图 5-7　无人机地空信道多径时延生成流程

(3) 根据无人机飞行速度，确定最大多普勒频移$f_{\mathrm{D,max}}$。对于某一条路径u而言，将多普勒效应后的路径复增益记为$a'_u(t)$，即在式(5-17)中，令$a_u(t)\mathrm{e}^{\mathrm{j}\phi_u(t)}=a'_u(t)$，它由一个Jakes发生器产生。在Jakes模型中，单一路径被看作是由到达角度在0～2π服从均匀分布且功率相等的M个不可分路径构成的，并根据正弦波叠加法产生等效低通信道的两个正交分量，即

$$\begin{cases} h_I(t)=2\sum\limits_{i=0}^{M_0}(\cos\beta_i\cos\omega_i t)+\sqrt{2}\cos\beta_M\cos(\omega_{\mathrm{D,max}}t) \\ h_Q(t)=2\sum\limits_{i=0}^{M_0}(\sin\beta_i\cos\omega_i t)+\sqrt{2}\sin\beta_M\cos(\omega_{\mathrm{D,max}}t) \\ a'_u(t)=a_u(t)[h_I(t)+\mathrm{j}h_Q(t)] \end{cases} \tag{5-18}$$

式中：当M很大时，取$M/2$为奇数，并令$M_0=(M/2-1)/2$，$i=1，2，\cdots，M_0$；$\omega_i=\omega_{\mathrm{D,max}}\cos\varphi_i=2\pi f_{\mathrm{D,max}}\cos\varphi_i$，表示第$i$个正弦波的频率，即第$i$个多普勒频移，$\varphi_i$代表第$i$个不可分路径的到达角度，取值为$\varphi_i=2\pi i/M$；$\beta_i$和$\beta_M$分别表示第$i$个和最大多普勒频移所对应的初始相位，且$\beta_i=0$和$\beta_i=\pi i/M_0+1$。

5.4.2 信道仿真

在不同飞行环境下，部分参数的取值有所差异，会造成多径数量、时延大小以及增益上的不同，就多径数量而言，海面场景多径数量最少，几乎没有散射分量，而山脉、山区、城市及近郊环境下的多径数量相对较多，其中城市环境下的多径数量最多，信道频率选择衰落更明显。因此，本节选择城市环境下的无人机地空信道作为研究对象，多径相关参数选择文献[7]中城市环境下的测量结果，无人机飞行高度和GCS天线高度参考表5-2。

无人机在飞行过程中，最大时延取决于飞行环境和距离，但是在一般情况下最大时延不超过7 μs，考虑到极限时延情况下，结合通信系统传输速率需求，这里将OFDM(Orthogonal Frequency Division Multiplexing，正交频分复用)系统作为无人机地空数据链的物理层调制方式，参数如表5-8所示。

表5-8　OFDM系统参数

信道最大时延 $\tau_{\max}$/μs	循环前缀 T_{g}/μs	符号周期 T_{s}/μs	载波间隔 Δf/kHz	载波数 N	带宽 W/ MHz	调制方式	信道编码	载波频率/GHz
7	8	40	25	1024	25.6	16QAM	无	5

在通信系统中，多径时延是描述信道的最基本特性，相对直视分量和反射分量，散射分量具有随机性，且更为复杂。首先，根据5.2节中所述的多径分布统计特性，分别生成城市环境下无人机地空信道各散射分量的时延、出现概率以及持续距离随飞机飞行距离变化情况的仿真数据，分别如图5-8～图5-10所示。

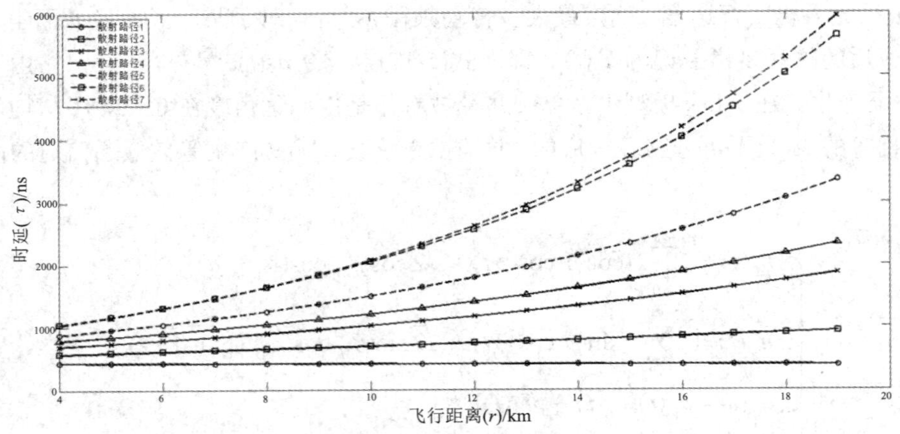

图 5-8　散射分量时延与飞行距离的关系

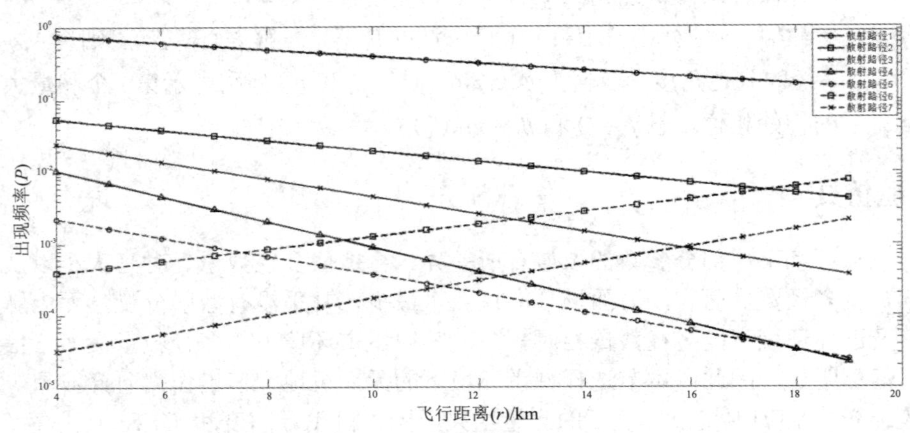

图 5-9　散射分量出现概率与飞行距离的关系

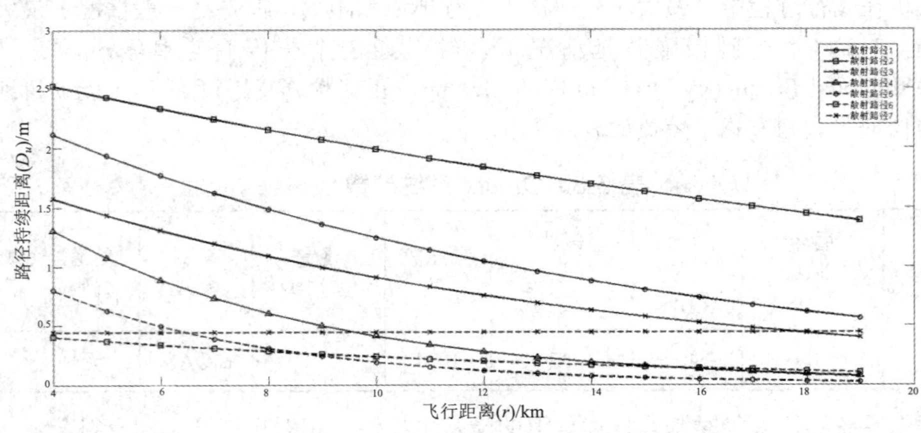

图 5-10　散射分量保持距离与飞行距离的关系

由图 5-8 可知，在测试飞行距离范围内，各散射分量的时延为 0.3～6 μs，数值相差较大，其中第 1 条和第 2 条散射分量的时延基本维持不变，其余路径分量的时延随

着 r 的增加而缓慢增加；而由图 5-9 可知，不同多径分量出现的概率差异较大，并且其大小值随 r 的增加而变化，当出现概率小于 10^{-4} 时，该散射分量可忽略不计；最后，由图 5-10 可知，所有散射分量的时延都会保持一定的持续时间，至少维持 0.1 m 的飞行距离。根据表 5-2 和表 5-8 可知，测试时无人机最大飞行速度约为 100 m/s，而系统的符号周期 $T_s = 40$ μs，多径时延在连续数十个码元周期内保持不变。

接下来，根据飞行距离的不同，确定两种典型多径场景下的散射多径时延，即大时延($r = 18$ km)和小时延($r = 8$ km)。根据图 5-5 中所描述的反射路径临界条件可知，这两种飞行距离下，反射路径都不可辨析，因此多径成分只有直视路径和散射路径。而由图 5-9 可知，当 $r = 8$ 时，散射分量 7 的出现概率低于 10^{-4}，相对较低，可忽略不计，因此多径分量由 1 条直视路径和 6 条散射分量组成，其中散射路径的时延分别为{417.6，648.3，897.4，1046.6，1250.8，1635.7}ns。而当 $r = 18$ km 时，由图 5-9 可知，散射分量 4 和 5 的出现概率接近 10^{-5}，也可忽略不计，因此多径成分由 1 条直视路径和 5 条散射路径构成，其中散射路径的时延分别为｛388.1，933.7，1861.2，5629.9，5932.0｝ns。

5.4.3　稀疏特性分析

由式(5-4)可知，信道冲击响应散化处理后，每个抽头(采样点)$h[n, l]$都是 N_{path} 个 sinc 函数的叠加，由于 sinc 函数具有衰减特性，因此幅度较大的抽头数量较少。由于多普勒频移只是引起信道的时变特性，并不影响多径的时延，对于某一固定的 n 而言，也不会对 $h[n, l]$的稀疏特性带来影响。因此，在 5.3 节中多径参数测量结果的基础上，以 $v = 90$ m/s 为例，以不同的采样率得到两种时延情况($r = 8$ km 和 $r = 18$ km)下 $h[n, l]$的大小和有效抽头能量分布情况。

首先，以表 5-8 中的基本采样间隔 t_s，对 $h(t, \tau)$进行采样，其中当 $n = 0$ 时，两种时延下的 $h[n, l]$值如图 5-11 所示。

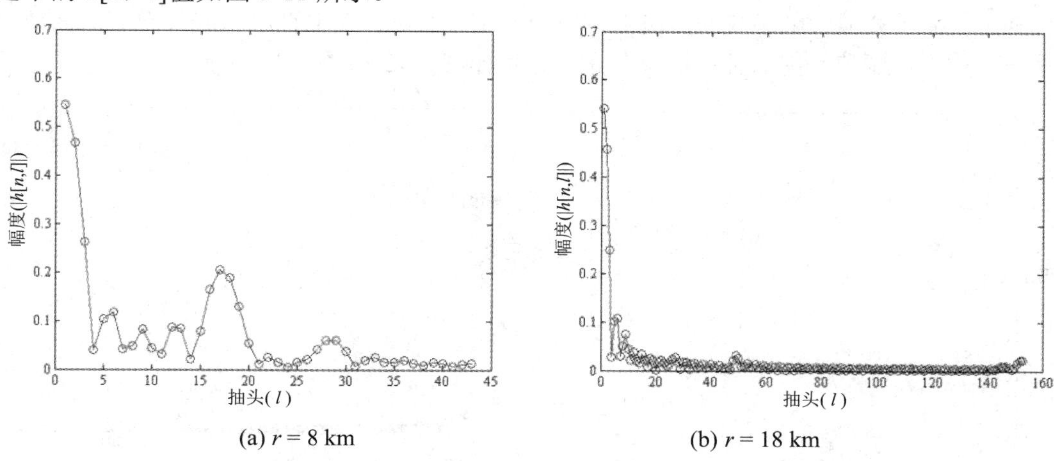

(a) $r = 8$ km　　(b) $r = 18$ km

图 5-11　基本采样率时不同时延下的离散信道冲激响应

计算可知，两种时延下各多径所对应的采样点位置分别为｛1，12，18，24，28，34，43｝和｛1，11，25，49，146，153｝，但是由图 5-11 可以发现，对信道冲激响应进行离散化处理后，由于多径时延并非采样周期的整数倍，多径分散成为若干个抽头组，并且绝大多数的抽头幅度很小，近似为零。

接下来，当 $n=0$ 时，分别对两种时延下的抽头按照幅值由大到小的顺序进行排序，并计算有效抽头能量分布情况(P_{er}^{h}):

$$P_{\mathrm{er}}^{\mathrm{h}}=\frac{\sum_{l=0}^{k} h[n,l-1]^2}{\sum_{l=0}^{L-1} h[n,l-1]^2},\ K\in\{0,1,\cdots,L-1\} \tag{5-19}$$

即前 K 个幅值较大的抽头能量所占比例，如图 5-12 所示。

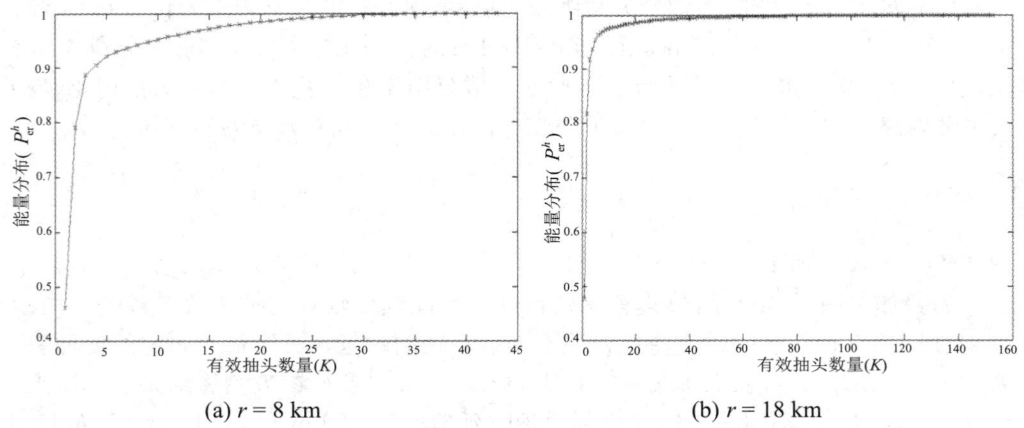

(a) r = 8 km　　(b) r = 18 km

图 5-12　基本采样率时不同时延下的有效抽头能量分布

通过有效抽头能量分布情况可以看出，被离散化的信道冲激响应尽管抽头数量很多，但大多数的抽头幅值很小，靠前的 20 个抽头占据了近 99%的信道能量，具有稀疏特性。

在表 5-8 中载波间隔不变的情况下，使用 2 倍过采样，得到两种时延情况下的离散化信道冲击响应幅值和有效抽头能量分布，分别如图 5-13 和图 5-14 所示。

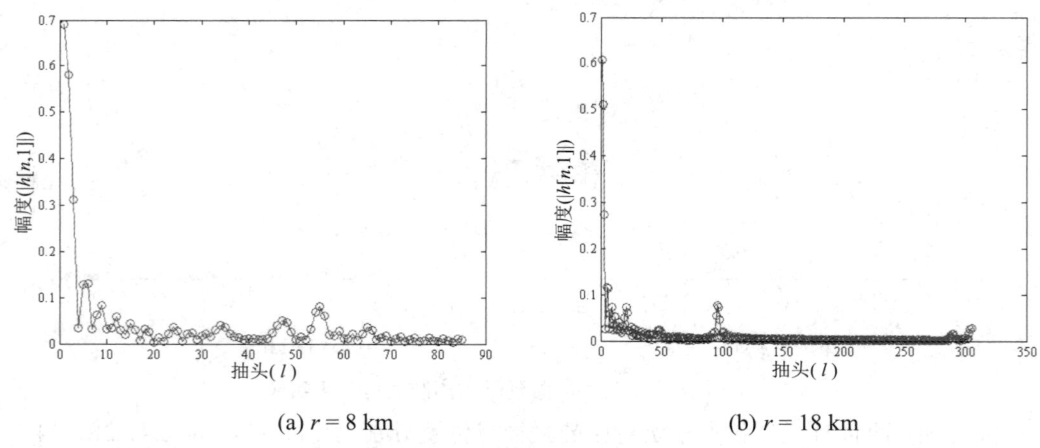

(a) r = 8 km　　(b) r = 18 km

图 5-13　过采样时不同时延下的离散信道冲激响应

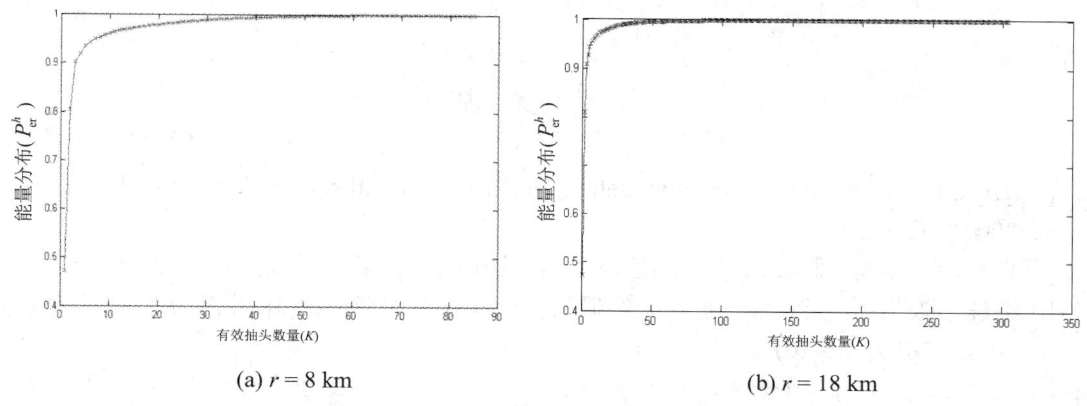

(a) $r = 8$ km　　(b) $r = 18$ km

图 5-14　过采样时不同时延下的有效抽头能量分布

从图 5-13 中可以直观看出：过采样后，两种时延下的离散信道冲激响应 $\boldsymbol{h}$ 的长度增加了 1 倍，而其中幅值较大的元素数量仍不多，稀疏性更明显。而由图 5-14 发现，幅度靠前的 30 个抽头占据了近 99%的信道能量，相比基本采样率下的能量分布，尽管有效抽头数量由 20 增加到了 30，但是过采样后的信道长度却增加了 1 倍，因此 $\boldsymbol{h}$ 的稀疏性更强。

通过上述两个实验结果，关于无人机地空信道离散信道冲激响应向量 $\boldsymbol{h}$，可以得出如下结论：第一，在实际通信系统中，由于信道带宽有限，等效于对这些离散的路径分量进行低通滤波，多径时延并非采样周期 t_s 的整数倍，信道多径能量就会泄露，从而使得几条多径路径分散成为若干个抽头组，导致信道非零抽头的数量大于相应的物理路径数量，因此 $\boldsymbol{h}$ 并不是严格稀疏的。同时由于无人机直视路径的能量明显高于散射分量，受 sinc 函数“拖尾”的影响，前面几个抽头的幅度值也较大。第二，系统采样间隔 t_s 越小，$\boldsymbol{h}$ 的稀疏性越明显。当时延较大时，即使在标准采样间隔下，$\boldsymbol{h}$ 中幅度较大的元素较少，因此 $\boldsymbol{h}$ 可以看作是近似稀疏的。第三，当信道时延较小时，由于信道总长度小，因此 $\boldsymbol{h}$ 的稀疏特性不够明显。一方面过采样可以提高其稀疏特性，但是会带来计算量的增加；另一方面，由于在进行信道估计等通信系统统计时，都是将可能出现的最大时延所对应的采样点数[如 OFDM 系统 CP(Cyclic Prefix，循环前缀)的长度]作为 $\boldsymbol{h}$ 的长度。例如，对于本书所研究的无人机地空信道而言，参考表 5-8 中的参数设置，在标准采样间隔下，信道总长度 $L_{\max} = \dfrac{T_g}{t_s} = \dfrac{8\ \mu\text{s}}{39.1\ \text{ns}} \approx 205$，这样对于小时延情况下，第 44 个采样点后的 161 个采样点的幅度值为 0，则 $\boldsymbol{h}$ 也呈现稀疏特性；并且如果将 $\boldsymbol{h}$ 的总长度看作 OFDM 的子载波数，即其后 $N-L$ 个元素均为 0，则 $\boldsymbol{h}$ 的稀疏性更明显。

总之，对于宽带通信系统下的无人机地空信道而言，$\boldsymbol{h}$ 中绝大多数的幅度为零或近似为零，信道能量主要集中在 20～30 个抽头中，因此 $\boldsymbol{h}$ 是一个典型的稀疏向量。在标准采样状态下，稀疏度可近似为 20，仅为总数的 10%，若进行过采样可以进一步提高 $\boldsymbol{h}$ 的稀疏程度，但是这样的缺点是增加了计算量，在一定程度上降低了系统处理的实时性。

参 考 文 献

[1] HASS E. Aeronautical channel modeling[J]. IEEE Transaction on Vehicular Technology，2002.51(2)：254-264

[2] 金石，张晓林，周琪. 无人机通信信道的统计模型[J]. 航空学报，2004，25(1)：62-66

[3] 谭征，张晓林. 无人直升机多天线通信信道建模及性能分析[J]. 北京航空航天大学学报，2010，36(10)：1171-1176

[4] 陈瑞瑞，张海林. 基于 Rican 因子的无人机自适应 MIMO 通信方案[J]. 武汉大学学报(工学版)，2017，50(3)：460-465

[5] DAVID W M，SUN R Y. Air-ground channel characterization for unmanned aircraft systems-Part I：methods，measurements and models for over-water settings[J]. IEEE transactions on vehicular technology，2017，66(1)：26-44

[6] DAVID W M，SUN R Y. Air-ground channel characterization for unmanned aircraft systems-Part Ⅱ：hilly & mountainous settings[J]. IEEE transactions on vehicular technology，2017，66(3)：1972-1925

[7] DAVID W M，SUN R Y. Air-ground channel characterization for unmanned aircraft systems-Part Ⅲ：the suburban and near-urban environments，2017，66(8)：6607-6618

第 6 章　数　据　链

无人机数据链是无人机系统的重要组成部分，一方面，它可实现 GCS 对无人机控制指令的上传，另一方面它也可实现无人机飞行状态、机上设备参数以及各种任务载荷采集信息的回传，是无人机可靠、安全飞行以及运用的基础。当前，战场电子环境日益复杂，对无人机的可靠性带来了负面影响，同时载荷种类和数量的增加，以及各种应用场合对载荷回传信息质量要求的提高，也给数据链的传输速率和可靠性提出了更高要求，可见无人机数据链的地位和作用日益突出。本章对无人机数据链的基本概念、设计中需要考虑的余量、抗干扰和大容量数据传输等相关问题和技术进行了介绍，并介绍了小型无人机自组织网络的组网形式、特点和设计要点。

6.1　概　述

6.1.1　无人机数据链的定义及分类

1. 定义

无人机数据链是无人机空中平台及载荷与 GCS 联系的纽带，其主要任务是建立一个空地双向数据传输通道，用于完成 GCS 对无人机的远距离遥控、遥测和任务载荷信息传输，如图 6-1 所示。

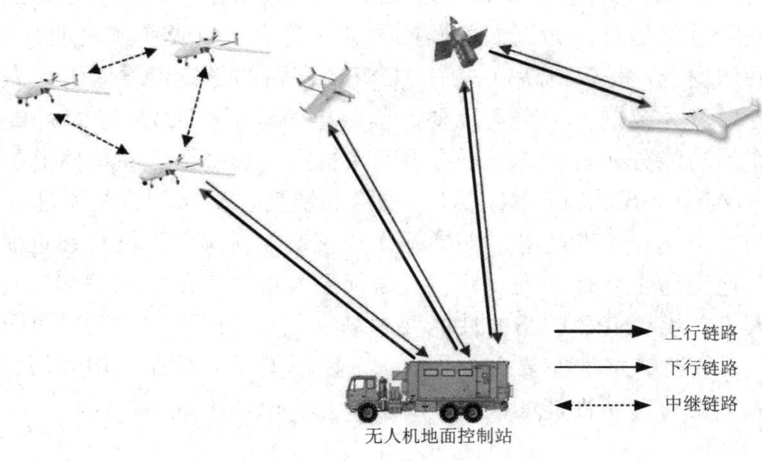

图 6-1　无人机数据链示意图

2. 分类

1) 按传输方向分类

按照传输方向，无人机数据链通常分为上行链路和下行链路。上行链路主要完成GCS对无人机遥控指令的传输，也称为控制链路；下行链路主要完成无人机到的遥测数据传输，包括飞机状态参数信息和任务载荷数据两大类，又称为遥测链路。随着信息通信技术的进步和无人机应用样式的拓展，又出现了空中中继链路，即完成空中多架无人机之间的数据传输。

2) 按传输信息的类型分类

按照传输信息的类型，无人机数据链可以分为遥控链、遥测链和载荷(视频)链。遥控链是用于传递GCS对无人机飞行及执行任务的控制信息，在传输方向上，一般属于上行链路，如果使用卫星或无人机中继进行传输，也可以是中继链路。为了保证GCS对无人机及其载荷的有效实时控制，这条链路在设计时要注重通信系统的可靠性和时效性。遥测链和载荷链分别用于回传无人机飞行姿态及设备参数信息和任务载荷所采集的数据，前者数量小，在设计上对传输速率不高，而后者往往包括图像和视频信息，在设计上必须要求大容量。2017年，3GPPP(Third-Generation Partnership Project)对上述三种类型的数据链指标给出了参考量化值，如表6-1所示。

表6-1　3GPP关于无人机不同类型数据链指标

传输方向	数据类型	速　率	可靠性	实时性
上行	遥控	60～100 kb/s	丢包率不超过10^{-3}	时延不超过50 ms
下行	遥测	60～100 kb/s	丢包率不超过10^{-3}	—
下行	载荷	最高可达50 Mb/s	—	与陆地移动通信系统相似

另外，在上述分类方式中，行业上还将遥控链和遥测链合称为CNPC(Control and Nonpayload Communication，控制非载荷通信)，用于保障整个系统中不同的成员之间交互与安全相关的重要信息，如无人机操控员、空管人员以及空域内的其他航空器，旨在确保飞行操作安全、可靠和高效。确保CNPC链路的稳定可靠对于无人机超视距飞行、编队飞行以及大范围使用至关重要。国际电信联盟(ITU)又将CNPC用于确保无人机安全操作的功能分成三种：一是用于无人机操控员对无人机的操作控制；二是与空中交通管控(Air Traffic Control，ATC)机构的通信，确保无人机不能影响空域内的其他航空器的安全飞行；三是用于支持感知和规避，确保无人机与邻近航空器、建筑物以及地面其他交通工具保持安全距离。尽管无人机的应用领域很多，但是不同场合下使用的无人机，其CNPC链路的性能要求基本相似，而不同类型、面向不同应用领域的无人机，其载荷链路性能要求差异很大，以小型无人机在民用领域为例，不同应用领域的无人机载荷链路性能如表6-2所示。

表 6-2　不同应用类型小型无人机载荷链路要求

应用类型	飞行高度/m	时延/ms	速　率
运输	100～300	500	200～300 kb/s
航拍	100～200	500	300 kb/s～30 Mb/s
搜索营救	100～500	500	300 kb/s～6 Mb/s
监视	100～200	3000	300 kb/s～10 Mb/s
基础设施巡查	100～200	3000	300 kb/s～10 Mb/s
精准农业	100～300	500	200 kb/s～300 kb/s

3) 按无人机与 GCS 之间的距离分类

根据无人机与 GCS 之间的距离，无人机数据链可以分为直视链路(LOS)和超直视链路(Beyond Line Of Sigh，BLOS)。视距链路主要使用具有视距传输特性的无线电波频段，因 C 波段(4～8 GHz)不易受极端天气影响，是目前最主要的无人机视距链路频段，如美国“水手”无人机、“捕食者”无人机等大型无人机。而一些小型无人机，由于体积、空间和功耗等限制，在超视距链路中，主要使用的频率有 UHF(300～1000 MHz)波段、L 波段(950～1450 MHz)和 Ku 波段(12～18 GHz)。如“扫描鹰”无人机、“子午线”无人机、“影子”无人机和“渡鸦”无人机等。对于 BLOS 链路，以“全球鹰”无人机和“捕食者”无人机为代表的长航时无人机主要使用 Ku 波段作为卫星超视距链路，而中低航时的无人机超视距链路一般使用 L 波段的卫星链路。

4) 按物理层的调制方式分类

从物理层的调制方式来看，无人机数据链可分为单载波调制和多载波调制两种。已经被广泛使用过的单载波调制方式主要包括：脉冲编码调制(Pulse Code Modulation，PCM)、四相相移键控(Feher Patented Quadrature Phase Shift Keying，FQPSK)调制、整形偏移四相相移键控(Shaped Offset Quadrature Phase Shift Keying，SOQPSK)调制和连续相位调制(Continuous Phase Modulation，CPM)等。由于多径效应，无人机地空信道是一种典型的频率选择性衰落信道，若使用上述单载波调制方法，传输速率的提高就会带来严重的码间干扰，无法满足通信系统设计要求。这样，以 OFDM 为代表的多载波调制技术开始得到应用。OFDM 利用大量的正交子载波将高速率串行数据变换成多个并行低速数据流，使得每个子载波上传输的符号周期增加，进而可以降低频率选择性衰落对系统的影响，并且还能够根据信道的状态选择不同的调制方法，从而实现高速数据的灵活传输。此外，OFDM 技术在无人机地空数据链上应用的优势还表现在：能提高无线电频率利用率、应对恶意人为窄带干扰以及适合上下行非对称业务等。

6.1.2　无人机数据链的组成

从设备构成上看，无人机数据链包括机载部分和地面部分。

机载部分包括机载数据终端(Aerial Data Terminal，ADT)和天线。机载数据终端包括射频接收机、发射机以及调制解调器，有些机载数据终端为了满足下行链路的带宽限制，还提供了用于压缩数据的处理器。天线可以采用全向天线，为了提高数据链的抗干扰性能，也要求采用高增益的定向天线。

链路的地面部分也称为地面数据终端(Ground Data Terminal，GDT)。该终端包括一副或几副天线、射频接收机和发射机以及调制解调器。若传感器数据在传送前经过压缩，则地面数据终端还需采用处理器对数据进行重建。地面数据终端可以分装成几个部分，一般包括一条连接地面天线和 GCS 的本地数据连线以及 GCS 中的若干处理器和接口。

6.1.3　理想数据链的特点

无人机数据链最基本的要求就是要足够稳定，即保证用户在任何地方进行工作时，只要不存在恶意干扰就能够正常工作，也就是说无人机数据链自身能够抵制外部可能存在的其他射频发射机的无意干扰。但是，军用无人机所处的战场电磁环境复杂，往往面临各种电子战的威胁，必须尽可能地满足以下与抗干扰和电子战有关的特点：

(1) 全域频率适用性。无论是和平时期还是战争期间，在用户感兴趣的所有地区，数据链都能在当地可用的测试和训练操作频点正常工作。

(2) 抗无意干扰能力。尽管会受到来自其他射频系统的间歇性信号干扰，但数据链仍能正常工作。

(3) 低截获概率。当处在敌方测向系统的覆盖方位和有效距离之内时，数据链难以被截获和测定方位。

(4) 安全性。数据链能够对传输信号进行加密，即使被截获，也无法破译。

(5) 抗欺骗性。数据链能够抵制敌方向无人机发送的欺骗操控指令或者向 GCS 发送的欺骗信息。

(6) 抗反辐射武器。数据链难以被敌方反辐射导弹锁定，即使被锁定，也能使得毁伤降至最低。

6.1.4　小型无人机通信系统架构

当前，小型无人机数据链主要有四种架构：直连链路、卫星中继、蜂窝网络和空中自组织网络。

1. 直连链路

直连链路也叫点对点链路，即无人机与 GCS 之间直接建立通信，是无人机数据链的最简单形式，也是小型无人机在单机单站应用模式下的典型数据链架构。这种形式的数据链受地球曲率、地面障碍物遮挡的影响，通信距离有限，当飞行距离较远时，为了保证下行链路的传输速率，需要较大的发送功率或者采用方向性可控的天线以及较大的频带资源。这种数据链所需带宽与无人机数量有关，在一定区域内，若空中无人机数量过多，则无法保障同时正常工作。在同一区域多架无人机之间需要协同的情况下，若采用这种链路方式构成以 GCS 为中心的星型网络，则相比其他网络架构而言，其网络的效率较低，抗毁能力弱。

2. 卫星中继

卫星中继就是 GCS 和无人机之间通过卫星转发信号建立通信。相比直连链路，卫星中继可以提供更大的覆盖区域和更远的遥控距离。由于卫星带宽资源受限，这种网络架构也限制了网络成员数量，理论上不能超过 1000 个，但对于无人机乃至集群而言都足够使用。但是，对于高速数据业务应用场合，传统的方向性可控天线在体积、重量和成本上对于小型无人机都是不适用的，并且 GCS 与卫星之间的链路也可能受到遮挡，多个无人机之间的通信时延较大。更大的问题是，小型无人机受体积和载荷限制，无法使用更高增益的天线来满足卫星信号衰落大对接收机的要求。

3. 蜂窝网络

蜂窝网络架构与地面公共移动通信系统相似，也需要地面基站的支持，但要求高于传统的公共移动通信系统，以适应无人机更大的活动区域和范围。因此，为了满足小型无人机的操控，需要一个更加精细的蜂窝网络。第一，可以需要多个地面基站来扩展覆盖范围，无人机在飞行过程中需要进行基站切换；第二，多个基站还需具备冗余备份能力，即当无人机与某个基站的链路质量较差时，可以自动切换，与链路质量较好的基站建链；第三，多个基站之间进行频率复用，并且随着飞机数量的增加，可以增加更多的基站；第四，基站天线的覆盖方向主要考虑对空辐射而不是指向地表。

采用这种网络架构，必须通过为多个不同用户服务来降低用户成本。与公共移动通信系统相似，尽管前期成本较高，一旦地面铁塔、无线电设备以及相关的基础网络建好后，后期可以为更多的不同用户提供服务，以支撑网络运行，从而达到最终降低成本的目的。这种架构主要面向民用应用领域，当前最简单的形式就是无人机空中平台及 GCS 都安装 4G/5G 网络通信设备，两者通过地面公共移动通信网络进行通信，可作为直连链路的备份。

采用这种网络架构的另一个好处是可以为后续的空中交通管控(ATC)带来便捷，几乎可以无缝实现无人机数据链与 ATC 系统的自动对接，甚至替代防碰撞识别雷达，也有利于实现空域管理部门对各类无人机的状态监控。

4. 空中自组织网络

空中自组织网络(空中自组网)构架实际上是空中 Ad-hoc 或者 Mesh 网络。网络中的所有节点(可以是无人机，也可以是 GCS)都作为一个接力点进行数据传输。一个无人机与 GCS 之间的通信，可以通过几个节点“跳跃”实现。网络覆盖范围越小，链路要求越简单，同时频率利用率更高，网络效率越高。这种网络需要中间节点时刻存在，以保证维持网络中任意一对用户的通信，甚至需要移动节点来满足这种路由需要。这种网络架构非常适合多个无人机之间需要协同的场合。

另外，空中自组织网络也可以与直连链路、卫星中继以及蜂窝网络相结合，进一步提高链路的冗余度。例如，无人机群飞行超出直连链路作用范围后，GCS 可以将部分无人机位置逐一置后，与直连链路构成一条回传链。极端条件下，部分无人机也可以来回反复飞行，进行数据“摆渡”式传输。

以上四种网络架构的优缺点对比如表 6-3 所示。

表 6-3　典型无人机数据链结构对比

组网形式	基本特点	优　点	缺　点
直连链路	UAV-GCS 点对点通信	简单、成本低	距离有限、易受干扰、扩展性差
卫星中继	UAV 和 GCS 之间通过卫星链路通信	范围大	成本高、机载通信设备体积、重量和功耗都很大，时延大、信号衰减大
蜂窝网络	UAV 和 GCS 之间通过地面基础网络设施通信	覆盖范围广、可扩展性强	成本高、与其他陆地移动通信存在干扰
空中自组织网络	多架 UAV 和 GCS 之间动态组网	可扩展性强、网络抗毁能力强	频谱利用率低、路由协议复杂、成本高

6.2　数据链余量和抗干扰问题

6.2.1　基本概念及余量主要来源

对于无人机数据链而言，地空信道的特点决定其必然受到各种自然因素对信号带来的削弱，同时在军事应用的复杂电磁环境，还会遭受对方恶意干扰，因此数据链的双方所接收到的信号强度仅能满足理想情况下通信系统所需要的最低信噪比是远远不够的，必须留有一定的余量。因此，数据链余量是指系统在受到各种干扰因素后可用的信噪比与系统所要求的信噪比之间的比值。

从上述定义不难看出，无人机数据链余量包含两部分，即在无干扰环境下的余量需求和干扰环境下的余量需求。在工程设计中，并不专门进行区分，这里只是为了结合无人机抗干扰问题，明确有多少额外的余量是专门用于应对蓄意干扰的。数据链余量是衡量无人机数据链可靠性的重要指标，也是设计链路时必须考虑的因素。

无人机数据链余量有几种主要来源，即发射机功率、天线增益、编码增益和处理增益。其中，增加发射机功率是增加数据链余量的最直接、最简单方法，在无人为恶意干扰的自然情况下可能很有效。但是，当存在严重恶意干扰时，由于无人机的机载发射功率受限，不可能达到干扰机的水平，因此对于无人机下行链路而言，这种方式是无效的；甚至对于上行链路，即使 GCS 发射机的功率达到与干扰机匹配的水平，其用处也不大。

因此，对于无人机数据链而言，天线增益及处理增益是增加数据链余量的主要来源，这将分别在 6.2.2 节和 6.2.3 节中详细讲解。另外，需要说明的是，尽管这里关于无人机数据链抗干扰能力的讨论主要针对 6.1.4 节中的直连型数据链，但有关编码增益和处理增益的内容同样适用于其他类型数据链。

6.2.2　天线增益

天线增益是指在给定一个相同的距离和总辐射能量的前提下，辐射到特定方向上的能量密度与理想(各同向性)辐射源在空中同一点所产生的能量密度之间的比值，也称为定向增益。需要注意的是，在接收端，同样也存在天线增益的概念，即使用一副带有增益的天线用于接收信号，接收机输入端的有效信号强度同样会因为天线增益而增加，即通过天线获得额外的功率余量在 UAV 和 GCS 两边都可以实施。

对于无人机数据链而言，常用的天线有全向的鞭天线，具有一定指向的倒 F 天线、板状天线，以及抛物面天线、八木天线和透镜天线等定向天线。

1. 鞭天线

鞭天线是无人机上最常用的天线形式，因为柱状天线的辐射强度在轴线方向最弱，其他位置呈环形分布，所以使用竖直向上或向下的鞭天线可以在无人机任何飞行姿态、任何朝向和距离的情况下获得比较稳定的信号。一般机载鞭天线增益为 2～9 dB，其有效辐射尺寸随着通信频率的提高而缩小(约 1/4 波长的整数倍)。这种天线方向性弱、增益小，其最大缺陷就是通信距离近。尽管通过适当增加天线长度可以在一定程度上提高增益，但无人机若携带天线过长，则会带来很大的阻力影响飞行性能并且机体容易受伤，所以一般仅在地面利用方向性较强的高增益天线来增加通信距离。

2. 倒 F 天线

倒 F 天线是单极子天线的一种变形结构，可有效降低天线的高度，结构简单、成本低，基材为纯金属材料，使用时无需附件匹配电路，只需金属导体配合适当馈线即可，且辐射方向非常适合无人机地空通信场合，因其结构与倒置的英文字母“F”相似而得名，如图 6-2 所示。由于倒 F 天线体积小、重量轻，在无人机上安装也比较灵活，可以安装到机身上方、机身两侧或机翼下方。

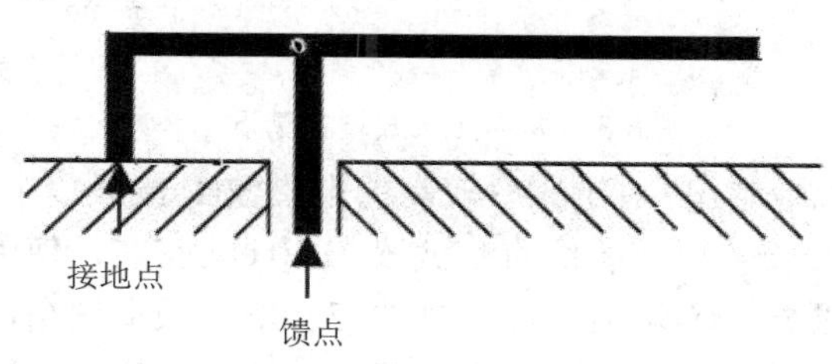

图 6-2　倒 F 天线

3. 板状天线

为了增加通信距离，地面站往往配备板状天线。它的辐射分布是平板所朝向的方向最强，向他方向逐渐减弱，一般增益在 10～20 dB，更高的增益会造成平板过大，覆盖范围变小。在发射功率相等的情况下，与鞭天线相比，理论上板状天线能够延长通信距离数倍，通常增益每增加 6 dB，距离会增加一倍。我们可以把板状天线理解为发射功率聚拢的鞭天线，所以它带有很强的指向性。当天线平板中心对准飞行器时，可获得最好的通信效果，对不准则会失去信号。对于一些大型无人机，也可以使用板状天线作为机载卫星通信天线，通过卫星链路实现超视距通信，如以色列研制的“苍鹭”系列侦察无人机采用了包含一套 25 cm × 10 cm 的 X 波段平板天线。

4. 抛物面天线

基于数学理论，抛物面天线可将平行光(电磁波)聚集到某一点，即焦点。同理，若辐射源位于焦点上，则其能量也会被反射器平行反射。为了实现这种方向性很强的窄波束宽度，抛物面反射器的直径必须远远大于所使用的无线电波的波长。抛物面天线增益的计算公式如下：

$$G(\mathrm{dB}) = 10\lg\left(4.5 \times \frac{D}{\lambda} \times 2\right) \tag{6-1}$$

其中，D 为天线的直径，λ 为波长。

图 6-3 所示为抛物面天线的增益情况。

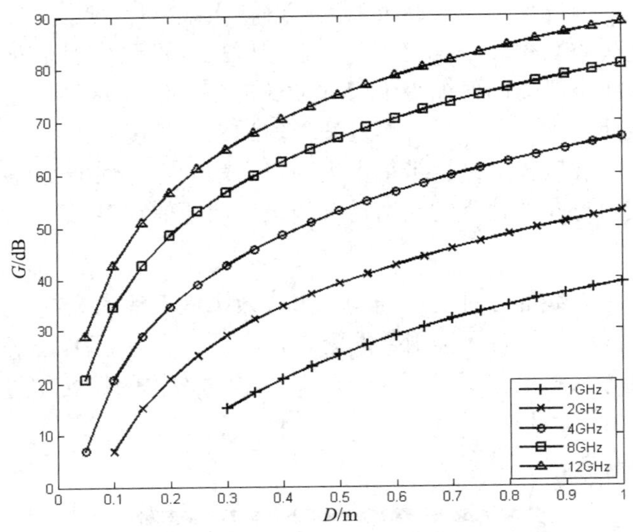

图 6-3 抛物面天线增益情况

由图 6-3 可以很直观地看出，对于频率较高的电磁波(L 波段以上)，增益效果非常好，并且这些波段的电磁波波长较短，最长的 L 波段在 30 cm 左右，使用直径为 1 m 的天线已经足够满足尺寸上的要求，而增益就能达到约 35 dB。频率越高，波长越短，对天线尺寸要求越小，在相同物理尺寸下增益越高。因此，这种天线非常适用于频率较高的无线电应用场合，这也恰恰解决了这些频率的无线电信号的自由空间损耗过大的问题。而对于频率较低的无线电信号，如几百兆的超短波，因为其波长相对较长，若要达到较高的增益，则其天线尺寸会要求很大。

结合上述分析可以看出，抛物面天线尺寸对小型无人机而言仍较大，在空中平台安装较困难，因此，主要用于 GCS 的接收天线，实现对下行链路信号的高增益接收，只有在大型无人机上，并且系统工作频率很高的场合下，才能作为机载天线使用。例如，美国的“全球鹰”和“捕食者”无人机都选用 Ku 频段的抛物面卫星天线，尺寸约为 75 cm，通过卫星链路中继，进而实现侦察信息的超视距稳定传输。

5. 八木天线

八木天线是由一个有源振子(一般用折合振子)、一个无源反射器和若干个无源引向器平行排列而成的端射式天线，如图6-4所示。该天线是20世纪20年代由日本东北大学的八木秀次和宇田太郎两人发明的，故被称为“八木宇田天线”，简称“八木天线”。八木天线有三对振子，整个结构呈“王”字形，其中与馈线相连的称有源振子或主振子，居三对振子之中，是“王”字的中间一横；比有源振子稍长一点的称反射器，它在有源振子的一侧，起着削弱从这个方向传来的电波或从本天线发射出去的电波的作用；比有源振子略短的称引向器，它位于有源振子的另一侧，它能增强从这一侧方向传来的或向这个方向发射出去的电波。引向器可以有许多个，每根长度都要比其相邻的并靠近有源振子的那根略短一点。引向器越多，方向越尖锐、增益越高，但实际上超过四五个引向器之后，这种“好处”增加就不太明显了，而体积大、自重增加、对材料强度要求高、成本加大等问题却逐渐突出。通常情况下有一副五单元“八木”(即有三个引向器、一个反射器和一个有源振子)就够用了。

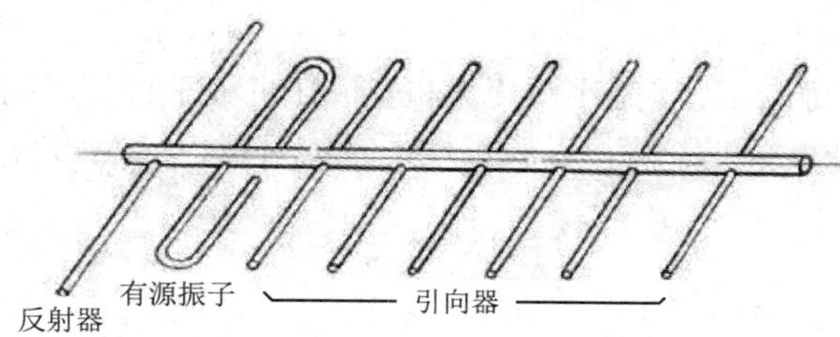

图6-4 典型八木天线结构示意图

相比鞭天线、偶极子天线等全向天线，八木天线有很好的方向性和较高的增益，测向、远距离通信效果特别好。如果再配上仰角和方位旋转控制装置，可以与包括空间飞行器在内的各个方向上的电台联络，通信效果非常好，并且相对其他定向天线成本低。对于无人机而言，八木天线体积过大，无法作为机载天线使用，都是用在GCS，因其方向性强、增益高，可用于下行链路信号的接收或对遥控信号的发射。

6. 透镜天线

透镜天线也称龙伯透镜天线，其工作原理和光学透镜一样，微波能量点源呈球面状发散，位于电磁能量辐射点源前方的绝缘透镜或金属板透镜可以校正无线电磁波，通过合理设计透镜表面形状和折射率，将点源或线源的球面波或柱面波转换为平面波从而获得笔形、扇形或其他形状波束。透镜天线除了拥有良好的辐射特性和增益特性之外，还具有如下优点：一是通过在球面焦点处放置多个馈源，即可实现相同辐射特性的多个波束；二是工作频率完全取决于馈源，与透镜介质材料无关；三是只要移动馈源，就可实现跟踪扫描。

尽管透镜天线在理论上可以完全取代抛物面天线和相控阵天线，但在实际工程应用中存在一些局限性，主要是因为加工高性能、小尺寸的透镜难度大，球体重量大、体积大、不容易固定等因素限制了其应用范围。近年来，很多研究机构都在解决这一问题。

例如，日本 SECOM 公司和东京工业大学的工程团队开发了一种带有毫米波无线通信设备的视频传输系统，该系统就使用了一种小型化轻便的透镜天线，能够安装到无人机上，实现了 4K 无压缩视频的实时传输。

上述这些天线中，尽管有些类型天线增益很大，但受无人机机体平台的空间以及能耗的限制，机载发射机功率不可能太大，并不适合使用高增益的大型定向天线。以图 6-3 所示的抛物面天线为例，工作频率为 12 GHz 时(波长为 2.5 cm)，一副直径为 0.5 m 的天线对于小型无人机而言已经足够大了，但因其直径也只有波长的 20 倍长，得到的理论增益峰值也仅 30 dB。若在较低的频率上，获得较高的天线增益就更困难了。例如，工作频率为 4 GHz 时，波长为 7.5 cm，使用 20 倍波长即 1.5 m 的天线，所获得的天线增益峰值也不足 30 dB，但是 1.5 m 口径的天线，即使对于中大型无人机甚至 GCS(大多数为机动车载式)也过于庞大。如果在机上使用定向天线，还必须配有定向跟踪装置，通过转动天线实现发射天线直接对准地面接收机，但这些又对机载平台提出了更为苛刻的要求。此外，无人机机体表面也会造成偏轴信号泄露，进入天线主波瓣，影响传输效果。一般情况下，无人机机载天线增益大约为 6～10 dB，也就是说仅可以获得 4～10 倍的发射机功率。

因此，对于无人机而言，尤其是小型无人机，依托机载平台使用高增益天线不可行，必须依靠 GCS 天线提供显著的增益，以满足地面接收机对信噪比的需求，实现数据链余量的增加。

6.2.3　编码增益

信道编码也叫差错控制编码，是提高通信系统抗干扰能力、实现信息可靠传输的有效手段，其理论基础是香农公式：

$$C = B\text{lb}(1+\frac{S}{N}) \tag{6-2}$$

式中，N 为噪声功率，S 为信号平均功率，B 为信号带宽，C 为信道容量，即极限传输速率。

由于信噪比(S/N)不可能无限大，由香农公式可以看出，无论采用何种编码方式，通信系统的实际信息传输速率 R 一定小于 C，即给出了一个系统的极限传输速率；从另一个角度看，当给定一个传输速率的情况下，总可以找到某种编码方式，保证信息以任意小的差错概率传输，这就是信道编码的理论依据。

衡量信道编码对于提升系统可靠性的指标是编码增益，即在误码率一定的条件下，非编码系统需要的输入信噪比与采用了纠错编码的系统所需的输入 SNR 之间的差值(用 dB 表示)。在式(6-2)中，假定单位时间内传输的信息量 C 恒定，增加的冗余码元则反映为带宽 B 的增加；在同样的误码率要求下，B 增加可以换取 SNR 值的减小，编码增益实际上就是编码与非编码传输相比节省的 SNR。

可以通过信道编码对数据进行处理，以提高无人机数据链的抗干扰能力。常见的信道编码方式有卷积码、BCH 码、RS 码和级联码等。例如，美军的 Link16 数据链采用了

RS(31, 15)编码，可以检测并且纠正 8 bit 的误差或者删除 16 个错误。也就是说，当 Link16 数据链受到干扰时，若无法准确获知被干扰频点即错误位置，也能够纠正 8 个码字错误，即可对抗 25.8%(8/31)的频点干扰；若可以获知可靠的被干扰频点，则最多可应对 16 个删除错误，可对抗 51.7%(16/31)的干扰。然而，信道编码的复杂度越高，链路设备的处理时间越长，并且对于小型无人机而言，还需要考虑通信设备的功耗，因此在设计无人机数据链的信道编码上，应权衡好时延、抗干扰和系统功耗的关系。

6.2.4 处理增益

处理增益是指在扩频通信系统中，对基带信号进行扩展频谱后，接收机输出 SNR 与输入 SNR 之比，单位为 dB。而在扩频通信中，扩频增益是指被扩展信号频谱带宽与原始信号带宽之比，单位为 dB。相比而言，后者更能直观地反映扩频机制对通信系统性能的影响。

扩频作为增加链路余量、提高系统抗干扰性的有效手段之一，也是无人机数据链中普遍采用的抗干扰技术，其理论基础也是香农定理。式(6-2)中，在保持信息传输速率不变的情况下，B 和 SNR 可以互换，即通过提高通信系统的带宽，即使在很低的 S/N 情况下，也能确保信息的可靠传输。

按照扩展频谱方式的不同，可分为直接序列扩频(Direct Sequence Spread Spectrum，DSSS)、跳频技术(Frequency Hopping Spread Spectrum，FHSS)和跳时技术(Time Hopping Spread Spectrum，THSS)。

1. 直序列扩频

所谓直接序列扩频，就是直接用具有高码率的扩频码序列在发送端去扩展信号的频谱。而在接收端，通过扩频码同步捕获电路来捕获发送的信号相位，并由此产生与发送端相位完全一致的本地解扩信号，把展宽的扩频信号还原成原始的信息。扩频码是具有随机性的高速窄脉冲序列，最常用的就是伪随机码序列，也称伪噪声(Pseudo-Noise Code，PN)码序列。

扩频解调器实际上是一个相关器，扩频信号通过相关器后能有效地恢复，而干扰信号(包括瞄准性窄带干扰和宽带干扰)由于与本地 PN 码不相关而被相关器抑制掉。所以，直序列扩频实际上也是一种信道编码方式。6.2.3 节中提到的信道编码是为了差错控制，是在所传输信息的后面加入相同速率的码流，而这里的编码是为了应对干扰扩展频谱，是用专门的 PN 码与原始信息进行相关运算(相乘或序列模 2 加)。两者的相同点是，它们都是基于香农定理，信道在单位时间传输的信息量一定，在后面直接增加冗余，或者利用高速码流进行相关运算，反映的都是带宽的增加，从而获得对 SNR 要求的降低。

在直序列扩频通信系统中，发送端传输信号经过与 PN 码的相关运算后，带宽增大，而在接收端，同样经过相关运算后干扰能量在传输带宽上也进行了相应的扩展，降低了单位频率间隔内的干扰功率(即谱密度)，而传输信号经过解扩后又还原成窄带信号，增益又得到提高，这种增益称为直序列扩频处理增益，定义如下：

$$P_{\mathrm{GdB}} = 10\lg\frac{B_{\mathrm{Tr}}}{B_{\mathrm{Info}}} \tag{6-3}$$

式中：P_{GdB}为处理增益，B_{Tr}为传输带宽，B_{Info}为原始信息带宽。

这种直接序列扩频的优势是实现简单，且因传输信号淹没在噪声中，很难被截获和测向。但是，对于无人机地空数据链而言，尤其是下行遥测链路需要传输的信息量一般较大，为了实现较高的处理增益，发送端射频系统必须能够容纳最终的扩频后带宽。例如，以一个信息带宽为 1 MHz 的无人机下行数据链为例，要想得到 20 dB 的处理增益，PN 码调制器必须为 100 MHz，射频系统瞬时带宽也要达到 100 MHz，这样会增加工程设计复杂度和成本。

2. 跳频技术

跳频是另一种常用的扩频处置方式，其工作原理是指收发双方传输信号的载波频率按照预定规律进行离散变化。这种预定规律又称为跳频图案，一般是受伪随机码控制的。从通信的实现方式来说，跳频是一种用码序列进行多频频移键控的通信方式，也是一种码控载频跳变的通信系统。

在跳频通信系统中，若干扰机没有掌握跳频参数，不能实时跟踪载波频率，则其必须在整个传输带宽上实施干扰。与直接序列扩频相似，干扰机功率必须扩展至一个很宽的频带上，使得谱密度降低，其处理增益同样由传输带宽与信息带宽比值确定。

除了处理增益外，应对跳频通信系统的抗干扰性能还与跳频速率有关。

3. 跳时技术

跳时扩频通信系统(Time Hopping Spread Spectrum Communication Systems，TH-SS)是时间跳变扩展频谱通信系统的简称，主要用于时分多址(Time Division Multiple Access，TDMA)通信中。与跳频系统相似，跳时是发射信号在时间轴上离散地跳变。先把时间轴分成许多时隙，这些时隙在跳时扩频通信中称为时片，若干时片组成一跳时时间帧，扩频码控制帧内发射的时隙。在一帧内哪个时隙发射信号由扩频码序列进行控制。因此，可以把跳时理解为：用一个伪随机码序列进行选择的多时隙的时移键控。由于在非常窄的时隙发送信号，因此相对说来，信号的频谱也就展宽了。

跳时扩频系统也可以看成是一种时分系统，所不同的地方在于它不是在一帧中固定分配一定位置的时隙，而是由扩频码序列控制的按一定规律跳变位置的时隙。跳时系统能够用时间的合理分配来避开附近发射机的强干扰，是一种理想的多址技术。但当同一信道中有许多跳时信号工作时，某一时隙内可能有几个信号相互重叠，因此，跳时系统也和跳频系统一样，必须采用纠错编码或采用协调方式构成时分多址。

由于简单的跳时扩频系统抗干扰性不强，因此很少单独使用。跳时扩频系统通常都与其他方式的扩频系统结合使用，组成各种混合方式。例如，美国 Link16 将上述三种方式相结合采用自相关性较好的 CCSK(Cyclic Code Shift Keying，循环码移键控)码进行直接序列扩频，在 969～1206 MHz 之间的 51 个频点，以 77 000 次/秒的速度进行跳频，并且每个脉冲符号(持续时间仅为 6.4 μs)更换一次载波频率，而跳时的时延最长可达 2.485 ms。

6.2.5 抗干扰手段

在军事领域，随着用频装备的日益增多和敌我双方对抗强度的日趋激烈，无人机在执行任务时所面临的电磁环境日益复杂，仅依靠扩频通信、提高发射功率、分集接收等传统的通信技术已经无法满足抗干扰需求，目前主要的抗干扰技术还包括以下几种。

1. 认知无线电

认知无线电(Cognitive Ratio，CR)是一种智能无线通信系统，通过对周围无线电环境的实时感知和主动学习，动态地改变通信系统的工作参数，如编码方式、调制方式、工作频率和发射功率等，动态检测和利用空闲频谱，适应外部无线电环境的变化。无人机数据链可以利用认知无线电技术监测通信频段的干扰情况，根据干扰源信号的特征，实时地改变数据链的信道编码方式、扩频码序列、跳频图案、跳时方式、功率配置、天线模式等参数，合理地利用无线频谱资源，提高信息传输能力和抗干扰能力。

2. OFDM 和 MIMO 技术

除了采用上述专门的抗干扰技术之外，当前一些先进的物理层传输技术也在一定程度上提升了通信系统的抗干扰性能，如 6.1 节中提及的 OFDM 技术和 MIMO(Multiple-Input Multiple-Output，多输入多输出)技术。OFDM 是将高速率串行数据变换成多个并行低速数据流，分配到不同的正交子载波上进行并行传输，若对方采用窄带干扰，则只能影响 OFDM 的几个子载波，一方面可以通过编码技术得到纠正，另一方面配合认知无线电技术，当检测到某些子载波受到外界干扰时，主动放弃这些子载波，避开干扰。而 MIMO 指在发射端通过多个天线发射信号，在接收端使用多个天线接收信号，充分利用空间资源，在不增加频谱资源和天线发射功率的情况下，也可以提高系统信道容量，改善通信质量。MIMO 技术与 OFDM、时空编码相结合，能够实现空间分集、时间分集和频率分集，可以在空域、时域、频域上实现抗干扰。而 MIMO 技术如何应用到数据链的抗干扰技术中，仍然需要就天线配置、功率分配、信号检测问题进行研究。

3. 定向天线和自适应天线技术

当前，小型机载通信系统多采用全向天线，其中以刀天线和鞭天线为典型代表，具有风阻小、结构安装简单和重量轻等优点，同时也具有干扰大、增益低、多径效应明显以及易受敌方压制性干扰等缺点。而定向天线是指某一个或者特定的几个方向上，接收和发射电磁波能力强，其他方向几乎为 0 或者极小，以实现对接收到的干扰信号的抑制。因此，采用定向天线技术以应对干扰，成为未来无人机数据链的发展趋势，如美国的 CDL(Common Data Link，公共数据链)。

自适应天线技术是利用相控阵天线原理，对来自各个方向的波束进行空间滤波。当受到压制性干扰时，自身需要的有用信号会和干扰信号在时间和频率上叠加到一起，此时传统的频域和时域滤波已经无法将两者区分开，但是对于低空小型无人机数据链而言，干扰源的方向不可能与无人机或者 GCS 的方向完全一致，两者在空间上具有明显的差异，空间滤波就是利用这种空域分离特性来实现对信号的分离，对干扰信号进行压制，实现了抗干扰。

6.3 数据传输与数据源处理

6.3.1 数据链信噪比预算

数据链路信噪比(SNR)的预算，对于数据链的最大传输速率、应对衰减和干扰的能力至关重要。数据链的这种能力，一般用衰减余量来表示，即数据链用于处理附加损耗的剩余 SNR 的量值。它是数据链在采用任何专门抗干扰措施(如处理增益)之前，在保证系统正常工作的前提下，系统所固有的抗干扰余量。

接收天线输出端(即经过接收天线处理后)的信号强度 S 的计算公式如下：

$$S = \mathrm{ERP_T} G_\mathrm{R}\left(\frac{\lambda}{4\pi d}\right)^2 \tag{6-4}$$

式中：$\mathrm{ERP_T}$ 和 G_R 分别为发射机相对于全向辐射源的有效辐射功率和接收天线的净增益(考虑天线、发射机和接收机损耗后的结果)，d 为通信距离(单位为km)；λ 为无线电波波长(单位为 m)。

接收机中的噪声功率 N 的计算公式如下：

$$N = kTBF \tag{6-5}$$

式中：k 为玻尔兹曼常数，是表征能量和温度的物理常数，取值为 1.3054×10^{-23} J/K；T 为接收机内部温度(开氏温度)，一般情况下取值为 290 K；B 为接收机的噪声带宽，F 为接收机的噪声系数。

根据式(6-4)和式(6-5)可以得到，接收机 SNR 计算如下：

$$\frac{S}{N} = \frac{\mathrm{ERP_T}\, G_\mathrm{R}(\lambda/_{4\pi d})^2}{kTBF} \tag{6-6}$$

考虑降雨以及其他损耗后，将式(6-6)写成对数形式如下：

$$\lg S - \lg N = \lg \mathrm{ERP_T} + \lg G_\mathrm{R} - \lg kT - \lg B - \lg F - \lg\left(\frac{4\pi d}{\lambda}\right)^2$$
$$-\lg(\text{降雨损耗}) - \lg(\text{其他损耗}) \tag{6-7}$$

式中，$\lg\left(\dfrac{4\pi d}{\lambda}\right)^2$ 实际上是式(5-1)所描述的自由空间损耗。对式(6-6)各项乘以 10 后，可以用 dB 作为单位。

下面举例说明无人机数据链的信噪比估算过程。

一条工作在 15 GHz 的无人机地空视距数据链，带宽为 5 MHz，飞机与 GCS 的距离为 30 km，最大允许工作的降水率为 7.5 mm/h。其中，机载发射机功率为 15 W，机载天线增益为 12 dB，发射机损耗为 1 dB；GCS 接收机天线增益为 25 dB，噪声系数为 6 dB，工作所需的最小 SNR 为 10 dB。

首先，计算数据链路传输过程中的损耗：在15 GHz处、传输距离为30 km时，由7.5 mm/h的降雨引起的损耗约为15 dB，自由空间损耗项$10\lg(\lambda/4\pi r)^2$等于146 dB，10lg(5 MHz)等于67 dB，290 K时lg(kT)等于−174 dBm/Hz。

接着，计算机载发射机部分的 SNR 情况：15 W 的发射功率转换为 41.8 dBm(以 1 mW 为参考基准值的 dB 数)，考虑发射机和天线损耗后，ERP_T 为 41.8 + 12 − 1 = 52.8 dBm。

最后，计算地面控制站的 SNR 情况：接收机增益为 12 dB。

为了方便计算，将上述计算结果整理到一张表格中，构成数据链路预算表，如表 6-4 所示。

表 6-4 数据链路预算表

项	含 义	取值/dB
$\lg ERP_T$	发射机有效辐射功率	52.8
$\lg G_R$	接收机天线增益	25 dB
$-\lg(kT)$	接收机内热损耗	− (−174.0) dB
$-\lg B$	带宽对噪声的影响	−67 dB
$-\lg F$	接收机噪声系数	−6 dB
$\lg\left(\dfrac{4\pi d}{\lambda}\right)^2$	自由空间损耗	−146 dB
	降雨损耗	−15 dB
	其他损耗	−3 dB
	系统工作所需最小 SNR	10 dB
剩余衰减余量		4.8 dB

在本例中，最终估算出该数据链的剩余衰减余量为 4.8 dB，理论上讲，该数据链应该能够在考虑上述所有条件下正常工作。但是，在实际工程应用中，这种估计是存在误差的，只需要再有 5 dB 的额外损耗或者外界干扰，GCS 接收到的 SNR 就会降到正常工作所需的最低水平之下，而好的设计通常需要至少留有 10 dB 的衰减余量。

6.3.2 多载波传输技术

随着机载任务载荷种类和数量的增多及性能的提升，之前的单载波调制技术已经无法满足传输速率的要求。因此，以 OFDM 为代表的多载波调制技术开始在地空通信系统中得到应用。第一个多载波航空数据链系统由欧洲第六框架工作组(European 6th Framework Program)提出，被应用于宽带甚高频(Broadband Very High Frequency，B-VHF)系统中，工作频率为 117～137 MHz，采用 MC-CDMA(Multi-Carrier Code Division Multiple Access，多载波码分多址接入)和 TDD(Time Division Duplexing，时分复用)两种体制，其中前者编码后的比特数据再采用 OFDM 调制技术，每个子载波间隔为 2 kHz。随后，系统的工作频率搬移到 L 波段，为了应对更为严重的多普勒频移效应，子载波间隔也相应地提高到 10 kHz，共计 50 个子载波，总带宽为 500 kHz，并且不再使用 CDMA 体制，仅保留 OFDM 体制。另外一个用于航空遥测的多载波传输标准是 P34(Project 34)，由 EIA(Electronic Industry Association，电子工业协会)和 TIA(Telecommunications Industry Association，通信工业协会)提出，可覆盖 187.5 km^2 的区域，在 L 波段的子载波间隔为 50 kHz、100 kHz 和 150 kHz 三种。在上述两种标准的基础上，借鉴 WiMAX(Worldwide Interoperability for Microwave Access，全球微波互联接入)协议，欧洲航管组织提出了 L-DACS1(L-Band Digital Aeronautical Communications Systems 1)和 L-DACS2(L-Band Digital Aeronautical Communications Systems 2)两种无人机遥测体制，区别在于前者采用 OFDM 调制，后者采用 TDM(Time Division Multiple，时分复用)体制下的单载波调制。除了上述标准之外，S 波段下的 OFDM 体制也逐渐用于军用和民用无人机地空数据链中。例如，早在 2003 年，加拿大太平洋微波研究中心将 COFDM(Code Orthogonal Frequency Division Multiplex，编码正交频分复用)用于战术无人机遥测数据链，子载波采用 QPSK(Quadrature Phase Shift Key，正交相移键控)或 16QAM(Quadrature Amplitude Modulation 正交幅度调制)，信道带宽为 8 MHz，根据环境的不同，选择不同的编码和调制方法，速率为 5～20 Mb/s，该系统可较好地应对多径干扰。

OFDM 是一种多载波传输技术，其基本原理是把高速的数据流通过串并变换分解在多个正交子载波上同时并行传输的低速数据流。对于每个子载波而言，由于符号周期的展宽，可以消除多径时延扩展所产生的频率选择性衰落对系统造成的影响。OFDM 系统传输模型如图 6-5 所示。

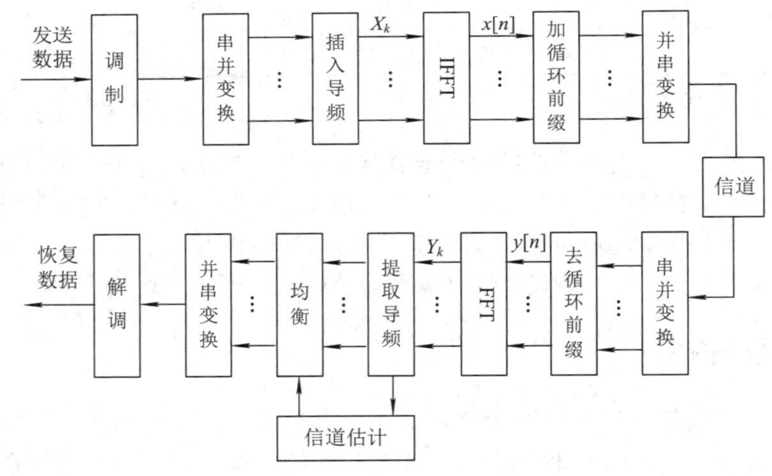

图 6-5　OFDM 系统传输模型

图 6-5 中，X_k 和 Y_k 分别表示第 $k(0, 1, 2, \cdots, N-1)$ 个子载波上的发送和接收信号，$x[n]$ 表示 IFFT(Invert Fast Fourier Transformation，反向快速傅里叶变换)后的时域发送信号，$y[n]$ 表示去除 CP 后的时域接收信号。

结合第 5 章无人机地空信道特点的分析，可以发现 OFDM 技术非常适合无人机地空宽带通信系统，主要表现在以下几个方面：

第一，提升无人机地空数据链的抗多径干扰能力。当无人机在山区、城市等复杂地形执行任务时，由于地面障碍物较多，进入 GCS 接收天线主波束内的无线电波传输路径较多，多径效应明显。OFDM 系统将高速串行数据，通过多个子信道并行低速传输，符号间隔变大了，可以避免多径效应带来的 ISI(Inter Symbol Interference，符号间干扰)。

第二，提高频率利用率。无线电频谱是一种不可再生资源，频谱资源与日益增长的宽带需求是一个亟待解决的问题。而 OFDM 系统中各子载波之间是严格正交的，因此可以提高频谱利用率。

第三，能够有效应对窄带干扰。由于使用多载波传输技术，窄带干扰只能影响 OFDM 的部分子载波，一方面可以通过编码技术得到纠正，另一方面配合认知无线电技术，当检测到某些子载波受到外界干扰时，可主动放弃这些子载波，避开干扰。

第四，适用于无人机地空数据链的上下行非对称性。上行遥控链路用于 GCS 对飞机及机上设备的控制，属于低速率业务；而下行链路主要向 GCS 传递飞行状态参数和机上传感器采集的信息，属于高速宽带业务。OFDM 系统可以很容易地通过调配使用不同数量的子载波来实现上行和下行链路中不同的传输速率。

然而，上述 OFDM 系统的优点需要依靠很多辅助技术来保证。例如，在无线通信系统中，多径效应带来了同步误差，进而造成 ISI，而当收发双方相对移动时，多普勒频移还会造成子载波干扰，具体涉及的主要问题及基本处理方法如图 6-6 所示。

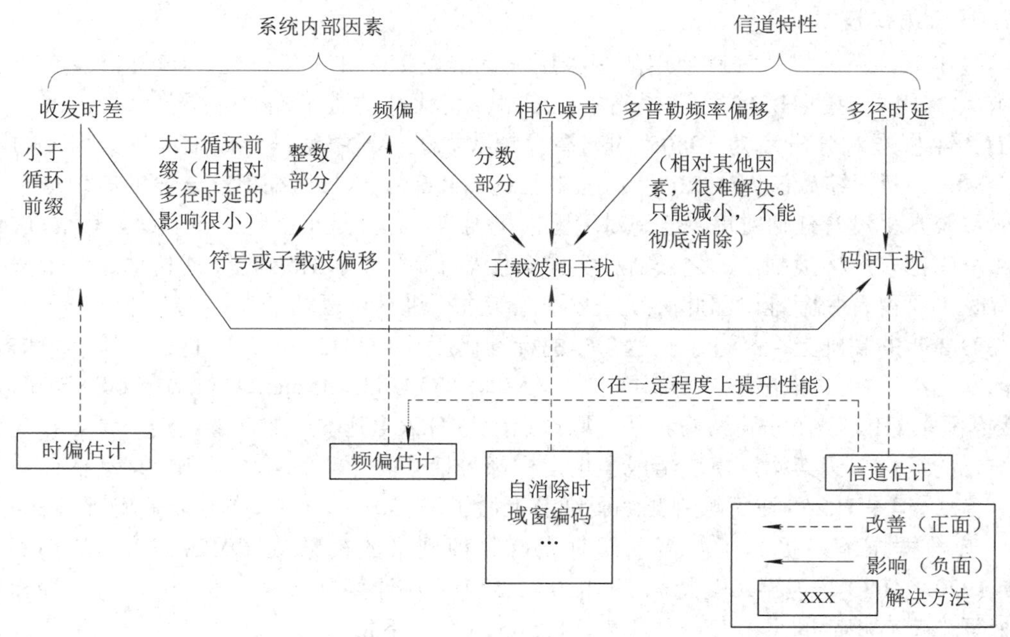

图 6-6 影响 OFDM 性能因素

由于无人机应用特性和地空信道复杂性，上述涉及 OFDM 系统性能的关键问题在解决上又存在特殊性。以 OFDM 系统的信道估计为例，无人机地空 OFDM 系统往往传输速率很高，一般包含的子载波数量较多，带宽较大，为了能够精确地获得每个子载波处的信道参数，往往需要插入较多数量的导频，而以最小二乘法(Least Squares，LS)为典型代表的频域信道估计，要求导频数量不少于信道最大时延所对应的采样点数。而如第6 章所述，无人机地空信道多径的时延很大，则需要的导频数量就会很多，造成频率利用率非常低。另外，无人机地空信道是一种典型的时变信道，即信道参数是随时间变化的，无人机以较低的速度飞行时，信道衰落变化相对缓慢，通常认为在几个码元周期保持不变，只需要周期性地进行信道估计，在一定程度上降低了导频开销，计算量也并不大。但是当无人机飞行速度较高、飞行环境较为复杂时，如障碍物较多的城市或山区地区，信道的衰落变化非常剧烈，信道参数在一个 OFDM 码元周期内是变化的，因此必须在每个符号内都插入导频，而接收端每接收一个符号，都需要进行信道估计，增加了计算量。最后，为了有效应对子载波间干扰，往往需要更多的导频，频率利用率就更低了。

6.3.3 数据源处理技术

如第 3 章所述，随着技术的不断进步，各种任务载荷不断趋于小型化、高清化和综合化，很多小型无人机所携带载荷的种类也不止一种，尤其 ISR 任务载荷，多以图像、视频等多媒体信息为主，并且执行连续侦察任务时，需要回传的数据量更大，单靠提高无人机数据链的传输速率也无法满足要求，因此，在发送前还需要对这些数据进行处理。

1. 压缩编码技术

早些年前，无人机数据链使用的视频压缩标准以 H.264/AVC 为主，该标准发布于2003 年，相比早期的 H.263 标准提高了压缩率，优化和改进了编码数据。例如，使用基于 H.264 标准对分辨率为 1080P 的高清视频数据进行压缩编码，压缩前的数据量约为 622 Mb/s，而压缩后仅为 4 Mb/s，压缩率已达到 0.6%。这一压缩率在一般的应用场合对传输系统几乎没有任何难度，但是对于无人机而言，尤其是小型无人机系统，其载重、功率和空间都有严格限制，加之载荷种类和数量都不唯一，4 Mb/s 的无线传输速率带宽需求有时仍显得有些困难，因此必须在数据源头进行进一步压缩处理。

在 H.264 的基础上，经过了长达 7 年的标准化历程，2012 年 10 月 ITU-T(国际电信联盟标准化组织)正式推出了 H.265 标准，又称 HEVC(High Efficiency Video Coding，高效视频编码)。H.265 在编码结构和基本原理上，与 H.264 基本一致，继续沿用预测和变化相结合的混合编码架构，模块组成上也同样都包括帧间预测和帧内预测、运动估计与补偿等模块，但是 H.265 在每帧视频编码细节上做了重要改进，因此，在性能上相比 H.264 标准，其数据压缩率提高了一倍，同时支持各种规格的视频从 QVGA(320 × 240)到1080P(1920 × 1080)，乃至 8K 超高清(7960 × 4320)，在计算复杂度、压缩率、鲁棒性和时延处理上都有相应的折中。概括起来，H.265 具有以下特点：

(1) 具有更高的压缩率，相比 H.264，同质量视频比特率更低；

(2) 支持更高分辨率，最高可达 8K；

(3) 支持宽帧率视频图像解码，帧率在 29～60 帧/秒可正常解码，最高支持 172 帧/秒的速率；

(4) 支持低时延编码模式、随机接入编码模式和并行编码模式等全新编解码方式；

(5) 具有良好的网络纠错能力和网络适应性，能够根据需求平衡复杂度、视频质量、纠错能力和时延等指标。

2. 视频截断

视频压缩编码固然效果好，但是对于原始图像分辨率不高、无人机数据链容量非常有限，而无人机平台又无法支持编解码硬件设备的情况下，可以对视频源进行截断处理，包括分辨率降低、视场截断和降低帧率等三种形式。

分辨率降低是对相邻像素做平均处理，将垂直方向和水平方向的像素数量减少至原来的 1/2，可使数据传输速率降低至 1/4。但是，这种截断式分辨率降低方法会导致目标检测最大距离减少一半，即传感器对地面的视场覆盖也减小一半。视场截断是指将传感器设定在较窄的视场，这样目标分辨率会有所提高，同时还会节省出额外的分辨率，视场外的其他部分可以直接丢弃。此外，在保证应用的最低要求下，直接降低帧率也是一种方法，例如，保证对一个目标跟踪的最低帧率为 3.75 帧/秒。

采用上述直接处理方法，必须满足视频数据可用的要求。一般情况下，无人机不同侦察目标对视频源的最低要求如表 6-5 所示。

表 6-5　不同侦察目标对视频源的最低要求

目 标 对 象	像素分辨率/(bit/像素)	帧率/(帧/秒)
孤立单个目标	1～1.5	—
目标阵列(阵队、战术单元、多个建筑物)	0.4	—
自动目标搜索、精确回传以及自动跟踪器锁定静止目标	—	0.12～0.25
手动跟踪及自动跟踪器锁定至运动目标	—	3.75

需要说明的是，上述最低要求对具体实现过程中的细节较为敏感，同时更依赖地面操控员或者机组中情报分析人员的能力水平与熟练程度，以及侦察任务的组织细节等。

6.4　无人机空中自组网

6.4.1　多无人机组网形式

相比单个无人机系统应用而言，多无人机系统(无人机群)具有如下优点：第一，完成同样任务的情况下，多个小型无人机的采购和维护保养费用要低于一架大型无人机；第二，使用大型无人机，只能增加有限的覆盖范围，而多个无人机系统的可扩展性更强；第三，单个无人机执行任务，战场生存性差，而在多无人机系统中，若其中一架无人机失控，则其他无人机可接替工作；第四，单个大型无人机雷达截面积大，而多个小型无人机系统的雷达截面积很小，这对军事任务至关重要。

在多无人机系统中，要实现无人机与无人机、无人机与 GCS 之间的信息交互，必须构建通信网络。一种经典的组网方式就是以地面基站(可以与 GCS 集成)为中心的星型网络结构，即所有的无人机都与地面基站之间建立直接链路，若距离较远，可以采用卫星链路进行中继，而无人机之间的信息交互需要经过地面控制站进行转发，实际上是 6.1.4 节中所述的直连方式在多无人机系统中的扩展，如图 6-7 所示。

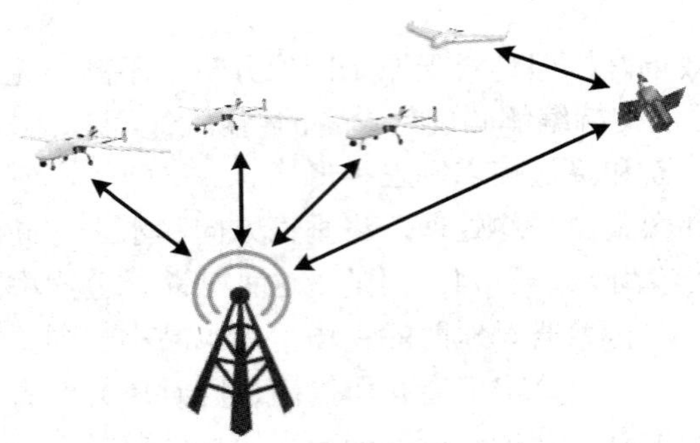

图 6-7　星型网络

多无人机系统组网方式也存在以下缺点：第一，每架无人机必须都要安装昂贵、复杂的与地面基站或者卫星中继的通信系统设备；第二，由于无人机的运动，通信环境是动态变化的，会造成无人机与 GCS 之间链路中断，因此这种星型网络通信可靠性差；第三，为了避免无人机与基站之间的链路中断，无人机的飞行距离也会受到限制。

空中无线自主网络(Flying Ad-hoc Networks，FANET)是另外一个可行的方案，即只有一小部分无人机与 GCS 或者卫星进行通信，绝大多数的无人机之间通过 Ad-hoc 网络实现通信，也可以称为无人机自组织网络(UAV Ad-hoc Network)，如图 6-8 所示。本书使用“FANET”这一定义，只是为了便于后续与 MANET(Mobile Ad-hoc Network，移动自组织网络)和 VANET(Vehicle Ad-hoc Network，车载自组织网络)这两种自组织网络进行区别。

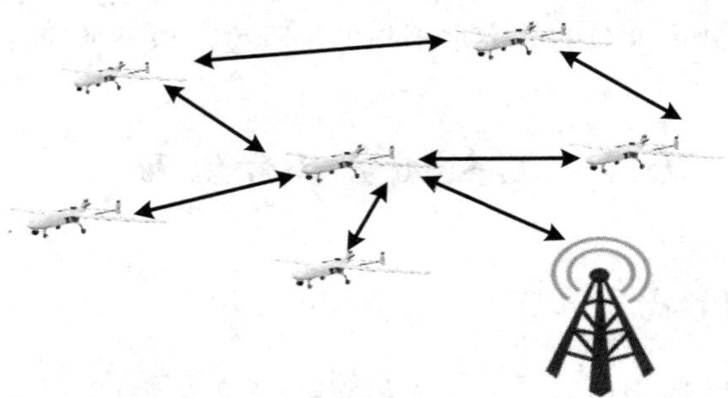

图 6-8　空中无线自组织网络

相比单一的 GCS 与无人机之间的地空数据，采用空中自组织网络形式的无人机数据链具有如下优势：

(1) 扩大多无人机的操作范围，并提高其可靠性。

若一个多无人机系统采用星型通信网络，那么系统操作范围会受到网络架构的影响，作用范围局限于通信网络的覆盖区域内。如果一架飞机失去了与基站的通信联络，也就丧失了可操控能力。相反，FANET 是基于 UAV-UAV 数据链的网络，不仅扩大了系统的操作范围，并且具有灵活性。由于地面障碍物的遮挡或者恶意通信干扰，即使一架 UAV 不能与 GCS 直接进行通信，它也可以通过空中其他 UAV 与 GCS 之间间接进行通信，如图 6-9 所示。

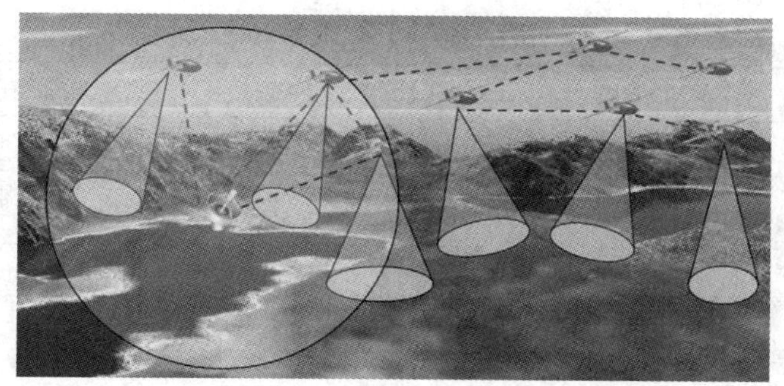

图 6-9 FANET 下多无人机系统的可操作范围

(2) 适合小型无人机的蜂群应用，提高其系统能力。

尽管单架小型无人机重量轻、体积小，任务载荷能力有限，但一定数量的小型无人机组成的蜂群也能完成复杂任务。无人机蜂群行动需要彼此之间的相互协同，但是由于小型无人机体积和载重量有限，不能携带复杂的地空通信设备，而 FANET 需要的通信设备相对简单，重量较轻，体积较小，完全可以满足 UAV–UAV 之间的通信，这样就可避免无人机蜂群应用中的碰撞和冲突，实现协同，确保任务的顺利完成。

(3) 适合无人机长航时应用，降低其载荷重量和成本。

任务载荷受限问题不仅对于小型无人机存在，甚至是高空长航时无人机也同样存在。任务载荷越轻，就意味着无人机可以有更高的飞行高度和更长的续航时间。如果多无人机系统是完全基于“无人机—基站”这种星型网络模式下的通信链路，则每架无人机必须装载相对较重的通信设备。但是，如果使用 FANET，只需要系统中的一小部分 UAV 使用“无人机—基站”模式的通信链路，其他 UAV 可以通过 FANET 相互通信，这样在很多情况下仅需要很轻便的硬件设备，从而延长了系统的续航时间。

6.4.2 FANET 网络的特点

FANET 是 MANET 的一种特殊形式，从某种意义上说也是 VANET 的子集，而 VANET 又是 MANET 的子集。三者之间的关系如图 6-10 所示。

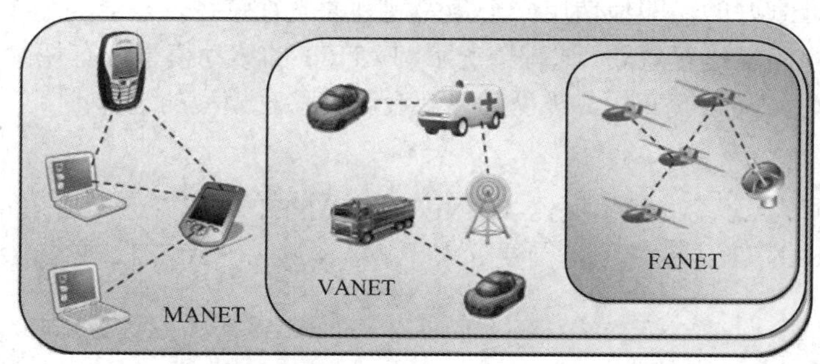

图 6-10 MANET、VANET 和 FANET 之间的关系

FANET 可以看作 MANET 和 VANET 的一种特殊形式，但又在节点移动性、节点移动模型、节点间距离、节点密度、网络拓扑变化、链路质量、节点功耗、节点运算能力、节点定位和业务服务类型等方面存在不同，如表 6-6 所示。

表 6-6　MANET、VANET 和 VANET 区别

	MANET	VANET	FANET
节点移动性	低	高	很高(30～460 km/h)
节点移动模型	随机节点移动模型	具有一定的规律性(沿街道或公路)	一般无规律性(预计航路除外)
节点间距离	近	近	远
节点密度	低	高	很低
网络拓扑变化	慢	快	很快
链路质量	差	差	好
节点功耗	对功耗敏感	对功耗不敏感	不敏感(小型无人机除外)
节点运算能力	弱	强	强
节点定位	以 GPS 为代表的卫星导航定位系统(后同)	GPS/AGPS/DGPS	GPS/AGPS/DGPS/IMU
业务服务类型	端到端	端到端	端到端和大容量数据

1. 节点移动性

节点移动性是 FANET 和其他 Ad-hoc 网络之间最显著的区别。MANET 节点一般在相对固定的区域移动，且移动速度很慢；VANET 节点都是在街道或者公路上运动，速度最大不超过 100 km/ h；而 FANET 节点在空中飞行，相比陆地上行人、车辆而言，无人机飞行速度很快。

2. 节点移动模型

MANET 网络覆盖范围有限，通常采用随机节点移动模型，而 VANET 节点都限制在街道或者公路上，因此其移动模型是可预见的、有规律的。

由于应用场景和服务对象不同，FANET 网络中 UAV 的运动轨迹或状态会有很大的差别。例如，在某些全局路径规划下的多无人机系统应用场合中，系统的移动模型通常是有规律可循的，这也是比较理想的情况；而对于自主模型下的多无人机系统而言，飞行路径不是预先计划好的，即使使用一个预先规划的飞行路径，也会因为飞行环境、任务变化重新对飞行路径进行规划，这种情况下，FANET 的移动模型没有规律可循。此外，无人机的高速运动、姿态的变化、机型等也都会影响移动模型的选择。

3. 节点间距离

FANET 不同节点之间的距离要比 MANET 和 VANET 中节点远，为了建立无人机之间的通信链路，FANET 中的通信范围要远大于 MANET 和 VANET，这点会直接影响物理层的相关设计。

4. 节点密度

节点密度是指单位面积区域内节点的平均数量。FANET 节点分布在空中，即使对于

小型无人机而言，UAV之间也相对较远，因此其节点密度远低于MANET和VANET。

5. 网络拓扑变化

网络拓扑变化取决于网络节点移动性，因此FANET网络拓扑变化要比MANET和FANET节点快很多。此外，若网络中的某个UAV节点因为故障或者电量原因返航退网以及新的UAV节点起飞入网，都会影响网络拓扑。再者，由于无人机的高速飞行、FANET节点间距离的变化、飞行环境的变化等都会导致通信链路状态质量发生变化，同样也会引起网络拓扑结构的变化。

6. 链路质量

MANET和VANET节点几乎都在地表，或与地面相距较近，节点之间不存在LOS。而FANET节点在绝大多数场合都远离地面，UAV之间存在LOS。在这点上，FANET的情况要好于MANET和VANET。

7. 节点功耗

网络生存时间是MANET中一个关键设计问题，尤其对于电池作为能源的设备，设计时需要更加关注通信协议的算法复杂度，以延长网络生存时间。然而，FANET通信硬件平台都由无人机平台供电，相对而言功耗并不是十分敏感的问题。在这点上，FANET的情况要好于MANET和VANET，但小型无人机也同样面临节能问题。

8. 节点运算能力

在Ad-hoc网络中，节点充当路由器的角色，因此必须具有一定实时数据处理能力。一般而言，MANET节点都是采用电池供电的小型计算机(微处理器)，如笔记本电脑、PDA和移动电话等，由于体积和电源的限制，节点的运算能力有限。而在VANET和FANET中，具有强大运算功能的设备可以被使用。除了小型无人机之外，大多数无人机都有足够的能源和空间，支持更为强大的运算能力，而重量是唯一制约因素。

9. 节点定位

精准的地理位置信息是移动Ad-hoc网络的核心。现有的定位方法主要有：以GPS和北斗系统为代表的卫星定位、惯性导航(Inertial Measurement Unit，IMU)定位、信标节点定位和基于接近度(Proximity-based)的定位等。在MANET中，通常采用GPS用于接收一个移动通信终端的协同信号，并且其精度完全可以满足确定节点位置的需要，并且当GPS不可用时，也可以使用信标节点或者基于临近度的方法。在VANET中，导航级的GPS接收机，精度大约为10～15 m，对于路线引导是可以接受的，但是还不足以满足节点间相互协作的需要，如汽车的碰撞报警。若使用辅助GPS(Assisted GPS，AGPS)或者差分GPS(Differential GPS，DGPS)，则精度可达10 cm。因为无人机节点运动速度快，FANET需要更为精确的位置信息，并且要求刷新频率更高。一般情况下GPS刷新频率为1 s，对于某些FANET不能满足需求。这种情况下，无人机需要同时使用卫星导航和惯性导航，惯性导航可以通过GPS信号修正，保证在任意时刻提供精准的位置信息。

10. 业务服务类型

现有的MANET和VANET网络都是针对端到端的服务连接，多无人机系统包含不同类型的传感器，每个传感器又包含不同的数据类型，FANET 也需要这种连接，用于无人机之间的协同。但是，绝大多数情况下，多无人机系统需要搜集任务区域数据，并上传至 GCS，这又与无线传感器网络相似。也就是说，FANET 必须同时支持端到端的通信服务和大容量数据融合传输两种模型。

6.4.3 FANET 网络设计要点

鉴于 FANET 的特殊性，在设计时需要特别关注适应性、可扩展性、时延、UAV 平台限制和带宽等因素。

1. 适应性

FANET 中很多参数是动态变化的，具体表现在：

第一，网络的路由是动态变化的。在绝大多数情况下，系统中的 UAV 都处于高速飞行状态，也就是说 FANET 节点高速运动，节点位置变化快，节点之间的距离也就不是定值。

第二，FANET 网络节点数量不固定。由于小型无人机机体平台的限制，如燃油耗尽需要返航，或者是受到外界恶意干扰破坏，部分无人机可能会出现故障，甚至无法被操控，这样就会带来 FANET 中的节点数量减少。同样，根据任务的需要，在工作过程中，也可能会有新的成员加入 FANET 中，就会带来节点数量的增加。

第三，FANET 中通信链路也是动态变化的。例如，在低空或者山区飞行过程中，无人机之间遇到障碍物的遮挡，或者由于降雨等天气因素，FANET 的通信链路质量可能受到影响，甚至出现中断。

第四，多无人机系统所担负的任务可能发生变化，或者遇到一些其他突然情况，导致无人机航线发生变化，这些都会导致 FANET 中部分参数变化。例如，当一个多无人机系统正在执行搜索救援任务时，一旦获得一个新的情报，任务区域将缩小在一个较小的范围，飞行航线必然发生变化。

综上所述，在设计 FANET 时，必须满足一定的弹性要求，物理层、数据链路层、网络层以及传输层必须适应上述变化。

2. 可扩展性

相比单无人机，多无人机系统之间的相互协作可以极大提高系统性能。在很多应用中，系统性能与无人机数量有很大关系。例如，无人机的数量越多，在执行搜索营救任务时的时间就越短。FANET 相关层协议和算法必须支持系统中无人机数量的增加或减少，根据任务的不同而具有可扩展性(裁剪性)。

3. 时延

无人机应用最为广泛的领域就是侦察监视，这类应用场合对信息的获取、传递和处理的实时性要求很高，由多无人机组成的 FANET 网络，同样对网络的时延要求也很苛刻，节点在对数据的采集和处理，尤其是节点之间信息的传递都必须在一定的时延范围内。此外，当 FANET 内节点数量较多时，以无人机蜂群战术为典型应用代表，无人机飞行速度快，在一个有限空域范围内，无人机之间的防碰撞对 FANET 网络的时延要求也很高。

4. UAV 平台限制

硬件设备重量是 UAV 系统的重要指标之一。硬件设备越轻，载荷越轻，可以延长无人机的续航时间，还可以在 UAV 上部署额外的传感器设备。此外，空间限制也是 FANET 设计时需要考虑的因素。

5. 带宽

绝大多数 FANET 应用的目的都是搜集周边环境数据，并传输给 GCS。例如，在监视、侦察和搜索营救任务中，目标地域的视频或图像信息必须在满足一定时延要求的前提下，通过无人机相互接力，最终传输到 GCS，这就需要系统保证足够的带宽。随着传感器技术的发展，采集到的视频图像具有更高的分辨率，因此对系统的带宽要求更高。此外，多个无人机之间的相互协作、配合也需要一定的带宽资源，但是在带宽使用上，还会受到信道容量、飞行速度、无线网络的不稳定性以及数据广播时的安全性等因素的限制。

参 考 文 献

[1] 丁文锐，黄文乾. 无人机数据链抗干扰技术发展[J]. 电子技术应用，2016，42(10)：6-10

[2] JAIN R，TEMPLIN F. Requirements challenges and analysis of alternatives for wireless data links for unmanned aircraft systems[J]. IEEE Journal on selected areas in communications，2012，30(5)：852-860

[3] 赵海龙. OFDM 遥测中同步技术的研究[D]. 北京：中国工程物理研究院，2012：10-11

[4] HE D J，CHAN S，GUIZANI M. Communication security of unmanned aerial vehicles[J]. IEEE Wireless Communications，2017，24(4)：134-139

[5] BEKMEZCI I，SAHINGOZ O，TEMEL S. Flying ad-hoc networks (FANETs)：a survey[J]. Ad-Hoc Networks，2013，11(3)：1254-1270

[6] ZENG Y，WU Q Q，ZHANG R. A tutorial on UAV communications for 5G and Beyond[J]. Proceedings of the IEEE，2019，107(12)：2327-2336

[7] 刘明辉. 无人机高速数据链关键技术研究[D]. 西安：西安电子科技大学，2019：10-11

[8] 郭正，王鹏，陈清阳，等. 无人机系统导论[M]. 4 版. 北京：国防工业出版社，2018

[9] 陈曦，李晓波，倪淑燕. 无人机机载通信倒 F 天线的设计与特性分析[J]. 装备指挥技术学院学报，2007，18(8)：84-88

第 7 章 ISR 任务应用

ISR(Intelligence，Surveillance，and Reconnaissance，情报、监视和侦察)是小型无人机最主要的军事应用，可以为战术指挥员提供实时的战场态势信息。本章主要介绍无人机在ISR 任务中应用的相关基本概念、应用样式和多载荷协同等问题，并以此应用为例，分析小型无人机战术行动时所面临的安全问题。

7.1 概　述

7.1.1 ISR 的定义

情报是对关于外国、敌方、潜在对手以及实际或者可能的作战区域的可用信息进行收集、处理、整合、评估、分析和理解等所形成的产物。

侦察监视(Surveillance and Reconnaissance，S&R)在很多场合都是一起出现的，但实际上它们是两个独立的方面：侦察是一项通过视觉观察或者其他检测方法得到的关于对手的行动和资源信息，或者是有关特定地区的气象、水文或地理特征的数据；而监视是指通过视觉、听觉、电子、图像以及其他手段对空间、地表或者一定区域、地点以及人员和物体的系统观测。可见，监视是被动的，但可能是连续、不间断的，而侦察有明确的目标，采用主动的方式；通过经常性的侦察可以补充监视，反之，监视通过对某些目标的聚焦，也提高了侦察的效率，降低了侦察行为风险。侦察和监视是独立的，但又是相互联系、互补的，在一起使用比单独使用的价值要高很多。

可见，ISR 是为了形成并分发支持当前和下一步作战的相关信息，对来自传感器的信息进行收集、协同、集成、处理、分析和判读等一系列活动的统称。

7.1.2 ISR 的作用

能否及时掌握并准确理解战场态势对于军事作战的胜败至关重要。而这需要主动、连续的 ISR 行动来获取不同来源的信息，并且经过分析和处理后形成情报，以解决指挥员关于对手、天气、气候、地形等自然环境和社会环境的疑问，为各级指挥员和参谋人员提供情报信息，以便他们尽可能地全面掌握战场态势和敌我态势。这就是 ISR 的功能。

与作战行动相同，ISR 行动也分为战略、战役和战术等三个级别。战略级的 ISR 旨在为制定国家战略、策略和计划提供客观翔实及有预测作用的信息和数据；战役级的 ISR

旨在为实现战役指挥员作战意图，拟定作战行动方案并组织实施提供信息保障。例如，战役指挥员与参谋人员依靠关键信息情报需求，查明敌方优势和弱点，推断其重心，选择打击手段和方式，同时也可以提供多种战役行动评估；战术级 ISR 主要集中在对不明目标侦察、一定区域监视、敌我识别以及火力打击评估等，这些信息可以用于辅助确定后续战斗计划。

7.1.3　使用 UAS 的优势

航空、电子信息和导航制导等技术经过数十年的不断发展，已经使无人机在军事上得到了广泛应用。以美军为例，纵观其现代数次战争，都有无人机的参与，其所担负任务情况如表 7-1 所示。

表 7-1　美军无人机作战担负任务情况

战争	无人机担负任务					
	侦察	监视	欺骗	干扰	通信中继	攻击
越南战争	√					
海湾战争	√	√	√	√	√	
波黑战争	√	√		√	√	
科索沃战争	√	√	√	√	√	
阿富汗战争	√	√			√	√
伊拉克战争	√	√	√	√	√	√

从公开的资料可以看出，无人机参与美军军事行动，ISR 是最主要的应用，并且美军已经将无人机作为 ISR 任务中搜集数据的主要手段。无人机在 ISR 中应用的优势主要体现在：一是比有人驾驶飞机代价低；二是不存在飞行员的生理限制，可以用于长时间的任务；三是不存在人员受伤、被捕或死亡的威胁。

无人机可以用于搜集敌方地形、组织和基础设施等数据，也可以对敌方重要目标、进攻和防御位置进行实时监控，还可以用于战后战场评估。2016 年 6 月，美国国防部国防科学委员会发布了一项关于包含无人机在内的自主系统的研究报告，指出自主系统在以下几种情况或环境下对任务完成最有利，主要包括：及时定下作战决心、大容量复杂数据处理、间歇性通信、高复杂性的协同行动、危险性和持久性任务。

上述这些情况在 ISR 任务中都有涉及，因此无人机已经成为很多军队在上述复杂情况下收集数据的最有效手段。

7.1.4　面临的挑战

近年来，无人机在 ISR 和其他传统任务领域的应用剧增，并且一些之前不可能的应用场合也呈现出新的机遇。然而，由于过度依赖这些系统去收集与任务密切相关的作战信息，并且友军和敌军的无人机使用量都很大，应用领域的拓展和规模数量的增加也带来了新的威胁和挑战，主要如下：

一是如何在使用中确保无人机的自身安全性。无人机在执行 ISR 任务中，几乎都是在敌方控制区域内执行，受到敌方火力打击、通信链路和导航定位信息干扰等威胁(相关具体内容可参考 7.4 节)，这些都会造成无人机执行 ISR 任务的失败，甚至是飞行平台的坠毁，最为重要的是无人机所涉及的敏感信息也容易被敌方截获。

二是如何应对大容量数据传输和处理需求。无人机上常用的 ISR 任务载荷有可见光(红外)摄像机、雷达、电子侦察等设备，各载荷之间优势互补、相互配合才能够实现对不同类型目标的全时动态监视，而无人机机上无人，并且受到人工智能化程度的局限性，必须要将这些数据回传至 GCS，尤其是高光谱和 SAR 雷达等先进成像技术的应用，所需回传的数据量巨大，这对无人机机载信息数据处理和下行数据链的传输速率都提出了很高的要求。

三是如何在动态、激烈的战场环境下最好地发挥无人机的性能，包括不同载荷的相互协同、ISR 任务中的航线规划、有人机和无人机之间的协同、机载平台局限性和载荷性能最大化之间的矛盾。

7.2　ISR 任务样式

7.2.1　广域测绘和侦察

高空长航时(High-altitude Long-endurance，HALE)无人机可以在很高的空域进行巡航，能够以高精度和很长的时间，对很大的区域进行测绘、侦察和监视，为军事指挥员提供有关敌方位置、资源和人员等实时和非实时的精准信息。执行这类任务时，除了常用的光电(红外)摄像机之外，无人机往往使用 SAR 和高光谱成像载荷，生成侦察区域的不同类型情报数据信息。上述这些数据，既可以通过机载数据链回传给地(海)面用户，也可以通过卫星转发至远端用户；相似地，对这类无人机及其任务载荷进行操控时，既可以通过 LOS 链路，也可以通过卫星中继链路，如图 7-1 所示。

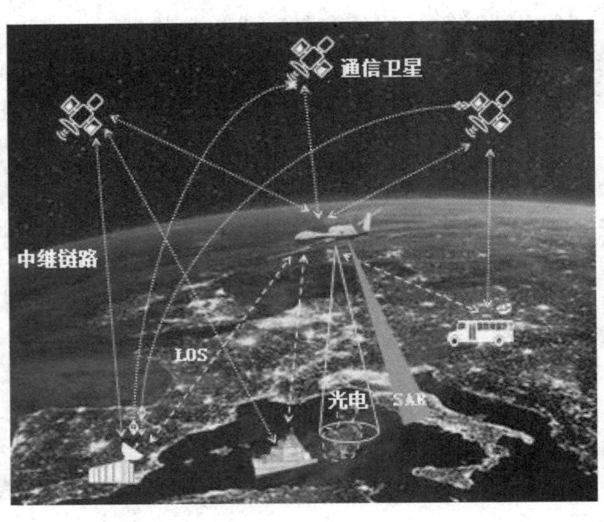

图 7-1　高空长航时 UAV 执行 ISR 任务信息交互示意图

广域测绘和侦察任务实质上一种战略或战役层次的 ISR 任务，承担该任务的无人机主要是高空长航时大型无人机。以美军为例，现役大型战略无人机主要性能指标如表 7-2 所示。

表 7-2　美军战略无人机主要性能指标

参数	机　型			
	MQ-1C	MQ-9B	RQ-4A/B	MQ-4C
机长/m	17	20	35.4	40
翼展/m	8	11	13.5	14.5
飞机重量/kg	1632	2223	3850	3850
载荷/kg	204	170	1040	1463
速度/(km/h)	278	370	650	575
巡航高度/km	4600	1500	18 000	18 000
作战半径/km	2160	5926	5557	3704
续航时间/h	40	28	35	35

除了高空长航时无人机之外，卫星、有人驾驶高空侦察机也是典型的战略侦察力量。三者比较而言，卫星侦察具有侦察范围广，可对对方战略纵深目标进行侦察的优点，而缺点是只能在“过顶”期间实施，不能全时侦察，不够灵活；有人驾驶高空侦察机携带的侦察设备多，灵活机动，但是不能长时间部署，并且风险程度高；而大型战略无人机依托其搭载的高空侦察载荷，可对任务区域实施 24 小时常态化侦察、监视和测绘，重要的是可在危险地区执行飞行任务。可见，在现代军事战略级 ISR 任务中，高空长航时无人机、卫星和有人驾驶高空侦察机都是不可缺少的，三者各有优势，相互协作。

7.2.2　越山侦察

与大疆域的广域测绘和侦察相反，在 ISR 任务谱系的另一端，以小型无人机为主的短距离、近地侦察，如在“下一座山”或者“拐角附近”等场合下，可为部队提供地域内的情况和威胁信息。这里，将这类战术级侦察任务统称为越山侦察(Over the Hill Reconnaissance)，如图 7-2 所示。

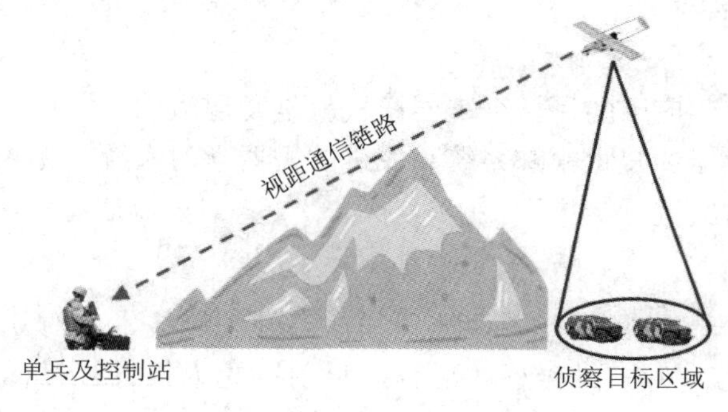

图 7-2　越山侦察示意图

小型无人机在越山侦察中，可单兵携带、部署迅速，可以满足其战术行动时效性的要求。相对于常规陆地传统侦察，越山侦察的探测距离远、视野范围广、信息传递快，并且无人员伤亡的危险。其具体用于：在地形方面，查明作战地域内机动路线、路况及周边的地形地貌情况；在敌情方面，可查明作战地域内的指挥机构、火力打击装备以及力量分布，若携带无线电侦察设备，则可对敌雷达、通信等电子信息节点实施精确定位或干扰，依靠SAR还可以通过伪装实施侦察。无人机空中侦察与战术地面侦察力量可相互印证、取长补短，构成战术立体侦察体系。

在进行区域覆盖侦察时，目前两种经典的飞行方式是平行线式和内螺旋式。由于无人机性能的约束，现有研究已经证明，从能量、路程、时间上来看，转弯过程比直线飞行的效率要低，因为内螺旋式侦察中无人机大部分时间都在做机动转弯。因此，小型无人机在执行侦察任务时，一般情况下从效率角度考虑，应采用平行线飞行方式。采用这种方式时，都会存在任务区域边界问题，也同样会涉及转弯问题。如图7-3所示，两种飞行方式的直线路程长度都是56个单位，但明显图(a)的覆盖方式要比图(b)多3个转弯，所以为了提高侦察效率，应该尽量选择转弯次数少的侦察路线，即让无人机沿任务区域长边的方向，用平行线飞行方式对区域进行覆盖侦察。

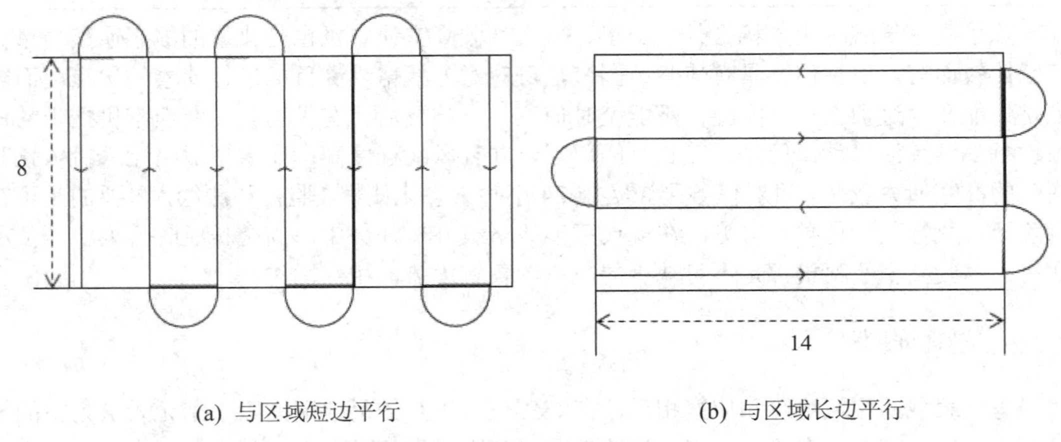

(a) 与区域短边平行　　(b) 与区域长边平行

图7-3　搜索方向示意图

7.2.3　目标定位与跟踪

小型无人机战术侦察应用的另一个重要样式就是发现敏感目标后，对其进行定位和跟踪。利用传统基于传感器的视觉跟踪系统和先进的机器学习系统，无人机可以在巡航过程中发现敏感目标，并对其进行定位和跟踪。

1. 目标定位

目标定位就是基于摄影测量、图像处理和信息处理等技术，对无人机遥测数据进行处理与分析，提取目标精确三维坐标的过程。目前，无人机进行目标定位主要有以下三种方法：

第一，基于无人机遥测数据的实时定位。这种方法直接将无人机对目标定位的瞬间位置信息、姿态信息，以及侦察载荷转台的转角信息、测距信息等输入定位解算模型中，从而可以快速解算出目标位置坐标。具体方法和过程可参考 4.4.2 节。该方法具有实时性好的突出优点，是现役无人机定位系统经常采用的方法。

第二，基于图像配准的非实时定位。这种方法是建立在预先基础图像的条件下，无人机侦察得到的视频图像经过数字化处理和几何纠正后，与预先基准图像进行高精度匹配，进而实现所关心目标的精确定位。该方法具有目标定位精确度高、可多点同时定位等突出优点，但实时性会制约应用范围。

第三，基于空间交会的目标定位。这种方法本质上是第一种方法的扩展。无人机执行侦察任务时，发现感兴趣目标，进入跟踪状态，激光测距得到目标距离，采集跟踪后的遥测数据和图像数据，之后进行数据信息综合，利用交会模型对同一目标进行目标定位。

2. 目标跟踪

一般的小型战术固定翼无人机对地面目标进行跟踪时，通常采用“保距”跟踪方式，即空中无人机和地面目标保持一定距离，对低速移动目标通常采用在目标上方盘旋飞行的方式，而对于高速移动目标，可按照巡航模式飞行，这样有利于获得分辨率较高的图像。但是，在这种跟踪方式中，持续、稳定地获取目标图像还存在一定的困难。例如，常用的视觉跟踪技术容易受到云雾、障碍物遮挡和光照强度等影响，容易出现目标“出窗”和图像抖动等问题，并且机载处理能力不足。

此外，视觉目标跟踪的结果往往会作为飞行控制系统的输入，控制云台转动和无人机飞行，并且 GCS 还会根据云台和无人机平台的姿态解算出目标在地理坐标系中的具体位置，反过来再用于引导无人机对目标进行保持跟踪。在这种情况下，对视觉跟踪的准确性和鲁棒性提出了更高的要求，在技术设计和选择上需要重点关注以下几个方面：

一是准确性。作为云台姿态和无人机运动的控制量和后续持续定位跟踪的依据，视觉目标各种信息的准确性必须考虑，否则误差的积累会导致目标跟踪的失败。

二是鲁棒性。在无人机对目标实施“保距”跟踪过程中，视距目标跟踪系统必须能够适应目标图像的显著变化，不能因为外观变化而出现大范围的跟踪漂移甚至“出窗”现象的发生。

三是恢复性。在跟踪的过程中，需要判别目标是否已经被遮挡或“出窗”，并且在目标再次出现时，具有重新检测、锁定的能力。

四是实时性。机载图像处理平台计算能力较弱，在侦察应用中需要图像定位模块实时为控制系统提供目标在图像中的位置，而机载平台的功耗和载荷能力有限，因此在系统选择上必须充分考虑性能指标之间的平衡。

3. 军事应用

无人机目标定位能够精确测量目标的三维位置坐标，进而可以计算其运动变化规律、分析属性，以及与周围其他对象的相关制约、相互影响的关系，最终能够预判目标的威胁和意图。它可以部分代替卫星的传统测绘定位，获取目标地理空间情报；若将其纳入战术军事地理信息系统，则可为指挥员认识战场地形环境提供现代化的工具和手段。下面介绍几种无人机定位技术在军事上的具体应用。

一是精确打击。精确打击是无人机目标定位最主要也是最重要的应用。现代的大型无人机都具有侦察和打击一体化的功能，即使是小型无人机，也具备一定的火力打击能力，如以“弹簧刀”为典型代表的一次性使用无人机。无人机在执行侦察飞行任务时，地面操控人员通过控制光电系统，可以在昼夜以及不良气候的条件下，克服无人机在飞行过程中的振动或其他外部干扰，实时测量出目标准确的三维位置坐标，对军事情报工作具有非常大的用途。一旦定位出可疑威胁目标，可以立即对目标进行高精度的打击任务，整个过程符合“发现即摧毁”的作战理念。

二是导航定位。随着无人机的应用发展，参战人员获取视距外远程目标参数的能力大大提高。操作人员获得的无人机目标定位的实时三维位置信息，不仅可以帮助无人机进行精确打击任务，同时还可以作为其他武器平台导航定位的工具。无人机目标定位信息作为精确制导武器的眼睛，可指引远程攻击武器进行打击。例如，小型无人机可引导舰炮上远程导弹武器对岸上超视距目标进行攻击以及引导有人直升机、导弹等航空兵器对地实施精确打击等。

三是航迹规划。航迹规划是根据任务目标规划出满足约束条件的飞行轨迹，是无人机任务规划的关键技术之一。无人机实际飞行中如果实时定位出突发威胁目标(如防空导弹、扫描雷达等)的位置情况，则必须进行航迹重规划，以便规避威胁。在整个飞行过程中，无人机根据实时测量定位的威胁信息，不断修正参考航迹，并替换原突发威胁航迹段，直至达到目标节点。

7.2.4　化学、生物、发射性、核武器和爆炸等的侦察和监视

CBRNE R&S(Chemical，Biological，Radiological，Nuclear and Explosives Reconnaissance and Surveillance，化学、生物、发射性、核武器和爆炸等侦察与监视)是整个 ISR 任务中的一个重要组成部分。从不同的角度，CBRNE R&S 有不同的分类，如图 7-4 所示。

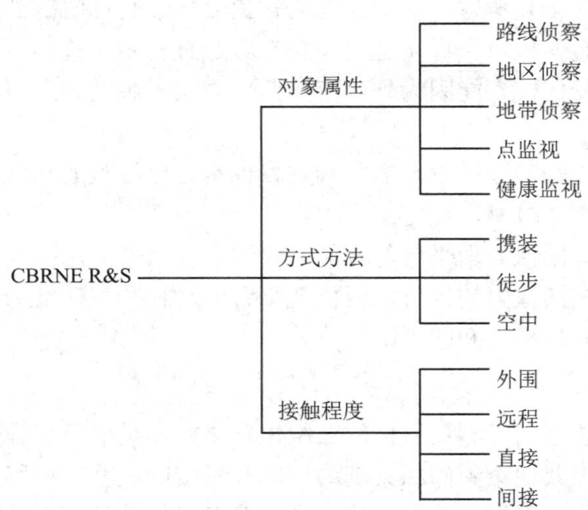

图 7-4　CBRNE R&S 任务分类

1. 按照侦察或者监视对象的属性分类

按照侦察或者监视对象的属性，CBRNE R&S 可分为以下五种：

(1) 路线(Route)侦察：是获取某一交通路线、敌方行军路线以及敌我相邻地带的 CBRNE 相关信息，主要用于评价 CBRNE 危险物质对上述路线(地带)的影响程度，包括公路、铁路、水路或者进攻方向等。

(2) 地区(Area)侦察：是对给定某一地理范围内的可疑 CBRNE 污染物质浓度的确认，可以是一个城镇、一座山区、一片森林以及我方准备进攻、途径的地方等。

(3) 地带(Zone)侦察：是获得具有明显天然障碍分界(如森林、河流)的一定范围内的 CBRNE 信息，通常包括使用多种其他方式，如移动和静止相结合，或者包括多个地区方式侦察。

(4) 点(Point)监视：旨在对某个与 CBRNE 相关的特定位置、人或者其他目标，实施连续观测或者间歇性的观测。相比地区监视，点监视是对较大面积的地理区域实施连续或者临时性的观测，能力更强。

(5) 健康(Health)监视：是对与人体健康相关的数据进行连续或者规律性的收集和分析，是公共卫生健康工作评价、计划和实施等所必备的，包括医疗和环境监视。这些信息用于监控公共群体的健康状态，识别潜在的疾病和危险，以便及时干预和应对。

2. 按照侦察监视的方式方法分类

按照侦察监视的方式方法，CBRNE R&S 可分以下三种：

(1) 徒步(Dismounted)方式：主要是步行，所支持的装备非常有限。徒步方式通常适用于时间紧急、与敌方近距离接触需要隐蔽以及城市、森林等特殊环境下机动车辆无法使用的场合。

(2) 携装(Mounted)方式：是指依靠地面机动车辆等装备执行任务，旨在将人员暴露在 CBRNE 的危险降至最低。显然，相比徒步方式，携装方式可以在更短的时间内完成更大面积的 R&S 任务。为此，很多车辆都要加装外罩和车载空气过滤系统以应对 CBRNE 威胁。

(3) 空中(Aerial)方式：是在空中进行放射性物质检测，效率比陆上携装和徒步方式更高，可为我方人员提供更好的防护，但是需要对所采集的数据进行“空—地”参数转换。

3. 按照侦察监视的接触程度分类

按照侦察监视的接触程度，CBRNE R&S 可分为以下四种：

(1) 外围(Standoff)方式：是指观测人员或设备不在任务区域内，而是根据所采用的监测设备情况保持一定的距离，既可以静止也可以移动。在侦察中主要用于对 CBRNE 的辅助定位和确认，在监视过程中提供 CBRNE 威胁的预警、识别和跟踪。

(2) 远程(Remote)方式：是指操作人员与 CBRNE 威胁区域保持一定的距离，依靠通信链路对监测监视设备进行控制。通常情况下，这些设备是可回收的，并且都是固定在某一位置。而近年来随着新技术的应用，监测监视设备也可以被放置在移动平台上，如无人机、无人车等。

(3) 直接(Direct)方式：是指人员或设备在没有任何防护的情况下，暴露在 CBRNE 威胁区域内执行任务的方式。通过这种方式可以得到可疑威胁物质的精确数据信息。但这种方式必须要在满足严格标准或者特殊情况下采用，如污染物质浓度很低不会对人员造成伤害。

(4) 间接(Indirect)方式：是指当污染物的浓度过高时，无需在 CBRNE 威胁的源头处放置设备即可实现侦察监视，实际源头处的污染程度可以通过设备位置和源头的距离来进行换算。其典型应用场景就是对发射性污染物质的监测，设备有 X 射线和 Raman 射线光谱仪等。

根据上述对 CBRNE R&S 行动相关基本问题的分析，结合小型无人机的特点，可以得出以下结论：

第一，在无人机平台允许的情况下，搭载专门的 CBRNE 任务载荷，无人机非常适用于执行 CBRNE R&S 任务，能够避免潜在身体危险和伤亡。

第二，利用无人机进行 CBRNE R&S 任务，是一种典型的空中 CBRNE R&S 行动，地面操控人员通过无线通信链路对机载任务载荷进行操控，属于一种典型的远程 R&S 行动，并且可根据情况进入污染区域进行直接式侦察监视。为了防止机体平台受到污染，也可使用间接的方式。

第三，由于无人机部署灵活、在空中飞行移动自如，可根据情况采用悬停(盘旋)的方式驻留。为了提高效率、提升效果，也可使用多机编队或接替工作的方式，可实施对路线、地带、区域及点的侦察监视任务。其具体映射关系如图 7-5 所示。

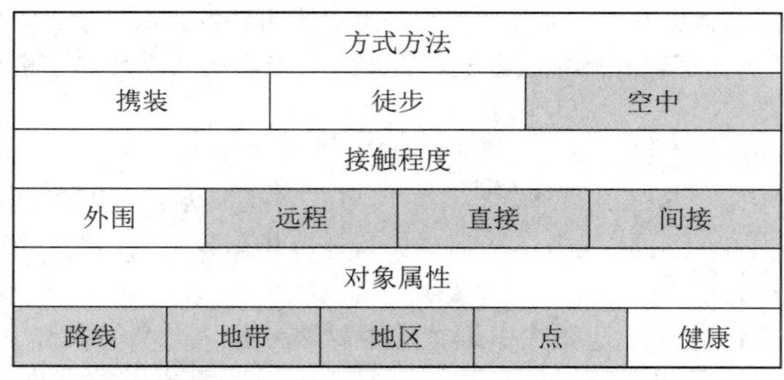

图 7-5　无人机执行 CBRNE R&S 任务映射图

下面以小型无人机对区域实施 CBRNE R&S 为例，给出单机和多机两种不同情况下，实施单机间接监视、多机间接监视和直接侦察监视行动的应用样式。

1) 单机间接监视

单机实施 CBRNE R&S 任务时，在航线规划上要尽量围绕危险区域飞行，并且要选择合适的驻留位置进行数据采集，以保证能够从多个、不同的方向对危险区域进行探测，如图 7-6 所示。驻留时，旋翼机采用(超)低空定点悬停方式，固定翼飞机采用(超)低空、低速盘旋方式；要根据当时的风速、驻留点与危险物之间的安全飞行距离、机载传感器有效探测距离、无人机续航时间等因素，选择合适的驻留位置和时间。

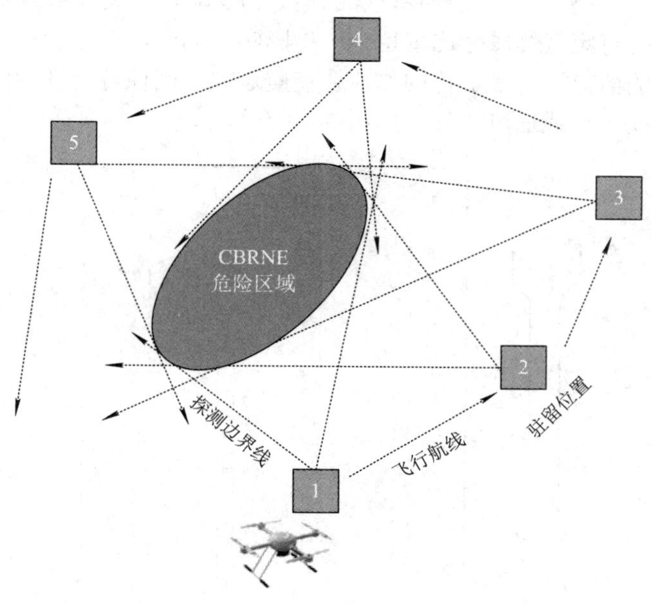

图 7-6　单机间接监视示意图

2) 多机间接监视

当任务时间较长，任务区域面积较大，单机在续航时间和作用范围上无法满足需求时，或者风速较大，无法从多个方向进行探测采集数据时，可采用多机远程间接侦察监视的方式。使用多机时，多架小型无人机驻留位置的选择同样要确保能够对目标区域从多个方向进行探测，如图 7-7 所示。

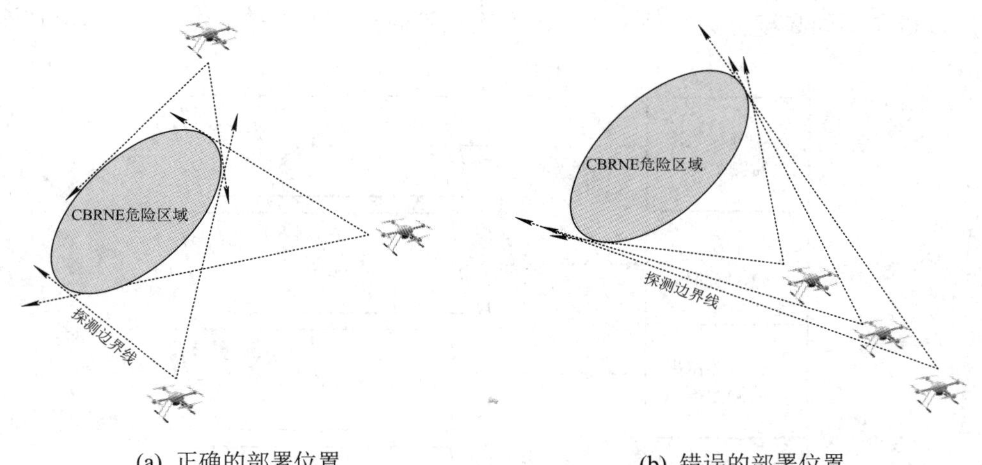

(a) 正确的部署位置　　(b) 错误的部署位置

图 7-7　多机间接监视示意图

3) 直接侦察监视

当无人机直接进入污染物地域内实施侦察监视时，需要考虑以下两方面问题：

一方面，飞机平台本身对监测结果的影响。例如，对于旋翼或带螺旋桨的无人机平台，桨叶的转动会造成空气扰动，采用燃油(汽油、重油)发动机的无人机自身也会排放尾气，对监测区域内的某些特定气体成分比重也会产生影响。因此，在进行航迹规划时，在满足采集区域最小面积的前提下，多机协同作业要使航迹线之间保持合理的距离，可采用保持一定间隔的平行航线飞行或逆风飞行，如图 7-8 所示。

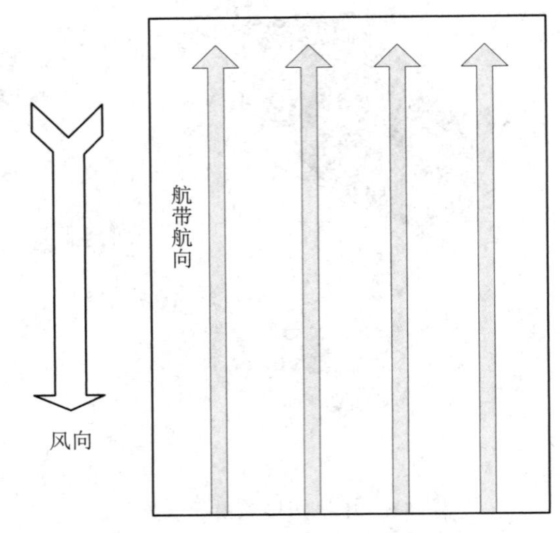

图 7-8　无人机污染物监测时航迹规划

另一方面，飞行高度对结果的影响。飞行高度在满足无人机性能指标和飞行安全性的前提下，还要考虑不同高度污染物的空间分布特性。为了保证检测结果的准确性，在条件允许的情况下，航线规划不仅要满足二维平面的约束，还要考虑三维立体的需求，可利用多机在不同高度上进行采集或单机多次在不同高度上进行采集，如图 7-9 所示。

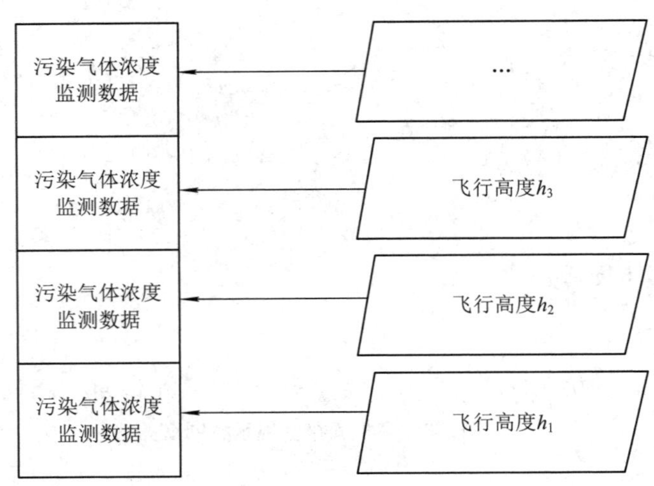

图 7-9　无人机污染物监测时飞行高度规划

7.3　多侦察载荷的协同

1. 协同的必要性

如第 3 章所述，无人机侦察载荷主要有光电摄像机、红外激光、雷达以及电子信号侦察设备等。在执行 ISR 任务时，执行任务的无人机至少要携带两种甚至更多类型的侦察载荷，这些不同类型的侦察载荷受天气、战场环境、时间要求等因素的影响情况如表 7-3 所示。

表 7-3　不同侦察载荷性能对比

侦察载荷	探测距离	受外界因素影响情况			对平台的要求	时效性	效果
		天气	地表遮挡	电磁环境	航向		
电子信号侦察设备	近	不受	受	受	正向	好	只提供位置
光电摄像机(含红外)	远	受一定	受	不受	正向	好	直观
SAR	远	不受	不受	受	侧向	一般	不直观

从表 7-3 中可知，不同载荷在不同情况下的侦察效果不同，因此综合平台性能、战场环境、载荷性能、目标特性以及时间要求等因素，应考虑这些载荷之间的协同问题，充分发挥各型侦察载荷的优势，提升无人机 ISR 任务系统的整体效能。

2. 电子信号侦察设备与 SAR 协同

在电子信号侦察设备与 SAR 协同方式下，无人机先利用电子信号侦察设备获取粗略定位信息，再运用 SAR 对可疑区域进行高精度侦察。具体协同步骤如下：

(1) 利用电子信号侦察设备在远距离、较大的范围内探测出目标辐射源，将目标辐射源信息发送给无人机机载处理器。

(2) 通过无人机数据链，将机上处理后的结果回传至 GCS。

(3) 启用电子信号侦察和条带 SAR 协同模式对目标进一步实施精确定位，GCS 作战规划人员需要根据无人机回传的信息重新规划无人机路线，操控人员按照新的路线操控无人机飞行。

(4) 当无人机飞行至聚束 SAR 模式的作用范围内时，启动聚束 SAR 模式，对目标实施高分辨率成像。

3. 电子侦察设备与光电摄像机协同

电子侦察设备与光电摄像机协同主要用于对敏感区域进行实时、可视化侦察，或者获得高分辨率目标图像。具体实施步骤如下：

(1) 利用电子信号侦察设备在远距离、大范围探测到目标辐射源，确定目标大致位置。

(2) 地面操控员操控无人机按照既定的航线，抵近飞行到目标区域。

(3) 当无人机飞行到光电摄像机探测距离后，光电摄像机同电子信号侦察设备协同观测目标。

(4) 到达规定距离后，进行高分辨率图像拍摄或者实时可视化侦察。

4. SAR 与光电摄像机协同

机载 SAR 开启广域 GMTI 模式或者 GMTI/SAR 模式，在较大范围内对区域进行扫描搜索，实现对运动目标的搜索和跟踪。由于 SAR 图像判读复杂，为提高对目标的探测或对运动目标即时可视化侦察，按照既定规划路径，无人机达到目标区域规定距离后，开启光电摄像机侦察模式，实现对目标的探测成像、定位和跟踪。

5. 电子信号侦察设备、SAR 与光电摄像机协同

电子信号侦察设备、SAR 与光电摄像机协同主要用于对目标的精确定位、观测成像和特征监测。电子信号侦察设备在远距离探测到目标辐射源的大致位置后，地面操控人员控制无人机按照规划航线抵近目标区域。若对静止目标进行侦察，则采用条状、聚束 SAR 模式或者光电摄像机，分别在作用范围内对目标进行观测成像，或即时可视化侦察；若对运动目标进行侦察，则应用 GMTI、GMTI/SAR 或者光电摄像机分别在作用距离范围内对目标进行跟踪或即时可视化侦察。此外，如果一开始电子信号侦察设备无法发现目标，则也可采用 SAR 工作模式，再按照其他方案进行协同。

7.4 小型无人机应用中面临的安全问题

7.4.1 敌防空火力袭击

小型无人机系统的设计初衷就是相对低成本的侦察系统，因此，当前绝大多数型号的小型无人机都有不同程度的性能局限性。在防空火力覆盖范围内飞行，也就缺少相匹配的高速性和高机动性。这样，无人机在执行 ISR 任务时，很容易受到敌方各种防空武器的威胁。成本上的损失是一方面，最为重要的是被击落后的无人机所搭载的敏感设备部件可能会落入敌方手中。

即使是单兵肩扛式防空导弹，也可以对执行任务的小型无人机造成巨大的威胁，甚至是一些高空长航时无人机也难以避免。例如，据媒体报道也门胡塞武装曾在 2017 年 10 月击落一架美国空军的 MQ-9 无人机，尽管具体的细节尚未公布，但有专家推测应该使用的就是单兵便携式地对空导弹。

除了常规的地对空防空导弹之外，随着技术的进步，已经有很多国家能够使用激光武器对无人机进行攻击。这种激光武器的原理就是利用激光束向空中无人机传输大量电磁辐射，使机体表面温度迅速升高并融化、油箱起火或者其他部件功能破坏，最终导致无人机坠落。例如，据媒体报道，早在 2014 年中国工程院物理研究院已研制出一种可击落低空飞行的小型无人机的激光防御系统，该系统可在 5 s 内击落 2 km 范围内、飞行高度在 500 m 以下、速度小于 180 km/ h 的无人机。再如，2019 年 11 月美军在俄克拉荷马州一处军事基地使用一套激光防御系统击毁数架从空中飞来的无人机，证明该平台能够在一次交火中同时应对多个威胁。

7.4.2　数据链的干扰和欺骗

无人机系统在执行任务时，其自身暴露在敌方控制区域，尤其是小型无人机更为明显，并且与其相通联的系统往往都包含大量有军事价值或者涉及己方军事秘密。但是，由于对无人机的控制依赖通信网络、自动控制和导航定位等电子设备，因此确保无人机电子和通信系统的安全性是其安全、可靠执行各类任务的前提。目前，为了应对未来战争中敌方无人机，一些国家的军队已经组建了专门对无人机实施干扰的部队。以俄军为例，2017 年 11 月俄罗斯国防部宣布俄军已经至少组建了 20 个部队来对抗无人机系统。俄军的反无人机部队装备无线电自动干扰系统，能够监测和干扰 18 km 范围内的无人机通信系统。这套系统已经在训练中使用，用以确认无人机信息传输和控制系统的工作频率，并对其实施干扰。另外，这套系统也包括对无人机的控制、迫使无人机降落以及获取回传信息等功能。

对无人机数据链的干扰主要是利用无线电干扰设备发射电磁波，对无人机数据链的接收功能进行干扰。从实施方式的角度，干扰通常可以分为压制性干扰和欺骗性干扰。

压制性干扰是指对方采用干扰设备发射某种干扰信号，遮蔽无人机数据链的信号频谱，使接收到的有用信号模糊不清或者完全被遮盖，以致难以检测到有用信号。压制性干扰按照干扰频道的宽度可以分为瞄准式干扰、半瞄准式干扰和阻塞式干扰。瞄准式干扰的中心频率与无人机数据链信号频率重合，集中功率压制使用频段；相对瞄准式干扰，半瞄准式干扰频率重合的准确度较差，即干扰信号频谱与无人机数据链通信频谱没有完全重合，但也会对数据链构成干扰；阻塞式干扰辐射的频率很宽，通常能够覆盖无人机数据链的整个工作频段，缺点是干扰功率过于分散，且效率不高，同时实施方通信信号也可能受到干扰。

欺骗性干扰主要通过有意模仿无人机地空数据链、导航定位系统等飞行控制信号，通过改变其导航点信息、植入错误的定位信息或者改变无人机载荷瞄准方向等手段，给目标无人机机载数据链设备发送假的控制指令，使无人机执行“假”指令，阻止其对原计划地面目标的关注，甚至偏离计划航线而导致被捕获或者坠机，如图 7-10 所示。

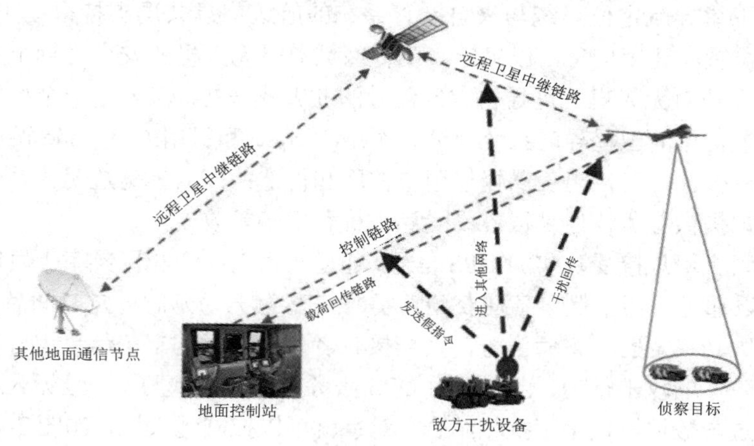

图 7-10　网络干扰形式

这里以基于 IEEE 802.11 标准的无人机遥测数据链为例，介绍欺骗干扰的过程和原理。IEEE 802.11 标准广泛用于无线局域网以及连接设备的 Ad-hoc 网络，也是小型民用无人机数据链的技术之一，例如，“Parrot AR Drone”无人机与 GCS(手机或者掌上电脑)之间的数据链使用的就是这种标准。对于无线通信，在通信会话之前，设备必须知道通信对象。管理帧负责这种初始连接，如果它没有保护机制，无线设备就可能受到各种攻击。IEEE 802.11 协议所面临的主要攻击之一是“de-authentication”，攻击者发送“de-authentication”帧给通信双方，迫使通信双方断开连接。随后，攻击者实施进一步的攻击行为，接管无人机控制。

因为以“Parrot AR Drone”为代表的小型低端无人机允许用户通过 IEEE 802.11 协议与其进行连接，并对其控制，因此攻击者完全可以通过数据包捕获获得控制权，并且这种类似的软件很容易在互联网上下载，例如“aircrack-ng”中就包含了很多黑客工具。下面以利用“aircrack-ng”为例，阐述实施无人机攻击的流程。

(1) “arimog-ng”更改无线网卡设置，从管理模式改为监听模式。

(2) 安装必备的驱动程序，网卡监听到所有的数据流。

(3) “airodump-ng”从监听到的所有终端中捕获特定客户端的数据包。

(4) 发送“de-authentication”数据包拆除目标无人机的网络连接。

(5) 利用“aircrack-ng”中其他功能模块重新与无人机建立连接。

可以用一些常用的安全措施，如加密技术来应对上述攻击，保护 WiFi 网络的数据传输。例如，使用 WPA2(802.11-204)加密就是一种有效的方法。为了应对暴力破解，必须合理选择密钥长度，密钥越长，越难破解，802.11 标准中规定密钥至少要 20 个字符。符号、数字和大小写字母组合越复杂，越能够应对字典攻击。另一种可行的方法是禁止 SSID(Service Set Identifier，服务集标识符)广播，这样可以隐藏无线接入节点，对系统的访问只能通过 MAC 地址的预注册。

7.4.3 卫星导航定位信息的干扰

无人机的卫星导航定位系统与来自空管系统的航迹信息共同支持自动飞行，为 GCS 提供无人机的位置和速度信息，以确定其飞行区域，对无人机的安全飞行至关重要。这里以 GPS 为例，介绍对无人机卫星导航定位信号的欺骗式干扰。GPS 是一个可以提供精确速度、时间和位置信息的卫星导航系统，分为军用(P-code)和民用(C/A-code)两种不同精度的信号。前者加密传输，可以阻止非授权用户使用和伪造；而后者是透明传输的，可以免费为任何一个用户提供服务，但是很容易受到干扰和欺骗等攻击。

干扰是指阻止用户接受真实的 GPS 信号，通过较大功率在相同频率上发射干扰信号实现干扰，也可以通过虚假干扰设备捕获到真实的 GPS 信号，延时一定时间后再发送。欺骗是指对手以较大功率发射一个假信号，误导接收者使用错误的定位信息进行后续处理。这是一种更具危险性的攻击行为，也是民用 GPS 服务中最大的威胁，一旦无人机接收了假的 GPS 信号，通过与数据链欺骗干扰相结合，对手就可以控制无人机，如图 7-11 所示。这种欺骗性攻击的步骤包括四步：

① 捕获并跟踪原始 GPS 信号；
② 生成假的 GPS 信号；
③ 对真实 GPS 信号和伪造 GPS 信号进行校对；
④ 提高伪造 GPS 信号的发送功率以压制真实的 GPS 信号。

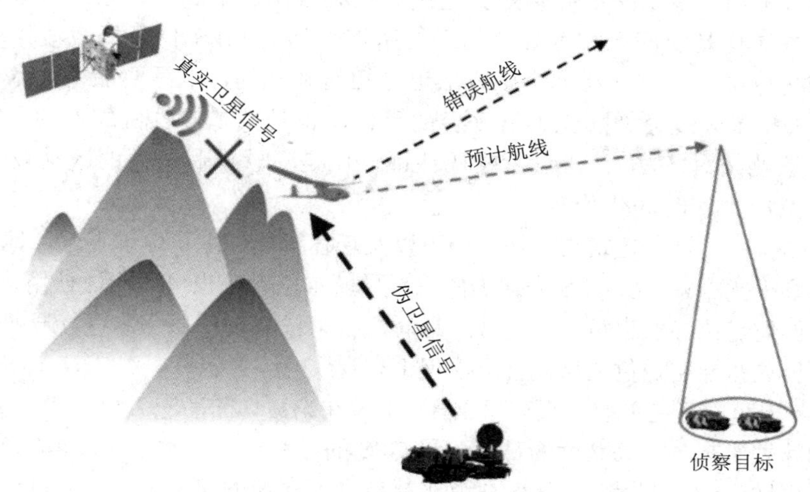

图 7-11　卫星定位信息丢失或被干扰

这种 GPS 欺骗技术在工程上也很容易实现。图 7-12 所示是一个低成本的 GPS 记录—修改—重发系统，系统的 USRP(Universal Software Radio Peripheral，通用软件无线电外设)模块接收来自卫星的 GPS 信号，经采样并转换到基带后存储到 PC 中，PC 将修改后的基带数据传输给 USRP 进行 A/D 转换，最后上变频到射频模块，以远大于真实 GPS 信号的功率发射。这个重发后的 GPS 信号就可以用于欺骗性攻击。

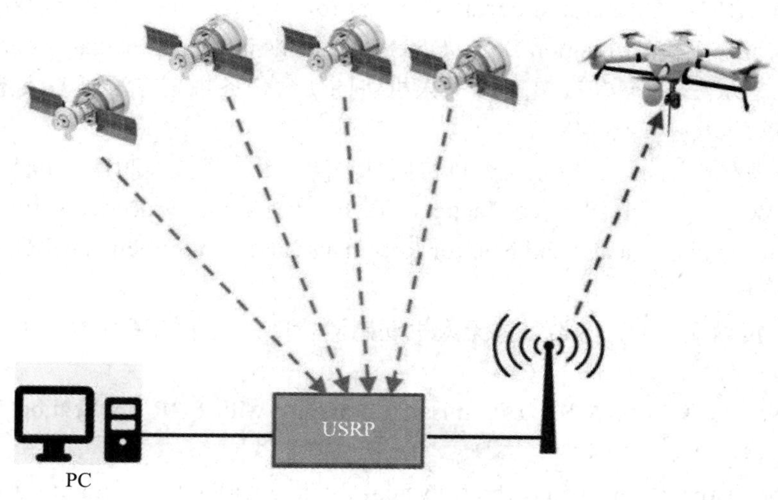

图 7-12　GPS 欺骗模型

防止 GPS 欺骗具有一定挑战性。这里归纳现有的一些解决方案。第一种方法是干扰噪声感知法。系统监测接收到正常 GPS 信号的功率，欺骗 GPS 信号出现，接收信号的 SNR 就会增加，一旦超过一个阈值，系统就会感知，停止接收。这种方法很简单，相对独立，不需要任何加密手段。然而，若伪造 GPS 信号的功率仅比真实信号略高一些，阈值选择不当，系统就不会感知到受到了欺骗攻击。第二种方法是多天线技术。这种方法的基本原理是空间上相互独立的天线所接收到的 GPS 信号的载波相对相位是很难被伪造的。与第一种方法相似，该方法也是相对独立的，不需要加密技术。但是，额外的 RF 模块和多天线会增加无人机平台的重量，也带来了接收机成本的增加。显然，最有效的方法就是对 C/A 信号进行密码认证，但是对软件和硬件的改动较大，相比前两种方法，其成本和时间代价较高。

此外，在室内、城市建筑物之间、地下以及森林等场合中，由于天气、地形和建筑物遮挡等非恶意干扰因素，以 GPS 为代表的卫星导航定位系统也可能无法使用，此时执行任务的无人机如何定位导航也是一个挑战。这时，必须依靠其他传感器进行导航，如机器视觉导航等，但这些导航定位的精确性无法保证。

因此，美国军方正在采取一系列研制计划，旨在为被切断的无人机提供导航定位支持。例如，他们计划研制一个高精度的、不依赖 GPS 的导航定位授时系统，拟采用 IEEE 1558 精确时间同步标准，可以保证在 GPS 受到干扰或者不存在的情况下对无人机进行不间断操控。再如，他们还计划构建一个分布式战场管理系统，以确保在无人机数据链受到干扰的情况下，也能完成复杂的协同操作。

参考文献

[1] HARBAUGH M. Unmanned aerial systems for intelligence，surveillance and reconnaissance[R]. Washington D C：Defense systems information analysis center，2018

[2] 庞强伟，胡永江，李文广，等. 多无人机协同侦察任务规划方法研究综述[J]. 电讯技术，2019，59(6)：741-748

[3] 占鹏，黄海林，王舜. 合成旅无人机协同行动[J]. 国防科技，2019，40(5)：132-137

[4] MORROW J E. Multi-Service Tactics，Techniques，and Procedures for Chemical，Biological，Radiological，and Nuclear Reconnaissance and Surveillance[R]. Washington，D C，2009

[5] 杨海军，黄耀文. 化工污染气体无人机遥感测量[J]. 地球信息科学，2015，17(10)：1269-1275

[6] STECZ W，GROMADA K. UAV mission planning with SAR application[J]. Sensors，2020，20(4)：1-18

[7] US Marine Corps. Unmanned Aircraft System Operations[R]. Washington D C：Department of the Navy Headquarters United States Marine C orps，2016

[8] ALIEHANI M，INOUE M. Performance Evaluation of Multi-UAV System in Post-Disaster Application_ Validated by HITL Simulator[J]. IEEE Access，2019，7(2)：64386-64400
[9] 车飞，李杰，牛轶峰. 无人机保距跟踪中的视觉跟踪算法研究[J]. 无人系统技术，2020，3(1)：19-30
[10] 杨帅，程红，李婷. 无人机侦察图像目标定位在军事上的应用研究[J]. 红外与激光，2016，38(6)：467-472
[11] 郑宏捷. 无人机区域侦察航路规划研究[D]. 长沙：国防科技大学，2011：11-21

第 8 章　通信应用

小型无人机凭借部署快、成本低、操作方便和保障简单等优势，除了用于战术级 ISR 任务之外，也非常适合在军事中信息通信保障和民用应急通信中应用。本章分别从区域网络覆盖、中继传输、信息摆渡以及在 D2D 和 V2V 中应用等四个方面，对小型无人机在通信应用中的方法、场景以及关键问题进行介绍。

8.1　区域网络覆盖

8.1.1　基本概念

区域网络覆盖是指利用无人机搭载空中基站，建立覆盖一定区域的通信网络，并且视情可以通过其他无人机、卫星、地面基站以及车载通信平台等的中继接入核心网，实现远程通信，如图 8-1 所示。

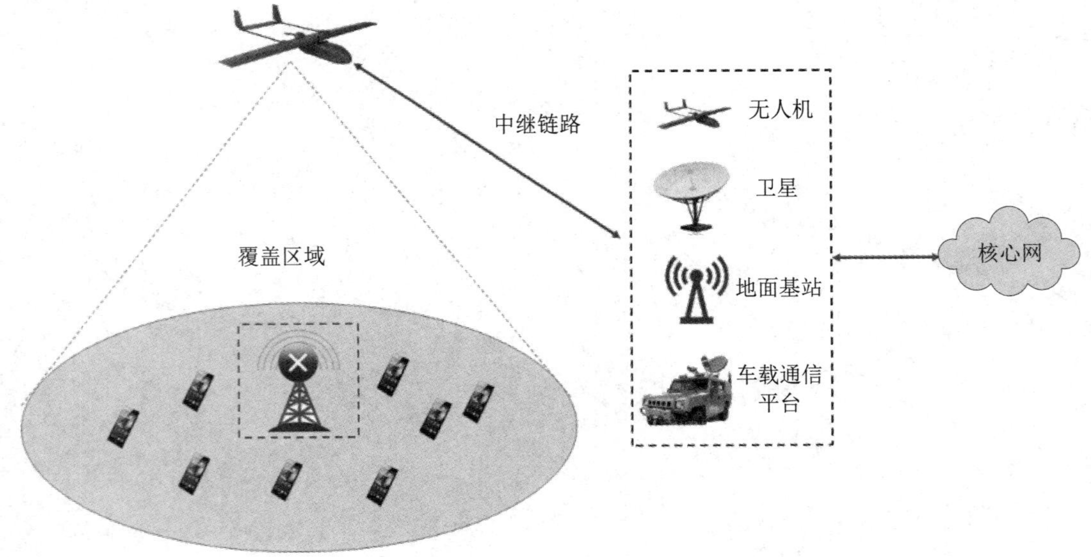

图 8-1　区域网络覆盖应用模型

基于无人机的区域网络覆盖主要优点表现在以下几个方面：

首先，相比传统的机动通信车辆和便携通信设备，小型无人机不受地形、交通道路等因素影响，升空速度快，部署迅速、方便，且充电(加油)、维护和替换等都很简单，突出了通信保障中的“快”；另外，不同国家都制定了相应的法规，对于满足一定重量、尺寸和飞行高度，以及与机场保持一定距离要求的小型无人机都没有空域限制，使用起来在政策制度上更加方便，非常适合民用应急通信场合，如表 8-1 所示。

表 8-1 部分国家对小型无人机无限制的情况

国家	最大高度/m	与人群保持最小距离/m	与机场的最小距离/km
美国	122	—	—
澳大利亚	120	30	5.5
南非	46	50	10
英国	122	50	—
智利	130	36	—

其次，基于无人机的空中基站具有“站得高、看得远”的优势，可以克服任务区域地形或建筑物对通信信号的影响，覆盖范围大、通信质量好，重要的是根据实际情况，可灵活调整飞行高度、发射功率以调整适应不同应用环境。

最后，通过灵活调整无人机飞行高度，不仅可以保证空中基站与地面终端具有较好的 LOS 链路，还可以在一定范围内与地面其他基站、车载通信平台以及无人机、卫星等中继平台建立 LOS 链路，以接入核心网，实现远程通信。

8.1.2 应用场景

在可预见的未来，随着手机、笔记本电脑以及消费级无人机、物联网终端等移动智能终端设备的迅猛发展，对高速无线接入网络提出了更高的要求。而现有无线蜂窝网络的容量和覆盖能力有限，根本无法满足全域覆盖的需求。因此，包括 D2D(Device to Device，终端直通)通信、低密度蜂窝网络、毫米波通信等下一代 5G 网络核心技术势必广泛应用。尽管这些技术有很多优势，但是也有其各自的局限性。例如，D2D 网络对频率规划和复用要求高，低密度蜂窝网络也面临回路、干扰和网络模型等问题，毫米波通信必须依靠 LOS 链路，而这些问题在大量无人机作为终端的通信场景中更加突出。

作为各种复杂 5G 网络下的组成要素，将小型无人机作为空中基站平台，可以应对上述挑战。在公共网络资源有限的地区，部署 LAP(Low Altitude Platform，低空平台)小型无人机作为空中基站是一种解决无线接入的高效方法。对于某些临时性的网络需求场合而言，如大型体育赛事、庆典活动等，相比构建小型的陆地基站，小型无人机更加经济便捷，如图 8-2 所示。同时，若使用 HAP(High Altitude Platform，高空平台)类型的无人机，还可以为偏远地区提供长期、固定的无线网络覆盖。最后，由于无人机具有可移动性，可按照需求提供灵活的无线高速宽带接入服务。例如，AT&T 和威瑞森电信公司已经宣布计划使用 LAP-UAS 为美国大学足球冠军联赛和超级杯等大型赛事提供临时的互联网覆盖和增强服务。

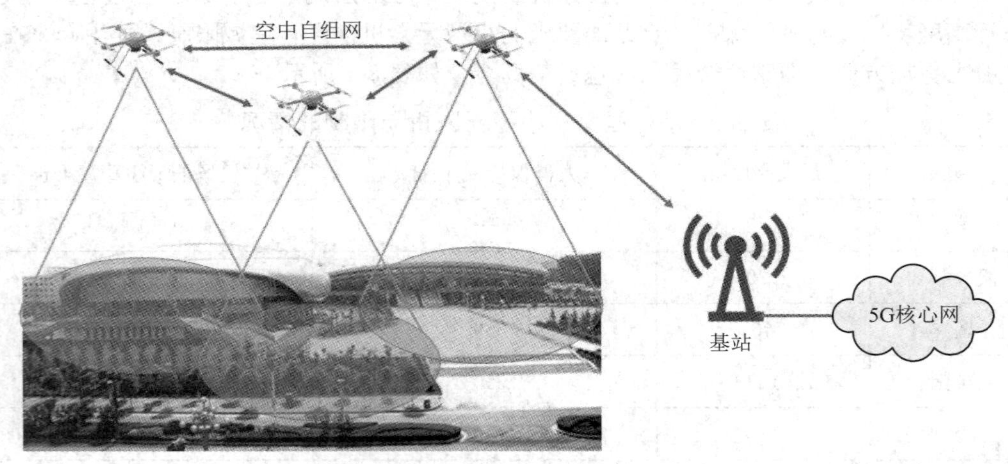

图 8-2　基于 LAP-UAV 的临时无线网络接入

此外，基于无人机的毫米波通信也是一个潜在应用，综合了无人机和毫米波链路的优点，可以为用户建立 LOS 链路及提供高速无线传输。它还可以与 MIMO 系统相结合，通过合理的规划和运用，可以组成动态的空中飞行蜂窝网络，为用户提供更大的通信容量。

这种应用样式，不仅可以用于大型临时性的现场网络覆盖，在军事上也可用于临时构建任务部队信息通信网络。以参与抢险救援行动为例，自然灾难造成交通中断，大型车载通信系统无法驶入灾区，而灾区电力系统遭受破坏，便携通信装备也无法保障通信的持久性，利用小型无人机这种全域覆盖模式可构建现场战术局域网。

此外，在民用应急通信领域小型无人机也可用于临时性增强某一区域的基础通信网络，或者恢复灾区民用通信网络。例如，发生自然灾难时基础网络部分或全部瘫痪，或者某一临时性事件发生导致基站过载时，小型无人机可以实现通信服务的快速恢复。

8.1.3　系留式无人机的应用

从上面的分析可知：在区域覆盖式应用模式下，为了能够为地面设备提供一个稳定、可靠的无线信号覆盖，除非所要求的覆盖区域发生变化，否则搭载基站的无人机一般要在空中保持位置的相对稳定。这样，旋翼无人机应保持悬停，而固定翼无人机应该以低速盘旋方式飞行，前者相对容易操作，尽管这种飞行状态下功耗较低，但抗风性差、续航时间短，无法满足长时间的通信信号覆盖需要，而后者尽管续航时间长，但并非真正意义上的静止，对地面网络稳定性会带来一定的影响。

针对上述两种机型在这种应用模式下存在的不足，目前比较好的应用方案是采用系留式无人机，如图 8-3 所示。

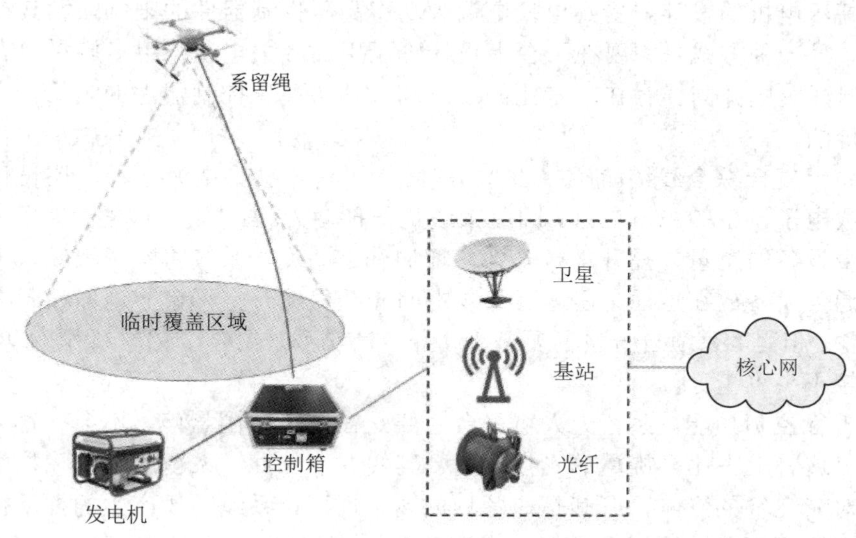

图 8-3　基于系留式无人机的空中基站

相比固定翼无人机和普通旋翼无人机，系留式无人机在区域覆盖式的通信应用场合具有明显的优势，主要表现在以下几方面：

首先，在部署和操控上极为便利。系留式无人机与普通旋翼无人机一样，能够以空中定点悬停的方式对某一区域进行稳定、可靠的信号覆盖，并且其附属地面设备简单，携带运输便捷，部署灵活，不需要提前进行任务规划。

其次，留空时间不受限制。系留式无人机通过系留综合线缆与地面控制箱和发电机相连，利用地面发电设备或既设电源为飞机平台和通信载荷提供电源，相比其他无人机，其续航时间理论上可以达到无限，非常适合长时间的应急通信保障。

最后，可扩展性能好。系留式无人机的空中基站与地面控制箱之间的系留线缆不仅包括电源线，还有一根光缆可用于空中基站信号的回传，利用这一有线接口，无须在无人机平台上再额外增加任何无线中继设备，就可以与就近地面的其他中继设备相连，实现远程通信。

尽管系留式无人机具有以上优势，但是在实际应用中还需要考虑以下几个关键问题：

一是驱动电机的功重比。功重比是指电机输出功率与电机自身重量之比，单位是 kW/kg。在此强调的是，电机功率指的是额定功率，而不是最大功率。系留式无人机作为高空基站必须是长期持续工作的，不像多旋翼无人机可短期间歇工作，驱动电机是动力的核心部件，一定要工作在额定的功率范围内。根据旋翼类航空器升力功率比的经验值，每千瓦功率产生约 5～10 kg 的升力，电机的功重比低于 1 kW/kg 的系统设计有一定难度。

二是高压供电系统。系留式无人机作为高空基站，与多旋翼无人机最大的区别在于供电方式不同。从地面向空中的旋翼平台供电必须经过一定的输电距离，采用高压供电方式可减小输送电流和电源损耗，同时可减小传输导线的截面积，减轻电源电缆的重量。但高压供电并不是电压越高越好，而要根据系统的实际要求综合考虑。一种方式是，输电电压可直接匹配高压电机，电压不需转换直接驱动电机，结构较为简单。但这种方式要进行高压电机的设计，受到电机电调大功率高压控制器件的限制，尤其在成本上难以接受。另一种方式是，要在平台上设计降压用的开关电源，用多旋翼现有低压电机驱动，但开关电源同样存在功重比的要求和大功率高压控制器件的制约，也是要付出一定代价的。

三是系留复合综合线缆(简称系缆)。线缆除了传输动力电源之外，还设计有光纤以传输机载电子设备的光电信号，因此系缆是一种动力/信号复合线缆。为了减少升空平台所携带设备的重量，提升平台升力，增加升空高度，系统将除了天线、发射机之外的其他通信设备放在地面，还通过系缆中的光纤保障升空平台与地面设备之间电子信号的传输。但是，系缆自身也需要减少重量，目前可采用合金铝材料作为动力导线，比铜线要轻不少重量。

四是飞行控制功能。系留无人机平台主要是在定点周围悬停，不会有过多复杂的飞行动作。这看上去比多旋翼的飞控简单，其实并非如此。系留旋翼的飞控需要充分考虑系缆对其飞行的影响，尤其是在各种风场条件下，系缆随风产生的摆动会使平台失去控制。民用系留旋翼无人机至少要达到恒风 6 级(阵风 8 级)的要求，才能有实际使用意义。在 6～8 级的风场中，系缆并没有固定的运动规律可言，要靠飞控对旋翼平台控制的鲁棒性来调整。

五是旋翼平台气动力设计。考虑到系统旋翼平台要在强风场中运行，平台的气动力设计就尤其显得重要。系统旋翼平台在风场中悬停，实际上相当于平台在沿来风方向做平面飞行。6～8 级风速为 10.8～20.7 m/s，相当于旋翼平台要有最高时速不小于 75 km 的能力。要达到这样的时速，固定翼的气动力设计应更为合理。因此，可借鉴近些年来迅速发展的垂直起降固定翼无人机，实际上是“多旋翼+固定翼”两套动力系统简单组合，从无人机本身效益来讲并不经济，但能解决特定场合固定翼起降的问题。垂直起降固定翼的气动力设计应用于系统旋翼具有较大的优势，系留旋翼由地面供电，能源比较充足；两套动力系统在强风场中各有用途，垂直动力系统保持平台悬停姿态，水平动力系统使平台逆风飞行；同时，固定翼外形可为平台产生升力，减轻垂直动力系统的负担。

最后，系留式无人机受缆线的重量限制，不可能无限制地升高，这样使平台的最大高度受限，其通信的 LOS 覆盖范围也相应地受到限制而变小。

8.1.4 需要考虑的问题

在利用无人机搭载通信载荷对地实施区域覆盖时，应该考虑以下主要问题。

1. 飞机平台选型

将无人机作为空中通信基站平台，实现区域网络覆盖或者对通信容量进行增强，在无人机平台的选择上主要考虑以下几个方面：

一是续航时间要长。应急通信通常是地面固定通信网络遭遇破坏(如自然灾害)、短时间无法恢复，或者所在地域内无线通信网络信号差，以及没有专用无线通信网络的情况下使用，投入使用时间不会很短，因此搭载空中基站的无人机续航时间要长，如果单机无法达到，可以采用双机轮值的方式。

二是要运输便捷、部署快。应急通信事发突然，且社会关注程度高，需要快速地建立或恢复所在地域的通信网络，对应急通信网络的建立时效性要求高，并且当有些自然灾难发生后，灾区交通运输也存在一定问题，因此要求所使用的无人机必须轻便、运输方便、组装简便、升空部署快。

三是滞空稳定。空中基站是应急通信网络的核心设备，为了确保应急通信网络稳定、可靠，必须要求无人机平台具有较好的滞空稳定性，如盘旋或悬停时平台的稳定性，具有一定的抗风性和防雨水性。

2. 空中基站对地面节点的差异化服务

由于每个地面终端所处的位置和环境不同，其背景噪声和受到的干扰也不同，甚至每个终端发射的功率也有所差异，这样会导致无人机在作为“空中基站”时面临一系列问题。目前比较常见的处理方式是采用 TDD(Time Division Duplex，时分双工)和流量整合相结合的形式来应对不同背景噪声和信噪比的终端接入问题，同时采用流量整合方式将同类信噪比的终端下行数据封装在同一个 TDD 时隙内。这样在不同的 TDD 切片中可以自适应地采用不同的调制方式，从而将“好”“坏”终端进行分类下传，最终实现基站的整体吞吐量和效率的提升。

3. 地面网络规划

对于地面蜂窝网络，通常需要对基站位置、流量估计、频率分配、蜂窝分配、回程管理以及干扰消除等关键问题进行规划和设计，而当利用无人机来增强地面无线网络覆盖范围和容量时，由于无人机的移动性以及无人机之间、地面网络设备之间的 LOS 遮挡和干扰、无人机的续航时间和功率限制以及空中无线回程的连接等因素，在某些场合下，上述规划问题可能会更加复杂，主要表现如下：

(1) 单一问题的优化在某些场合可能不能满足需求，网络规划需要考虑的要素较多，不能顾此失彼，因此必须对频率、无线回程设计和位置部署等问题进行整体优化。

(2) 当无人机作为网络中的终端设备时，还需要考虑新的问题。一方面，地面基站与大量空中飞行或停留的终端设备之间的上行链路会给 LOS 带来干扰；另一方面，地面基站还需要配备一定数量的、具有特殊方向性和“旁瓣”特性的“对空”天线，不仅需要满足对地覆盖的要求，还要满足无人机与基站之间下行链路的通信要求。此外，为了确保空中飞行安全、避免碰撞，对网络的时延也提出了更高的要求。

(3) 与传统陆地移动网络所不同的是，为了对无人机的数量和位置进行持续跟踪和确认，同时还要区分无人机在网络中的角色，即是基站还是终端，在帧结构设计上需要预留较长的报头。

(4) 对于空中飞行或悬停的无人机而言，建立一个可靠的空中“回程”链路尤为重要。不管覆盖范围有多大，都是一个局域网络，要想发挥最大的作用，必须接入核心骨干网络，因此必须考虑将部署在无人机上的基站通过空中回程链路接入核心网。当前，有卫星和 WiFi 两种典型的手段。相比而言，前者可以提供较宽的通信带宽和较远的通信距离，但成本高、时延大，同时必须有一架大型无人机以支持卫星站。另外，毫米波通信和 FSOC(Free

Space Optical Communication，自由空间光通信)也是可以选择的方式。为了建立空中基站与地面基站之间的LOS，空中的无人机必须调整高度和位置，以避免障碍物的遮挡，这对于上述两种通信方式都很重要。当前，对于如何建立一个可靠、高效的无人机与地面基站之间的回程链路问题，仍是一个研究的热点。

8.2 中 继 传 输

8.2.1 基本概念

通信中继是指当两个用户(群)之间没有可靠的直接通信链路时，可部署无人机搭载相应的通信设备为双方提供无线连接，这里的双方可以都是用户设备，也可以一方是用户、另一方是地面基站，还可以双方都是基站设备，此时就相当于提供一个回程链路。无人机作为可以移动的空中中继平台，相比传统的陆上中继而言，具有成本低、容易部署、不受地形地貌限制等优点，最重要的是无人机可以灵活调整位置和高度，确保中继链路的稳定、可靠。

利用无人机作为空中中继平台，主要包括延伸距离和远程组网两种应用模式。

8.2.2 延伸距离模式

延伸距离模式是指利用无人机空中中断平台实现相距较远或者受障碍物阻挡的两个用户(群)之间的通信联络，如图8-4所示。

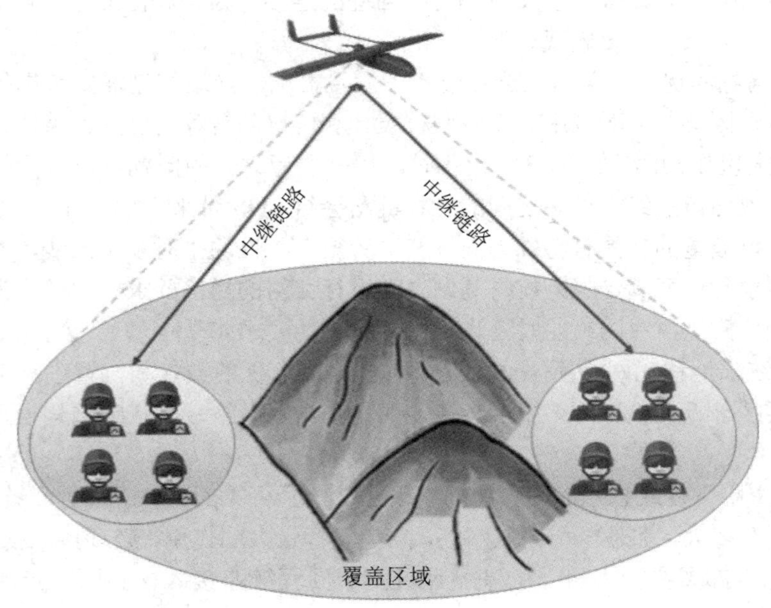

图8-4　通信距离延伸

以军事应用为例，受地形地貌和距离等因素影响，不同任务分队或者任务分队与指挥所之间很容易被高山、丛林或城镇等分割开，常规的视距无线通信系统无法正常使用，而短波通信又存在盲区，因此可利用无人机搭载通信中继设备(如超短转信台、自组织网络电台等)覆盖双方任务区域，采用中继通信的模式，以延长双方无线电台的通信距离，实现互联互通。

在民用领域，基于无人机的这种通信距离延伸中继模式，可用于构建两个陆地移动网络基站之间的空中回程链路。近些年来，随着无线通信技术的发展，相关设备性能提升，与此同时设备价格却降低，重要的是相比传统的基站之间敷设光纤的方案，无线回程可以突破地形地貌的限制，因此它已经成为陆地移动网络基站之间回程链路的另一个解决方案。但是，在一定情况下，因受到通信距离过大、障碍物遮挡以及地面无线设备干扰等因素的影响，无线回程链路也受到了影响，进而降低了整个移动网络的性能。尽管有时通过增加铁塔高度、加大发射功率或使用智能天线等手段可以解决上述问题，但却带来了成本的进一步提升。作为一种可选方案，通过搭载合适的通信中继设备，无人机可以为地面移动网络基站之间提供一个高速、可靠、低成本的空中回程链路。在某些特殊情况下，如地面通信网络遭到破坏后需要迅速恢复时，小型无人机能够快速部署升空，可能是唯一可行的回程链路建立方案，如图 8-5 所示。通过灵活地调整飞行高度、悬停/盘旋位置，可以很方便地实现两个基站之间的 LOS 通信，确保回程链路的稳定可靠。

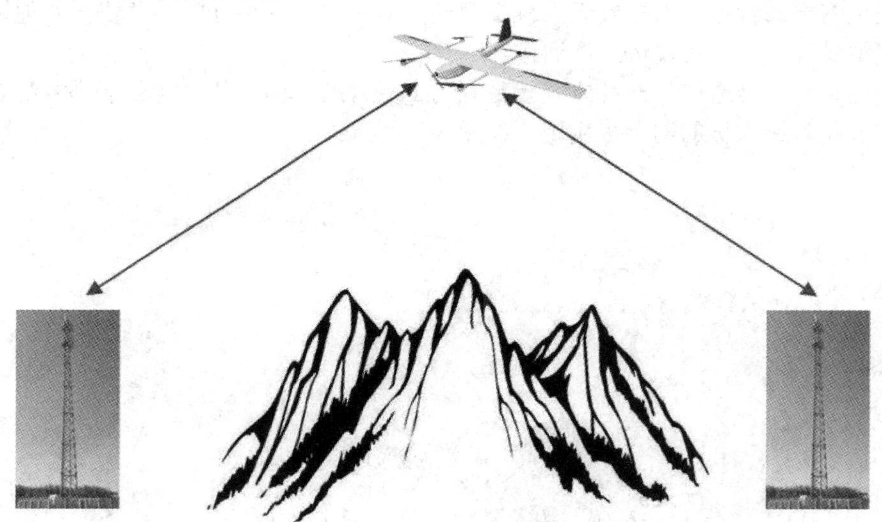

图 8-5 基于无人机的空中回程链路

当前，利用无人机实现两个基站之间的回程链路所面临的瓶颈问题包括：无人机的最佳部署位置、干扰消除、能耗控制等。例如，根据需要灵活调整无人机的高度和位置以确保链路的通视效果的同时，还要考虑降低无人机的功耗以延长留空时间，并且要尽量保证在移动过程中信道状态不发生大的变化，这是一个关于无人机飞行速度、当前和目的点位置、基站之间距离、无人机续航情况以及链路性能指标的联合优化问题。此外，还需要考虑无人机地空数据链上下行链路和空中回程链路之间的干扰消除问题。

此外，还有经典的用于延伸通信距离的中继模式——哑铃模式，即在双方通信距离过远或者障碍物遮挡过于严重，采用单架无人机无法实现双方区域覆盖的情况下，可采用两架无人机，分别部署在双方区域上空，实现对双方区域的覆盖，而两架无人机之间采用空中中继链路连接，这种方式就像是哑铃，故称哑铃中继模式，如图 8-6 所示。

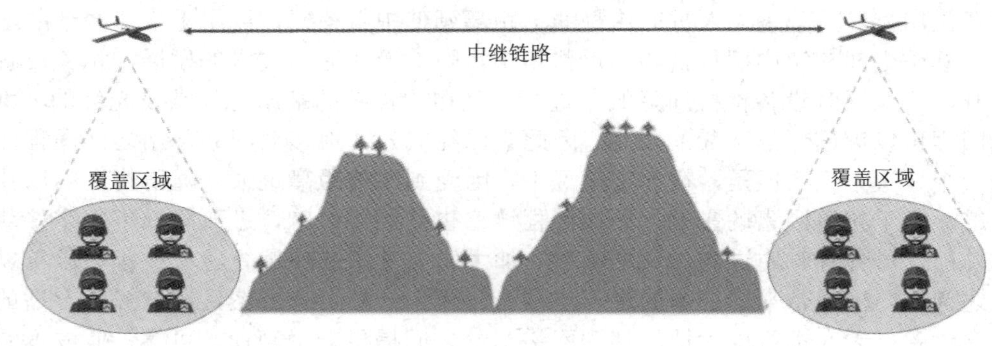

图 8-6　哑铃中继模式

8.2.3　远程组网模式

远程组网模式就是利用多架无人机实现地面多个局域网络互联，并依托其他链路进入地面或空中骨干网络，实现远距离通信。

实现远距离中继通信，一种方式就是利用卫星链路，而这往往需要能搭载综合通信系统的高空长航时无人机的配合来实现，如图 8-7 所示。

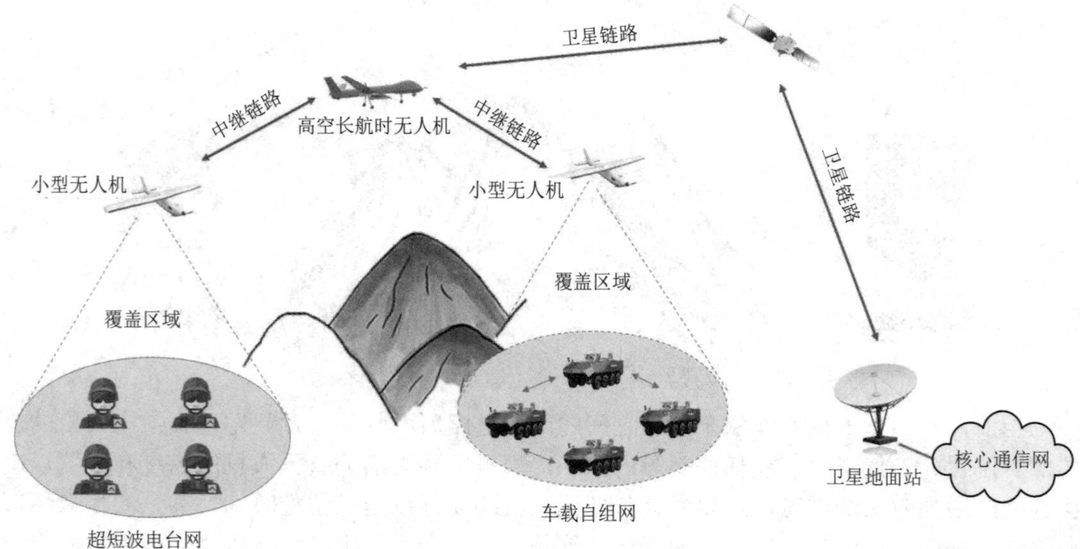

图 8-7　卫星链路中继组网模式

在这种应用模式下，往往需要小型无人机和高空长航时无人机相互配合，前者主要以8.1节中所述的区域网络覆盖模式构建局域网络，而后者则将前者所构成的多个局域网络连接，还依托其机载卫星通信设备将整个网络实现延伸。例如，在抢险救援任务中，分布在不同区域的任务部(分)队往往需要利用车载、便携或者小型无人机空中基站构建临时的局域网，而任务分队往往比较分散，需要将多个局域网互联互通，甚至需要接入骨干网络，实现与指挥中心的通联。

除了依靠卫星链路外，实现远程组网的另外一种模式是利用空中自组网来实现，如图8-8所示。

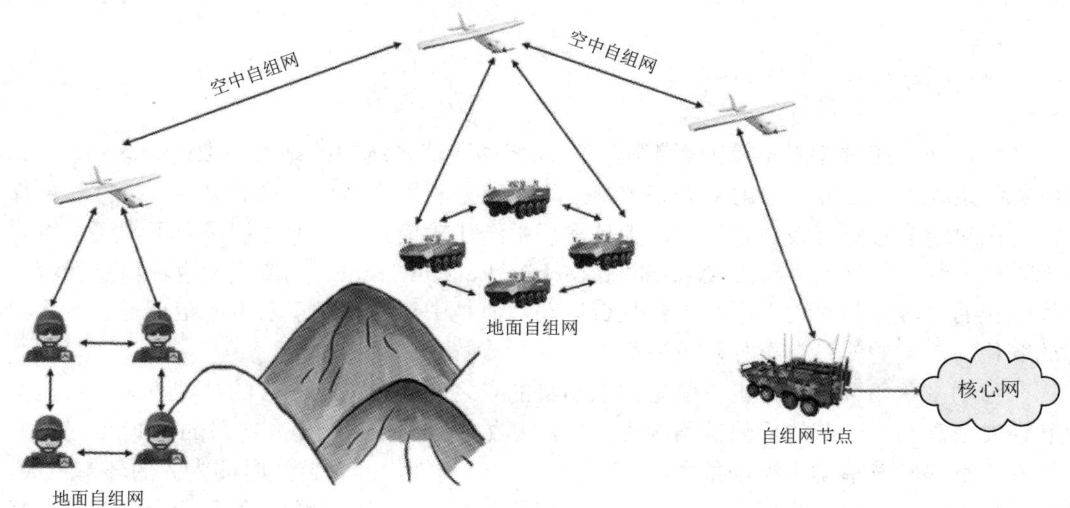

图8-8 空中自组网模式

这种中继模式，实际上采用了分层簇自组织网络形式，即地面自组网和空中自组网两个层级，每个地面自组网以一架小型无人机作为簇头，能够覆盖本簇内部所有地面节点，而各簇头(无人机)之间又通过空中自组网相连，整个网络通过一个地面节点与核心网络互联。

8.2.4 需要考虑的问题

利用小型无人机实现通信中继是延伸通信距离、提升网络吞吐量和可靠性的有效手段。但是，在设计上还需要考虑以下几方面问题：

一是需要对无人机的飞行路线及悬停位置进行合理规划。无人机具有可移动性，尽管可以通过调整高度和位置来确保中继链路的可靠性，但是这种移动并不是随意的，必须根据通信双方的距离、链路的自由空间衰减损耗以及地形等情况合理规划无人机的部署位置。对于固定翼无人机而言，为了保持较好的链路状态，需要在某个位置进行盘旋飞行，在盘旋过程中要时刻确保中继链路无遮挡。此外，无人机在飞行过程中的航向角也需要控制好，以确保地空中继链路质量。

二是需要对地空中继链路的协议进行合理设计。为了保持中继链路的稳定可靠，无人机—地面设备之间的中继链路在设计上必须从时延、可靠性上进行充分考虑；如果对多架无人机进行接力中继或空中自组网形式的中继，则还需要考虑网络的抗毁性。另外，当地面用户处于移动状态时，链路还需要满足移动条件下的通信要求。

三是当多架无人机共同担负通信中继任务时，网络拓扑结构、位置和飞机状态信息的共享、任务协同等对于确保整个中继通信系统的稳定可靠都至关重要。

8.3 信息摆渡

8.3.1 基本概念

受可移动性和时延限制等因素限制，陆地移动通信系统中的绝大多数中继设备(平台)是位置固定的，称为静态接力或静态中继。为了充分利用小型无人机的灵活可控性和可移动性，在对通信时延有较高容忍性，并且常规中继传输模式无法保障的场合下，还可以采用无人机控制下的移动中继(UAV-enabled Mobile Relaying Strategy)模式，也称信息摆渡。这里所说的“静”与“动”不是平台是否运动，而是中继站相对于双方的距离是否发生明显的变化，信息的转发是否分阶段进行。

在移动中继场合，无人机在信息源点和目的点之间连续飞行，目的是减小无人机在接收和转发信息两个环节的通信链路距离，增加接收方的 SNR，以提高链路的可靠性。例如，在半双工解码转发移动中继场景中，一个完整的中继周期由两个持续时间为 δ 的环节组成，如图 8-9 所示。在第一个环节，即无人机保持接收来自源点的数据，解码后存储在其机载通信载荷的缓存中。同时，无人机从中间位置出发，以最大的速度飞向信息源点后，要确保在 δ 之内飞回到出发点。需要注意的是：如果速度 v 和 δ 都足够大，则无人机完全可以在信息源点处悬停，这样可以为接收数据提供较好的信道环境。在以 $t=\delta$ 开始的第二个环节中，无人机将缓存中的数据发送给目的地。与第一个环节相似，无人机先向目的地飞行，在时间允许的情况下，在其上方悬停，并在 $t=2\delta$ 时刻之前返回到出发点。显然，相比无人机固定在初始位置的静态中继方式，在移动中继方案中，接收和转发的(平均)通信距离较短，路径损耗较小。

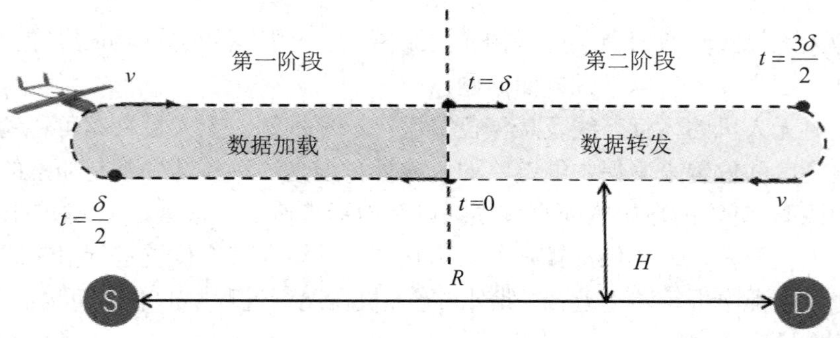

图 8-9　无人机信息摆渡

在图 8-9 所描述的信息摆渡模式中，有两个明显特点：一是无人机飞行路线从源点(S)上方开始一直到目的点(D)上方结束，无人机飞行距离等于收发双方距离；二是中继任务载荷在整个飞行过程中都在进行数据加载或数据转发，即中继载荷工作时间等于无人机飞行时间。这样，根据无人机的飞行路线和中继任务载荷工作情况，这种信息摆渡模式还有以下两种特殊情况：

一是无人机飞行距离小于收发双发距离，如图 8-10 所示。在数据加载阶段，在 $t=0$ 时刻，无人机开始从中间点起飞，中继载荷开始进行数据加载，当无人机飞行到所能加载数据的最大距离 D 处时($D<R$)，则立即返回中间点。同样，在数据转发阶段，无人机飞到所能转发数据的最远处时即返航。显然，相比于图 8-9 中的模式，在其他条件相同的情况下，这种模式明显节省了摆渡时间，适用于通信链路质量较好但对时延要求相对严格的场景。

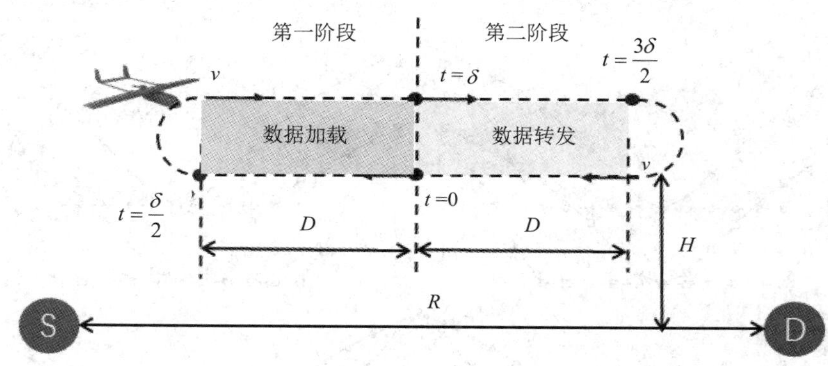

图 8-10　无人机信息摆渡特殊情况(一)

二是中继载荷的工作时间小于无人机飞行时间，如图 8-11 所示。在 $t=0$ 时刻，无人机开始从中间点起飞，当无人机飞行到所能加载数据的最近距离 D 处时($D<R$)，中继载荷开始进行数据加载；同样无人机达到最近的、能够转发信息的位置后，将数据传输给目的地。显然，相比于图 8-9 中的模式，在其他条件相同的情况下，尽管这种模式的飞行距离和整个摆渡周期都没有变化，但是却提高了摆渡的可靠性，因为无人机只有在足够靠近 S 或 D 点时，机载中继载荷才与它们建立通信链路。这种模式非常适合区域内通信环境不好、链路质量不稳定的场合。

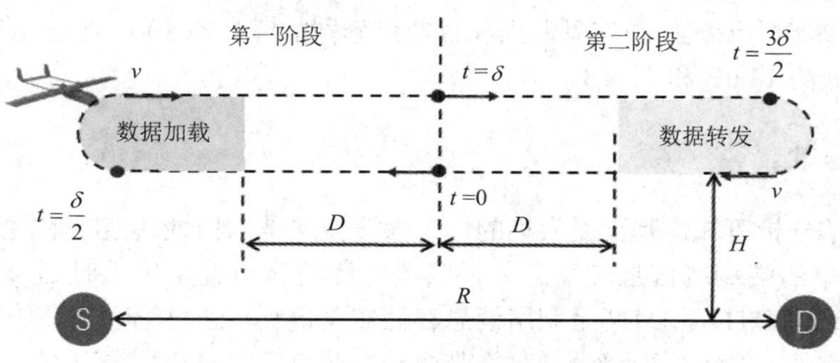

图 8-11　无人机信息摆渡特殊情况(二)

8.3.2　性能分析

对于 8.2 节中所描述的应用样式，若使用固定翼无人机作为通信载荷的飞机平台，无人机采用盘旋的飞行方式实际上就是为了保证双方的通信距离维持不变。显然，相比 8.2 节中传统的中继，这种信息摆渡模式是以牺牲通信的时效性为代价，换来的是实际通信距离的缩短，从而降低了收发双方通信链路的路径损耗，提高了通信的稳定性。

这里对比静态中继和信息摆渡两种模式下的通信链路损耗情况。假设无人机飞行高度 $H = 100\,\text{m}$，信息源点和目的点之间距离 $R = 1\,\text{km}$，使用频率分别为 5 GHz 和 2.4 GHz，整个转发耗时 $\delta = 20\,\text{s}$。当无人机飞行速度分别为 50 m/s 和 100 m/s 时，移动中继的平均路径损耗与静态中继的对比结果如图 8-12 所示。

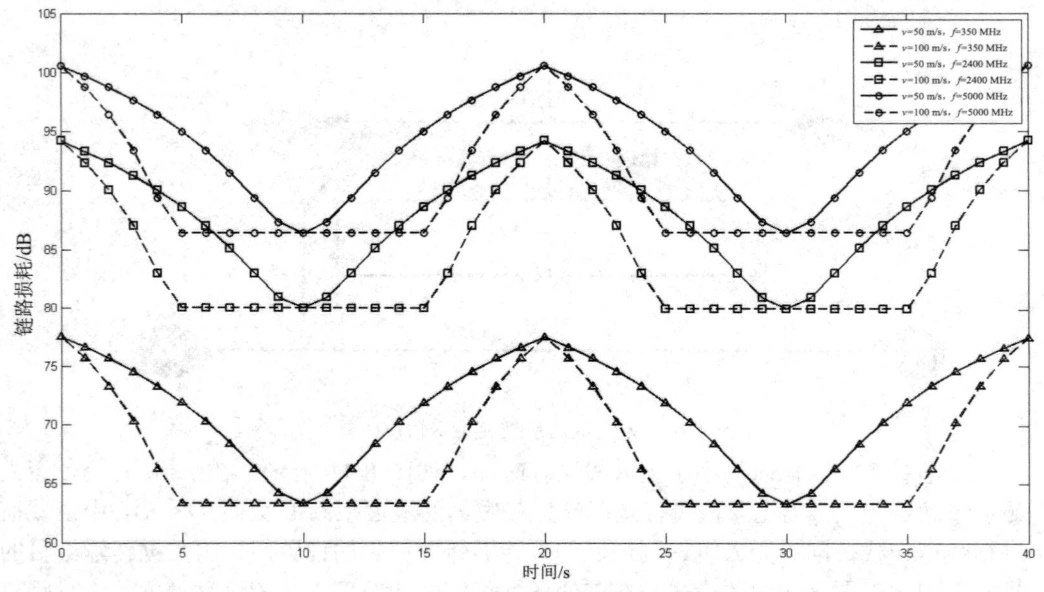

图 8-12　无人机控制下的移动中继及相应路径损耗

可以看出，无人机飞行速度越快，就越能够在规定的时间内尽可能地接近收发两点上方。当飞行速度超过 50 m/s 时，就可以保证在两个位置上方保持一定的留空时间。当飞行速度达到 100 m/s 时，无人机在信息源点和目的点分别能够悬停 10 s，两种工作频率下的路径损耗分别降低约 14 dB 和 12 dB。

8.3.3　应用场景

根据前面的分析可知，基于无人机的信息摆渡模式是以牺牲通信时效性来换取通信可靠性。除了简单的端到端信息转发之外，其最广泛的应用就是用于时延容忍网络(Delay Tolerant Network，DTN)。DTN 是利用消息存储转发机制，通过牺牲信息传输时延来保证信息投递的可靠性，当出现网络分割时携带数据的节点暂时缓存数据，而当网络合并时再将数据转发到其他子网中。

这种 DTN 网络非常符合严重自然灾害(如地震、洪水)发生后临时部署的无线自组织应急通信网，由于事发突然并且波及区域面积很大，难以在短时间内部署足够数量的通信节点，并且临时部署的终端节点功率一般较低、通信范围有限，使得这种临时构建的自组网具有节点稀疏特性，难以保持全时联通。在这种情况下，应急自组网经常会出现一定时间的网络分割现象，多个子网络不能相互通联，也无法覆盖整个受灾区域，往往也因为链路质量差、发射功率小等原因，通信可靠性较差，信息无法及时投递到目标区域。虽然通过增加网络节点密度、提高部分节点发射功率能够消除网络分割现象，但是这种方法会带来部署成本和部署时间的增加，并且在外部供电困难的情况下，还会加速节点能量消耗速度，很可能还会降低网络的联通性。

在上述情况下，就可以利用本节介绍的无人机信息摆渡模式，将无人机作为摆渡节点，在不同的子网间及时收集和投递应急数据，如图 8-13 所示。即使在某些时刻，整个网络本身是联通的，那么借助摆渡节点无人机，也可以根据任务需要有针对性地移动，稳定、高效地传递应急数据，增强网络性能的同时，达到共享关键信息和协调救援行动的目的。

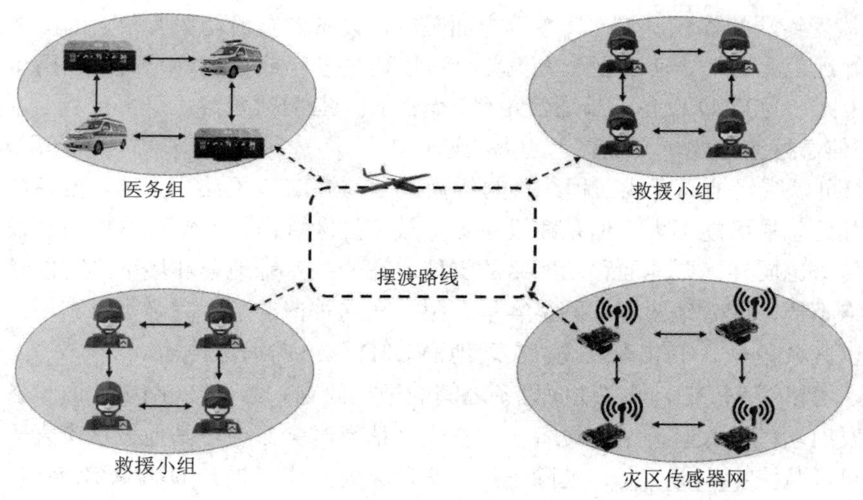

图 8-13 救援应急自组网

8.4 无人机在 D2D 和 V2V 中的应用

8.4.1 基本概念

无人机还可以辅助各种不同类型的陆地移动通信网络，如 D2D(Device to Device，终端直通)和 V2V(Vehicle to Vehicle，车辆移动网)。D2D 是提升陆地移动通信系统通信容量的一个有效技术，作为 5G 关键技术之一，其主要思想是通过临近移动终端的直连通信来摆脱基站的束缚，即两个对等的用户节点直接进行通信的一种方式。在 D2D 通信网络中，每个用户节点都能够独立地发送和接收信息，并为网内其他终端提供自动路由转发的功能。

需要说明的是：V2V 是一种特殊、增强型的 D2D 网络，利用 D2D 网络设备直连、低时延以及具有邻近特征发现能力等特点，可以应用于共同交通领域，两者在实现原理和关键技术上非常相似，因此这里不再区分 D2D 和 V2V。

在以 5G 为典型代表的蜂窝无线通信网络的支撑下，D2D 能够发挥其超高速、超宽带和超大规模接入优势，主要典型应用场合包括：基于邻近特性的社交应用、本地数据高速传输、开展本地多媒体业务以节省核心网络资源、解决通信基础设施受损情况下的应急通信以及物联网增强业务等。在 5G 蜂窝网络中，D2D 有三种应用模式：一是蜂窝覆盖范围下的 D2D 通信，即基站发现 D2D 设备后，建立逻辑连接，控制设备的资源分配并实施干扰管理，保证各设备的高质量通信；二是部分蜂窝网络覆盖下的 D2D 通信，基站只需要引导收发双方建立连接，而不再进行资源调度，其网络复杂程度比第一类简单得多；三是完全没有蜂窝网络覆盖下的 D2D 通信，设备直接进行通信，该模式非常适用于蜂窝网络瘫痪的情况，无网络覆盖区域内的终端设备可以通过 D2D 网络以“多跳”方式接入核心网络。

充分利用小型无人机的优势，将其用于 D2D 网络中可明显提升网络性能，具体表现在：

第一，可以解决终端设备之间通信距离受限的问题。对于一些面向小型设备终端的 D2D 网络，受终端的体积、工作环境等方面限制，设备的发射功率有限，因此网络中的设备无法进行远距离通信。而小型无人机完全可以通过悬停或盘旋等方式，利用 8.2 节中所述的中继方式，为 D2D 设备延长通信距离，甚至在一些对时延容忍度高的场合，可以通过 8.3 节中的信息摆渡方式，实现更远距离的通信。

第二，可以减轻地面无线回程线路的传输压力。在 D2D 网络中，尽管设备和设备之间直连，交互信息量可能不大，但是在设备数量较多的区域内，要实现网内所有设备所采集信息的远传，也同样需要地面移动网络的支持。在一些特殊地形环境下，可能接入现有陆地无线网络不便，或者地面无线网络容量有限。在这种情况下，完全可以利用无人机搭载空中基站以区域覆盖、中继等模式，实现地面 D2D 网络的远程传输。

第三，可以避免 D2D 网络地面设备之间的干扰问题。当 D2D 网络地面设备密集部署或者设备发射功率较大时，两个设备之间在交互信息时势必会对其他设备带来干扰，而利用无人机可以从空中广播信息，消除干扰、实现频谱共享，提升 D2D 网络性能。

总之，针对无人机辅助下的无线通信系统特点，也可以设计或改进一些新的 D2D 通信技术，进一步提升 D2D 网络性能。

8.4.2　信息广播和共享

这里介绍一种基于 D2D 的无人机信息广播技术，将 D2D 通信技术和无人机移动性相结合，实现对大量地面节点的信息分发功能。假设无人机从某一固定上空飞行，并将同一份文件分发给大量地面节点。一个简单的方案是，无人机在地面节点上空飞行，并重复地为不同地面节点发送文件，直到所有的节点都成功收到文件。显然，这种方案要求无人机大量地重复传输信息，性能上存在“短板效应”，即系统性能由所有地面节点与无人机之间链路中最差的信道状态决定。基于 D2D 的无人机信息分布方案利用一个两阶段协议，可以很好地解决上述问题，如图 8-14 所示。

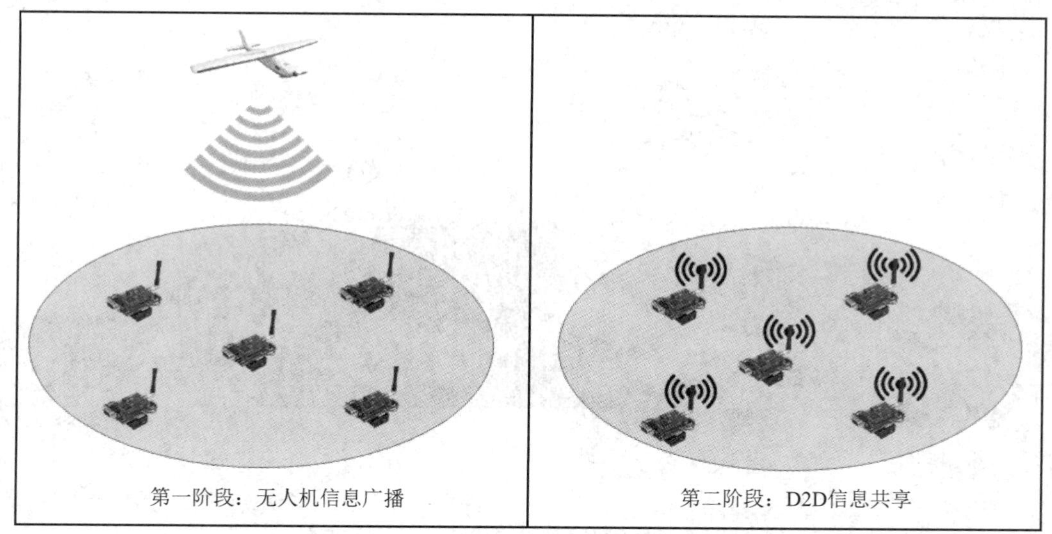

图 8-14　基于 D2D 的无人机信息分发方案中的两阶段协议

在第一阶段，当无人机飞到地面节点上空时，将编码后的文件广播发给所有节点。由于无人机从节点上方飞过，每个节点与其之间的无线连接必然受到限制，因此，很多节点很可能只接收到文件的一部分，或者说文件的不同部分被不同的节点接收。在第二阶段，利用 D2D 通信，地面节点分别交换各自接收到的数据，直到接收到的数据包数量达到能够成功对文件解码为止。这个方案明显减少了无人机重复传输的次数和飞行总时间，进而节省了能源，对于机载能源受限的小型无人机而言非常有意义。值得一提的是，如果地面节点在较大范围的区域分布，可以应用高效的节点簇算法，只让每个簇内的节点之间进行 D2D 通信，进一步提高文件共享性能。因此，这一场景下的无人机航路、信息编码、节点簇以及 D2D 文件共享的联合优化，也是将来需要研究的重要问题。

8.4.3　网络延伸

在民用 5G 网络应用中，将无人机作为空中基站。依靠无人机可移动性和地空 LOS，无人机可以实现城市地面移动车辆以及 D2D 网络中设备之间的快速信息分发，重要的是空中对地广播减少地面设备之间信息交互的次数，降低地面网络的自干扰，如图 8-15 所示。通过分集接收和 MIMO 等技术，无人机还可以提高 D2D 或 V2V 网络中无线通信的可靠性。此外，还可以利用多架无人机构建“空-空”中继链路，接入地面蜂窝网络，以减轻陆上网络的负担。

同样，在战术级军事行动中，也可支撑战场 D2D 网络和 V2V 移动网络。利用多架小型无人机之间的自组织网络实现与地面战术电台互联，并接入战术通信网络，实现战术通信网与分队之间的 V2V 或 D2D 网络互联互通，如图 8-16 所示。

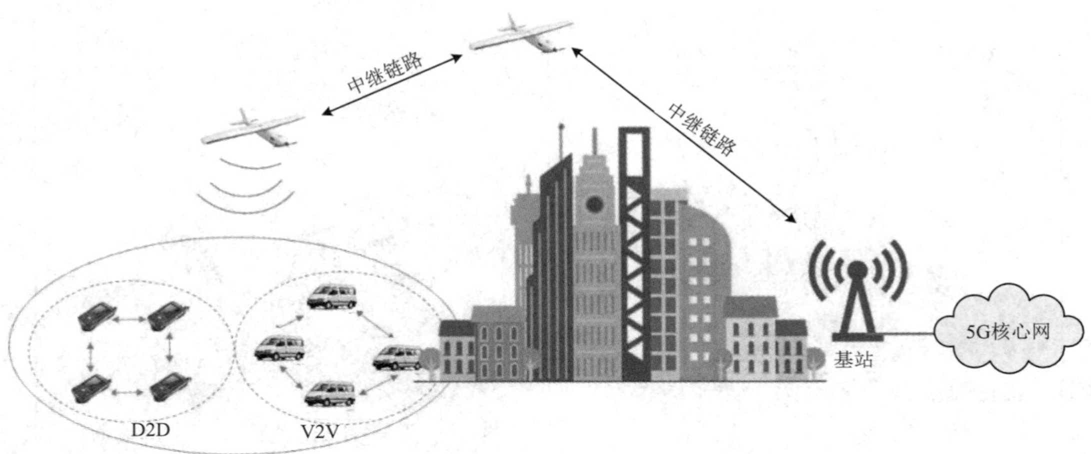

图 8-15　无人机支撑民用 D2D 和 V2V 网络

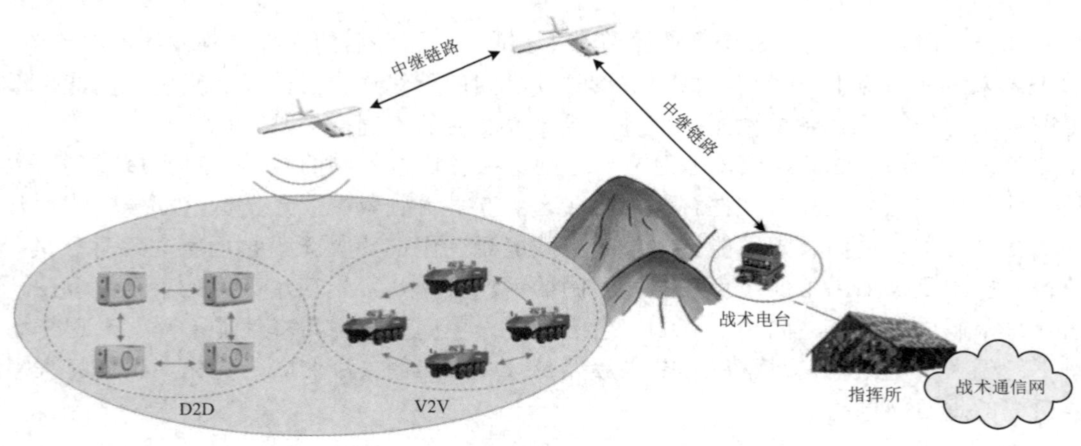

图 8-16　无人机支撑战术军事 D2D 和 V2V 网络

参 考 文 献

[1] MOHAMMAD M，WALID S. A tutorial on UAVs for wireless networks：applications，challenges，and open problems[J]. IEEE communications survey & tutorials，2019，21(3)：2334-2360

[2] ZENG Y，WU Q Q，ZHANG R. Accessing from the sky：a tutorial on UAV communications for 5G and beyongd [J]. Proceedings of the IEEE，2019，107(12)：2326-2375

[3] ZENG Y，ZHANG R，LIM T J. Wireless communications with unmanned aerial vehicles：opportunities and challenges[J]. IEEE communications magazine，2016，54(5)：36-53

[4] HAZIM SHAKHATREH 1，AHMAD H. SAWALMEH. Unmanned Aerial Vehicles (UAVs)：A Survey on Civil Applications and Key Research Challenges[J]. IEEE Access，2019，7(3)：48572-48634

[5] MOTLAGH N H，TALEB T，AROUK O. Low-Altitude Unmanned Aerial Vehicles-Based Internet of Things Services：Comprehensive Survey and Future Perspectives[J]. IEEE internet of things journal，2016，3(12)：899-913

[6] LI B，FEI Z S，ZHANG Y. UAV Communications for 5G and Beyond：Recent Advances and Future Trends[J]. IEEE internet of things journal，2019，6(2)：2241-2263

[7] 王海涛，宋丽华，李建州，等. 基于网络分簇和信息摆渡的无线自组应急通信网服务增强方案[J]. 电信科学，2012，28(4)：37-44

[8] 付松源. 系留多旋翼无人机及其在战术通信中的应用[J]. 电子技术应用，2018，44(4)：14-18

[9] 袁雪琪，云翔，李娜. 基于 5G 的固定翼无人机应急通信覆盖能力研究[J]. 电子技术应用，2020，46(2)：5-8

[10] MKIRAMWENI M E，YANG C G. A survey of Game Theory in Unmanned Aerial Vehicle Communications[J]. IEEE communications surviece & turorals，2019，21(4)：3386-3416

第 9 章 搜索救援应用

地震和泥石流等自然灾难对基础设置破坏性极大，容易造成路、电、网的“三不通”困境，常规搜索救援装备无法施展，造成信息获取、形势研判、通信联络和效果评估等各环节的困难，而小型无人机凭借其独有的优势，完全可用于支援搜索救援行动。本章将阐述小型无人机在搜索救援行动中应用的相关问题，但有别于第 7、8 章都是单一角色下的应用，这里从以小型无人机为主、以无线传感器网络和既设通信设施为辅的装备体系运用角度出发，对小型无人机在整个搜索救援行动的各个阶段、担负不同功能下的应用问题进行阐述。

9.1 概　　述

9.1.1 搜索救援行动面临的难点

近年来，地球物理(地震，海啸，火山，滑坡，雪崩)、水文(山洪，泥石流，洪水)、气候(极端温度，干旱，野火)和气象(热带风暴，飓风，沙尘暴，强降雨)等带来的多种类型自然灾难，在世界范围内造成人员伤亡以及物质损失较过去 30 年超过 100％～150％。我国是一个自然灾难高发的国家，《2018 中国应急报告》指出：“我国总体自然灾害风险水平处于中等偏高，约三分之二的省(自治区、市)风险水平中等或更高。以地震、泥石流等为代表的自然灾害，具有事发突然、对基础设施破坏大、对人身安全威胁性高和受社会关注程度高等特点，并且灾难发生后的最初 72 小时是对于救援而言最关键的时期。上述这些特点对应急救援力量遂行抢险救灾任务提出了很高的要求，同时由于当前抢险救援装备技术含量不够先进、体系建设还不够成熟，给任务带来了困难，具体表现在以下几方面：

第一，缺少全面准确的信息获取手段。自然灾难发生后，灾区的交通、通信和供电等基础设施遭到严重破坏，救援力量很难在第一时间抵达灾区，尤其是核心区域；无法全面准确地掌握灾区的群众伤亡情况、基础设施受破坏情况以及地形地貌情况；无法有针对性地开展搜索救援行动。

第二，缺少稳定可靠的指挥控制链路。任何应急救援行动，都离不开稳定可靠的指挥控制链路。由于灾区通信基础设施遭受破坏，民用公共通信网络或者当地驻军的既设通信资源短时间内都无法使用；交通不畅可能使车载移动通信基站无法展开，受供电的影响，便携式移动通信终端也无法长时间使用；……这些都给指挥控制应急救援力量造成了困难。

第三，缺少及时科学的效果评估方法。如果遇到地震、泥石流和洪水等自然灾难，在遂行任务时，任务区域较大，兵力相对分散，指挥所无法全面掌握整个灾区各个地点的救援情况，加之灾区建筑物遭受破坏，即使可以传回现场的视频画面，也无法准确掌握各部(分)队任务完成效果，如建筑物中是否还有被困的人员、是否还有搜救人员遗漏的地点、是否还存在二次危害的可能等。

第四，缺少特殊条件下的物资投送途径。自然灾难往往会造成一些“孤岛”，即与外界交通中断、地域相对狭小、内部环境恶劣的区域，运输车辆和救援人员无法抵达，医疗、生存物资无法运抵，而飞机空投不够精确，无法满足需求等。

9.1.2　无人机应用优势

使用传统的有人直升机、固定翼飞机进行搜索营救，存在成本高、部署慢、保障要求高等问题，尤其是需要提供起降的机场保障，无法在某些遭受自然灾害的地区使用。并且，在有些狭小空间、特殊地理和气象条件下，有人飞机根本无法执行任务。而在行动中使用无人机，尤其是携带方便的小型无人机，可以节省成本、降低人员伤亡风险，并且提高效率。然而，当前世界各国在很多搜救行动中，仍是以有人航空器为主，极大地浪费了人力、物力、财力和时间。

而无人机，尤其是小型无人机，具有部署快、操控灵活、成本低等优点，在各类先进传感器、通信等任务载荷的支持下，非常适合这种时间紧、危险性高、背景环境复杂的任务场合，针对部队在遂行抢险救援任务中面临的困难，无人机可承担以下任务：

第一，无人机可以在恶劣的自然条件下，实现低空飞行，获取影像数据，实现随时随地快速进入灾区进行侦察和探测。微小型无人机甚至可以由作业人员随身携带，第一时间随作业人员一同到达作业现场，同时展开进行测绘，第一时间对灾害程度进行评估，为后续指挥决策提供一手情报。

第二，当地面运输工具无法展开救援时，旋翼型无人机可以快速运输紧急物品，如药品、血液和逃生物资等，在核心灾区进行大规模集群飞行调度，精准空投食品、饮用水、简易照明和通信器材等。

第三，在信号中断的受灾地区，利用无人机搭载通信基站，升空到一定高度，可快速恢复该地区的通信信号。

国际搜索救援咨询团提供了一个国际 SAR(Search and Rescue，搜索救援)协议和方法，并出版了一套准则，该准则将一个 SAR 任务分为四个阶段：一是建立指挥所、确定搜索区域；二是组建侦察小组和救援小组；三是侦察小组搜索情况并报告给指挥所；四是指挥所给救援小组下达指令。

根据上述工作流程，结合相关力量参与抢险救援的实际情况，这里将基于无人机的智能化抢险救援体系的应用分为应急响应、灾害预测、搜索救援和效果评估四个阶段以及信息获取、物资运输和通信网络构建三大功能，不同任务阶段各个功能的使用情况如表 9-1 所示。

表 9-1　无人机功能在不同阶段的应用情况

	应急响应	灾害预测	搜索救援	效果评估
信息获取	抵达灾区进行航拍侦察，为指挥员掌握受灾情况、指挥后续救援活动提供信息支撑	搜集地面传感器网络的数据信息，建立二次灾难预警系统	获取受困群众的精准信息	抵达灾区进行航拍侦察，进入建筑物精确取证
物资运输	—	部署地面传感器网络	投送物品	—
通信网络构建	构建灾区应急通信网络，恢复灾区民用网络	维护应急通信网运行	构建救援行动指挥专网	维护应急通信网运行

上述四个应用阶段的详细说明如下：

(1) 应急响应：抵达灾区进行航拍侦察，感知灾区态势，为指挥员掌握受灾情况、指挥搜索营救、规划物资投送提供信息支撑，并且根据灾区的基础通信受损情况，以基站覆盖、中继的方式构建临时指挥信息网络，或恢复灾区民用通信系统。

(2) 灾害预测：这里是指灾难发生后，对二次灾难(如余震、受损建筑物突发倒塌等)的预测。灾难发生后，无人机携带相关传感器设备，飞至指定区域，部署地面传感器网络，构建受二次灾难监测预警系统，防止二次受害，也可用于感知受伤被困人员，为搜索救援提供辅助信息。

(3) 搜索救援：伴随搜救分队，飞抵指定任务区域，利用机载侦察设备，与地面传感器网络信息进行融合，确定受灾(困)人员的精准位置。

(4) 效果评估：对已经搜索营救的区域进行二次侦查取证，确保再无受困人员，防止遗漏，也可为后期灾区援建提供辅助依据。

9.1.3　应用现状

近年来，随着无人机及其载荷技术的发展，无人机在特殊环境下执行侦察、监视、通信和投送任务的优越性日益明显，并且已经在抢险救灾任务中得到应用。

以国内为例，在获取灾情方面，早在 2008 年“5 • 12”汶川地震救灾中，无人机就被用于对北川县进行拍摄，并实时将灾区图片回传给国家减灾中心，为国家相关机构制订救灾方案提供了依据；2013 年“4 • 20”雅安地震发生后，四川测绘地理信息局立即派出由无人机航摄人员和数据处理人员在内的应急保障分队共 15 人，携带国家地理信息应急监测移动平台、测绘型无人机(4 架)、监测型无人机(1 架)等装备，火速赶赴灾区，在最短的时间内获取了灾后影像，在抗震救灾测绘保障中发挥了排头兵作用，给之后的抢险救灾提供了有力依据；2016 年 6 月 23 日，江苏省盐城市阜宁县遭遇了强冰雹和龙卷风双重灾害，当地部分高压铁塔损坏甚至倒塌，电力输送中断。江苏宿迁电力部门将无人机技术保障团队第一时间派到受灾地区，进行电力线路损害评估，为抢险抢修工作提供决策依据。在通信链路恢复方面，2017 年 8 月 11 日，即九寨沟地震后的第 4 天，余震不断，山体滑坡、飞石常现，多处基础光缆受损，基站中断，而此时灾区当地居民集中、抢险救援队伍密集，传统的应急救援手段难以快速全面恢复通信，与外界的通信一度中断。中国移动四川分公司紧急起飞一架无人机信号基站，在离地 100 m 的高空，搭建一个 4G 移动基站，为周围区域提升通信质量。在运输投送物资方面，也开始尝试运用旋翼无人机进行短距离物资投送演练。2018 年 1 月 24 日，空军后勤部联合两家物流军民融合战略合作单位，组织云南、陕西两地三型无人机参与恶劣环境和高风险地区的空中补给任务。

国外无人机在抢险救援方面的应用在时间上更早，所担负的任务种类更多，不仅包含了信息获取、通信联络恢复和短距离物资运输，还在灾情监测、心理辅导、海上救援等方面都有应用。如在日本福岛核电站泄漏事故中，美国军方派出“全球鹰”无人机侦察核反应堆，而搭载测辐传感器的微型无人机则用于监测附近的放射性元素标准。美国还使用特战无人机投放宣传品，用广播对灾民进行心理疏导。此外，据悉尼先驱晨报报道，澳大利亚海岸警卫队利用 Little Ripper 无人机在澳大利亚雷诺克斯角附近海岸仅用 70 s 就发现定位到了被海浪困在海面上的两名游泳少年，随后立即给无人机下达指令，向二人投下了漂浮装置，让他们安全地游回岸边，这被认为是世界上首例利用无人机成功实施的海上救援行动。

从上述应用现状分析可以看出，当前国内外无人机在抢险救援任务中主要是单一无人机的应用，而受无人机续航时间、通信链路距离以及飞行环境等因素的限制，单机已无法满足需求，因此无人机群(编队)以及无人机和其他地面装备相结合，在抢险救援中的应用势在必行，并且已经成为国内外研究的热点。

9.2　体系构成及应用样式

9.2.1　体系构成

如前所述，使用无人机辅助自然或人为灾难救援行动，可以分为单机系统和多机系统两种。

1. 单机系统

单机系统是以一架无人机为空中平台，主要通过挂载光电/红外和 SAR 雷达等侦察载荷，在 GCS 的控制下飞往指定区域进行目标搜索和态势感知，通过实时回传的图像或伪图像，为地面搜救分队掌握整个区域态势、及时准确发现敏感目标提供信息服务。除此之外，还可以通过挂载通信基站或中继设备等载荷，在地面既设通信设施无法使用或无法满足要求等紧急情况下，以区域覆盖或中继的形式，为地面搜救行动提供信息通信保障。

2. 多机系统

在多机系统中，多架无人机搭载光电/红外、雷达、通信基站或中继设备载荷，或者需要投放的急需物质器材，通过以 GCS 为中心的星型网络或空中自组织网络形式组网，采用“一站多机”或“多站多机”控制方式，机型可以相同也可以不同。多机系统主要以无人机编队(群)和 GCS 为主，依托地面无线传感器网络、既设的天基和陆基固定通信系统以及指挥中心，为整个搜索救援行动提供态势感知、目标定位、信息通信保障、物资投放以及预警评估等综合保障，如图 9-1 所示。

图 9-1　基于无人机的智能化抢险救灾体系

无人机编队(群)由型号规格不同、携带任务载荷不同的数架无人机组成，根据受灾程度和任务阶段，按照需求派出不同数量、不同种类的无人机；无人机 GCS 用于对无人机飞行进行控制和管理，监视无人机平台的飞行状况，并对无人机进行遥控操作，根据无人机型号的不同，可以是车载型也可以是便携式的；地面无线传感器网络(Wireless Sensor Net，WSN)是部署在灾区用于对各种信息采集、状态监测的节点，可以由任务分队携带部署，特殊环境下也可以用无人机进行部署；既设的天基和陆基固定通信系统是指卫星通信系统、灾区未被破坏的地面固定通信系统；指挥中心是各类信息的汇集节点，处理不同类型和不同平台来源的信息数据，为指挥员指挥搜救行动提供支撑。

多机系统的工作流程如下：

(1) 形势初判，任务分配。任务指挥员和 GCS 控制人员对整个灾区受损情况进行初判，根据无人机的型号、数量和性能指标，为无人机分配任务，挂载侦察、通信或投放物资等不同类型载荷。

(2) 任务规划，起飞准备。无人机 GCS 按照任务分配方案，根据地形、天气情况，利用计算机辅助软件为每架无人机进行任务规划，地面保障人员做好地面起飞前的保障工作，包括组装、燃料或电池、发射场地准备等。

(3) 建立通信，区域搜索。担负通信保障任务的无人机飞到指定区域后，按照预先规划的模式，建立相应的通信网络；担负搜索任务的无人机利用携带的侦察载荷，对目标区域进行扫描。

(4) 数据处理，明确目标。GCS 操控人员和情报分析人员根据实时回传的图像或伪图像信息，对整体灾区受损情况进行精细化评估，并确定敏感目标位置，然后将信息提供给整个任务指挥员，再视情指派无人机飞往目标区域投送急需物资。

这里需要说明的是：在整个任务期间，各无人机的担负任务、应用样式以及盘旋/悬停区域是动态调整的，尤其是能同时挂载侦察和通信两类载荷的无人机。比如，当某架无人机识别出敏感目标后，由于通信链路原因，与 GCS 的回传链路中断，可以通过调整系统内其他无人机的工作模式和位置，通过空中接力或者自组织网络的形式，重新建立与 GCS 的回传链路，确保信息的实时回传。

9.2.2 信息获取

在执行抢险救援任务中，无人机获取灾区信息可以分为利用机上载荷直接获取和利用地面 WSN 间接获取两种模型。

1. 直接获取

利用机上载荷直接获取灾区信息是现在最常用、最基本的应用方式。无人机可自身携带光学成像、合成孔径雷达、激光雷达以及超光谱等侦察任务载荷，结合先进的图像处理合成技术，帮助指挥员准确掌握灾情。首先，使用长续航的无人机，对特定区域进行不间断侦察，有效弥补地面侦察的不足；其次，对植被覆盖密集、沟多谷深、建筑物密集或受损严重的复杂地区，利用小型无人机的良好机动性，通过悬停、盘旋和超低空飞行等获得精准信息；最后，灾区情况瞬息万变，可进行单机侦察，也可多机编队飞行侦察，可人工干预操作控制，也可预先输入任务计划自动侦察。

2. 间接获取

通过与 WSN 的通信间接获取灾区信息是基于无人机的智能感知系统未来发展的趋势。在执行抢险救援任务中，为了避免救援过程中对受灾群众造成二次伤害和对执行救援任务的人员造成不必要的伤害，除了无人机采集和回传的视频之外，指挥员需要更多类型的数据信息。因此，在任务的不同阶段，根据需要采集信息种类的不同，指派不同类型、不同数量的无人机携带不同类型的传感器，飞抵到指定地域(地点)后，部署地面 WSN，再利用无人机与 WSN 进行信息交互，下达指令，搜集数据，最后将数据回传给指挥中心，进行分析判断。其中，无人机和 WSN 之间的信息交互利用了无人机的移动性，解决了传统 WSN 终端设备发射功率小、作用距离有限以及容易受到地面其他设备干扰等缺点，具体应用样式和方法可参考 8.4 节。

具体来讲，这种模型主要适用于以下场合：第一，获取狭小密闭空间的内部情况，如受损建筑物，这类地点不仅空间狭小、光线不好，最重要的是经过灾难后，受损往往比较严重，随时有倒塌的危险，常规侦察手段根本无法使用，因此，可利用传感器网络和无人机相结合，获取内部受困人员状态、内部空间结构布局、是否存在倒塌危险，为正确营救提供信息辅助支撑，甚至在倒塌前及时报警，防止救援人员受伤。第二，获取大范围危险区域的信息，如易发生滑坡的山体、危险品加工存放点等。这类区域尽管面积大、视野开阔，可以通过无人机获得现场视频并回传，但是对这类区域危险性的判断仅依靠视频是不够的，如是否存在发生山体滑坡的危险、是否有爆炸的危险、是否已造成有毒气(液)体泄漏等，这些信息也是常规侦察手段无法实现的，而无人机和地面 WSN 相结合可以很好地解决此类问题。此外，抢险救援任务工作环境恶劣，具有风险性，并且持续时间往往较长，遂行任务的官兵体力消耗大，兵力往往分散，因此，为了保护救援人员自身的安全，也可通过自身佩戴传感器，利用无人机将救援人员的生命体态特征回传给指挥中心，便于指挥员科学、及时掌握任务分队的情况。

在自然灾难发生后，无人机和 WSN 在不同阶段的应用情况如图 9-2 所示。

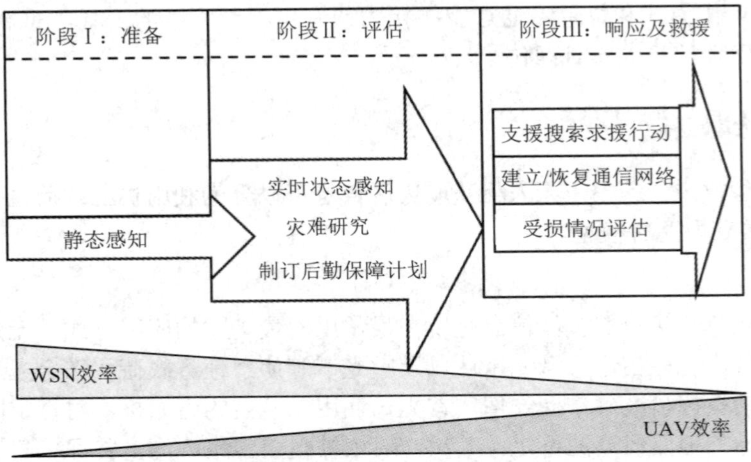

图 9-2　无人机和 WSN 在不同阶段的应用情况

从图 9-2 中可以看出，地面部署静态的 WSN 在灾难发生后的三个阶段发挥作用的效率并不是不变的，随着整个灾后救援任务的不断推进，更需要的是一种拓扑结构能够灵活动态变化的网络，并且对网络的传输容量也提出了更高要求，因此单独依靠地面静态 WSN 是不够的，而这又是小型无人机以及其组成的空中自组网的优势。

9.2.3　通信网络构建和恢复

在灾难发生后的搜索救援行动中，利用无人机来构建或恢复通信网络有区域网络覆盖和中继传输两种应用样式。

区域覆盖可以解决以下两个问题：

第一，为进入灾区执行搜索救援任务的部队或者专业力量建立现场指挥通信网，保障指挥机构对参与搜救力量的高效、可靠、实时指挥。地震、火山喷发和泥石流等破坏性较强的自然灾害很容易造成交通中断，救援力量的大型车载通信系统无法驶入灾区，而便携通信装备由于灾区电力系统遭受破坏也无法保障通信的持久性，按照 8.1 节中的无人机区域覆盖应用样式，可实现构建现场战术局域网。

第二，恢复或增强灾区民用通信网络，满足灾区难民或受困群众对外通信联络、求救信息的发送以及受灾情况相关信息的发布。当灾难发生后，公共基础网络部分或全部瘫痪，或者由于社会关注度高、区域通信业务量剧增，很容易导致灾区基站过载。按照 8.1 节中的无人机区域覆盖应用样式，可以替代受损基站重新恢复区域覆盖，也可以用于增强当前网络容量。

中继传输可以解决以下两个问题：

第一，在复杂地形下，用于实现受阻挡的两个(组)搜救人员(力量)之间的通信联络。对于地震、洪水、泥石流等自然灾害，涉及地域范围广，参加救援的任务分队相对分散，若灾区自然环境较为复杂，不同任务分队或者任务分队与指挥中心之间往往会因为障碍物的阻挡，常规的视距无线通信系统无法正常使用，而短波通信又存在盲区，因此双方可利用

8.2 节中所述的中继传输样式实现互联互通。

第二，延伸通信距离，将任务现场多个局域网络互联，还可以依托其他链路进入地面或空中骨干网络，实现与各级指挥中心的远距离通信。当各任务分队较为分散，与指挥中心距离也较远时，还需要将多个利用区域覆盖模式构建的现场局域网互联互通，甚至需要接入骨干网络，实现与相距很远的指挥中心通联。这时，就可使用多架无人机作为空中中继平台，利用 8.2 节中所述的中继传输应用样式，实现多个局域网络之间的互联互通，直至接入核心骨干网络。

9.2.4　物资投送

无人机具有机动灵活、易操控、不受地面交通限制等优点，可作为现代后勤运输系统的重要补充，也是未来物流的发展趋势，目前国内外已经做了大量的相关试验和测试工作，同时也有一些关键性问题有待进一步解决，并已成为学术领域研究的热点。在抢险救援任务中，通过无人机单机或者编队飞行运输，可不受灾区交通限制，不考虑环境危险，实现快速精准投送各类救灾救援救生物资，为灾区被困人群进行紧急救援或为救援人员提供必要器材保障，对于积极开展自救和提高搜索救援效果均具有重要的意义。其主要应用场景如下：

第一，在搜索救援阶段，按照地面搜救人员的引导，无人机可以克服交通道路的约束，跨越复杂地形，穿梭于受损建筑物之间，甚至抵达建筑物内部，为受困人员提供急需小型物资，如食物、饮用水、药品、照明设备、通信器材和逃生工具等，可增强受灾人员的信心，帮助他们积极开展自救，为营救争取时间，最大限度减少人员伤亡。

第二，基于无人机和 WSN 的信息获取方法需要构建地面 WSN 网络，在一般的任务区域内，地面 WSN 节点设备可以由搜索救援人员携带，并现场部署，但是在很多危险地带，如受损建筑物内、危险品存放加工区域或者面积较大交通不便的区域，搜救人员无法到达现场部署传感器节点，在这种情况下就可以用无人机(编队)携带传感器节点设备，按照 WSN 的网络规划，飞抵指定地点，精准部署传感器节点，构建地面 WSN。

9.2.5　气象干预

地震、泥石流等灾害发生后，一般会伴生许多次生灾害。比如，地震过后再遇到大雨(雪)天气，会给救援工作带来极大的障碍。无人机用于灾后的气象干预是一种非常重要的手段。无人机进入气象层，连续监视和跟踪云团，在云团可能进入灾区前，实施无人机人工催雨，提前将降雨形成在灾区外围。例如，2015 年 8 月 12 日天津滨海新区爆炸事故，造成 165 人遇难、8 人失踪，798 人受伤，304 幢建筑物、12428 辆商品汽车、7533 个集装箱受损，更为可怕的是因为火灾爆炸发生了氰化物泄漏，在妥善进行处置之前如果遇到降雨，将会造成整个海河流域的次生灾害，后果不堪设想。为了避免次生灾害的发生，进行有效的人工降雨干预是十分必要和具有重大价值的行动。无人机进行降雨干预比常规方式拥有更多优势。通常的降雨干预方式都是采用高炮、火箭弹或有人驾驶飞机进行增雨，但都有明显不足。比如高炮、火箭弹增雨，费用不算高，但需要有固定阵地，等云层来了才能作业，无法跟随云层的漂移在适当的时间和理想的地点进行催雨作业；而有人飞机增雨，成本更高(据报道，每次达 500 万元左右)，而且有人驾驶飞机必须穿云作业，特别是在气象复杂的山区，风险非常高。2021 年 1 月 6 日，“甘霖-1”号人工影响天气无人机(翼龙Ⅱ的气象干预版)在甘肃金昌首飞成功，主要用于执行祁连山区人工增雨(雪)任务，投入使用后，每周进行一次追雨作业，年累计增水量预期可达 6～8 亿立方米。

无人机进行气象干预是无人机应急救援体系功能中不可或缺的一个重要环节，也是目前应急救援和减灾防灾领域的一个新的研究课题。

9.3 面临的挑战

1. 法律规定

9.1.3 节中所介绍的一些无人机在灾难救援中的应用都是单机系统，而 9.2 节中所描述的多机系统实际上是一种无人机集群应用模式，这种应用模式的前提是无人机的自主飞行控制。由于技术上还不够成熟，为了确保空域的安全，目前绝大多数国家对这种自主化的无人机集群系统在民用领域是有一定限制的，并未完全开放。

2. 天气条件

对于小型无人机系统而言，天气状况对于其能否正常工作至关重要，具体如下：

一是风的影响。小型无人机抗风性较差，尤其是发射起飞阶段，一般而言载重在 10～30 kg 范围内的小型固定翼无人机可以在满足 6 级以下风力情况下使用，而同样载重能力的旋翼无人机的抗风性会稍差一些。

二是降水的影响。一方面，很多商用无人机飞行平台的抗水性一般，不能在强降雨条件下使用；另一方面，由于 C、Ku 和 Ka 波段的雨衰较大，因此使用这些频段通信链路的无人机系统或者间接利用这些链路进行中继的系统在降雨量较大的天气下受影响较大。

三是云雾的影响。光电/红外载荷是当前无人机进行侦察、获取信息的主要手段，而云雾遮挡对这类传感器成像效果影响较大。

在很多自然灾难中，如海啸、飓风、地震、泥石流等发生时，天气状况通常都不是很理想，往往伴随大风、降雨等天气，并且山区环境还会经常存在大雾天气。因此，在灾后搜索救援行动中，要根据天气情况，选择指标性能合适的无人机型号，并且抓住使用的时机，充分利用良好天气的时间间隙，灵活、精准使用。

3. 能量限制

能量限制也是小型无人机使用中的一个严峻挑战。相比小型电动无人机而言，使用燃油活塞式发动机的无人机，续航时间要长很多。一般而言，载重在 15～30 kg 的小型燃油型无人机，续航时间可达数小时。但是，破坏力较大的地震等自然灾难发生时，灾区交通网络会受到严重影响，因此就会导致油料运输和补给成为无人机使用中的难题。若在距离灾区较远的地方进行加油补给，那么往返航程又会带来使用率的降低。

对于小型电动无人机而言，尽管电池携带、更换都比较方便，但是续航时间很短，以小型消费级无人机为例，续航时间一般都不到 1 小时，而这类无人机又是在民用领域使用数量最多的。在搜索营救行动中，任务持续时间往往较长，需要无人机长时间留空，仅靠一块电池或者一次供电是无法实现的。无人机机上供电设备不仅为飞行平台提供动力、维持通信链路的工作，还需要为机载载荷设备供电，以保证信息的采集、机上处理以及回传等工作的执行。因此，在使用中必须要考虑对无人机进行充电或加油时的工作接替问题，还需要权衡数据是否机上处理或者实时回传线下处理。

9.4　有待进一步解决或优化的关键问题

9.4.1　数据融合及其对通信网络的影响

利用无人机机载侦察设备直接获取的视频、图像等信息，可以为地面救援人员提供一个直观的现场态势，但是，为了获取更为精准的地面信息，还可以充分利用地面 WSN 获取的其他类型信息以及灾区人群通过恢复后的公共网络在各种社交媒体和转发的文本消息和图像信息。因此，上述这些信息必须在指挥中心与无人机反馈的图像视频信息进行高效的融合。

然而，由于基于无人机的通信网络属于功率受限型网络，网络成员间的数据融合尚未被彻底研究清楚。此外，数据融合也会影响通信网络的节点布局和拓扑结构、能耗、编码方式以及任务切换方式，具体表现在：第一，更完整的场景视图可以直接将无人机指引到特定或者敏感目标出现的区域，从而改变网络中节点的位置布局和拓扑结构；第二，利用融合后的数据可以降低部分无人机的数据转发需求，从而为飞行节省更多的功率；第三，现有多媒体传感器网络的信源和信道编码是无法满足需求的，因为它们是基于时不变信道下的静态网络拓扑，而在基于无人机的通信网络中，实际的拓扑和信道都是时变的；第四，为了接替需要返航充电的无人机，新派出的无人机需要飞至指定地域，再进行任务切换，在保证任务交接稳定的前提下，必须权衡好发射功率和切换时间。

9.4.2　无人机部署位置和路径规划

路径规划对于基于无人机的通信系统至关重要，合理的路径规划意味着缩短通信距离，进而提高通信容量。然而，无人机航路规划通常是一个具有挑战的问题。一方面，由于连续航迹确定，无人机路径规划问题包含无穷多个变量；另一方面，这类问题又受到一系列实际限制因素，如连接性、航油限制、碰撞规避和避障等，并且上述因素很多都是时变的，很难精确地用模型表示。

显然，无人机飞行路径的优化取决于实际应用。例如，对于图 9-1 中基于无人机的覆盖型网络应用，需要部署多架无人机，相互协作实现与地面用户的实时通信；而对于利用无人机进行信息广播和数据收集的应用而言，部署一架无人机已经足够了。对于区域覆盖或者通信中继的应用，还可以使用旋翼无人机在覆盖区域上空悬停，位置相对固定。这种情况下，就不需要进行专门的航路规划，取而代之的是要找到无人机的最佳间隔和高度，以实现最大的覆盖范围。

9.4.3　无人机工作的可持续性

如 9.3 节所述，在抢险救援任务中，能量限制是影响小型无人机系统使用的一个重要因素，而延长网络寿命的一种方式是交替执行任务。而蓝牙技术所采用的基于能量可用性和预期流量需求的管理模型可以为小型无人机应用提供一些思路，即一旦活动连接的数量增加超过一定数量，则主节点将所选择的从节点置于停放模式。从部署角度来看，可以利用无人机之间的相互协作来进行连续能量补充。例如，在任意时刻，按照计划只能允许一架无人机离开服务区域，进行能量补充，并且可以通过提高发射功率或者调整位置的方式，由相邻的无人机临时替代在此期间的服务任务。

此外，对于使用电池的微小型无人机而言，充电点的位置以及输电方法也是需要考虑的问题，因为这会影响服务的持续时间。例如，如何根据灾区地形，确定最佳的地面充电位置，以使无人机从其指定的任务区域到所选充电点时间最短。除了经常使用的电池和燃油等能源外，目前一些新的能源供给方式，如太阳能和无线电磁感应充电技术等已经得到广泛的关注和研究。

9.4.4　其他技术

1. 图像处理技术

在搜索救援行动中使用无人机系统，可以利用图像处理技术，快速、准确地找到目标，既可用于单机系统，也可用于多机系统。反之，目标区域的航拍图像信息也可用于进一步提升目标位置信息精度，以及在特殊情况下(如卫星定位信号丢失时)确定无人机的位置。无人机获取图像主要通过可见光和红外两种手段，其中红外成像设备通过检测到热辐射源来确定失踪人员的精确位置，而可见光成像可以进一步精确确认，并使搜救人员掌握被困人员周围的情况。

在搜索救援应用中，无人机侦察载荷获取的图像既可以在 GCS 中进行处理，也可以通过通信链路先回传给使用者(搜救人员)后再进行处理，还可以在无人机平台上进行实时在线处理后，经数据链回传给 GCS 或用户直接使用。

2. 机器学习

机器学习技术也可以应用于无人机侦察中，对无人机侦察载荷获得的灾区(伪)图像数据进行后续处理，其工作流程如图 9-3 所示。

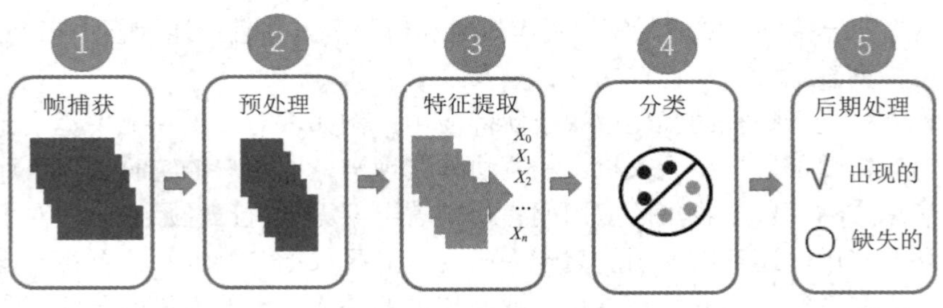

图 9-3　机器学习在无人机侦察中的应用

在无人机中应用机器学习技术也存在很多挑战：一是电动无人机供能有限，机载在线处理能力弱；二是在处置人为造成的灾难事件中，要防止对手破坏或利用机器学习系统；三是要在满足 QoS 和能耗限制的前提下，维持通信链路的稳定性。

参考文献

[1] SHAKHATREH H，etc. Unmanned Aerial Vehicles：A survey on civil applications and key research challenges[J]. IEEE Access，2019，7(4)：48572-48634

[2] 杜璇. 无人机在突发事件在应急救援中的应用探讨[J]. 中国应急救援，2018，69(3)：51-54

[3] 张峰，佟巍，周立冬，等. 无人机在救援方面的应用及发展[J]. 中华救灾救援医学，2015，3(11)：641-645

[4] ERDELJ M，NATALIZIO E. UAV-Assisted disaster management：application and en isuues[C].International workshop on wireless sensor，actuator and robot networks，2016

[5] 张崇，吴耕锐，完颜强. 浅谈无人机在抢险救援中的应用[J]. 武警学术，2017，360(8)：64-65

[6] GUPTA L，JAIN R，VASZKUN G. Survey of important issues in UAV Communication networks[J]. IEEE communications survey & tutorials， 2016，18(2)：1123-1152

[7] HAYAT S，YANMAZ E，MUZAFFAR R. Survey on unmanned aerial vehicle networks for cicil applications：a communications viewpoint[J]. IEEE communications survey & tutorials，2016，18(4)：2624-2660

[8] 钟剑峰，王红军. 基于 5G 和无人机智能组网的应急通信技术[J]. 电讯技术，2020，6(11)：1290-1296

[9] ERDELJ M，NATALIZIO E，KAUSHIK R，etc. Help form the sky Leverageing UAVs for Disaster Managment[J]. IEEE pervsive computing，2017，1：24-32